生态养鹅实用新技术

韦光辉　牛可可　魏刚才　主编

河南科学技术出版社

·郑州·

内容提要

本书包括生态养鹅概述、鹅的外貌特征和生物学特性、生态养鹅的品种选择和引进、生态养鹅的高效繁育、生态养鹅的饲料配制、生态养鹅鹅场的规划设计、生态养鹅的饲养管理、生态养鹅鹅场的经营管理、生态养鹅鹅场的疾病控制等内容。本书结合鹅业生产实际，注重科学性、实用性、先进性，文字通俗易懂，可供养鹅场（户）、养殖技术推广人员、兽医工作者及大专院校和培训机构师生阅读。

图书在版编目（CIP）数据

生态养鹅实用新技术/韦光辉，牛可可，魏刚才主编．—郑州：河南科学技术出版社，2017.12

ISBN 978-7-5349-8987-2

Ⅰ.①生… Ⅱ.①韦… ②牛… ③魏… Ⅲ.①鹅-生态养殖 Ⅳ.①S835.4

中国版本图书馆 CIP 数据核字（2017）第 219500 号

出版发行：河南科学技术出版社

地址：郑州市经五路 66 号　　邮编：450002

电话：（0371）65737028　65788613

网址：www.hnstp.cn

策划编辑：李义坤

责任编辑：李义坤　姚翔宇

责任校对：郭晓仙

封面设计：张　伟

版式设计：栾亚平

责任印制：张艳芳

印　　刷：郑州环发印务有限公司

经　　销：全国新华书店

幅面尺寸：140 mm × 202 mm　　印张：11.25　　字数：330 千字

版　　次：2017 年 12 月第 1 版　　2017 年 12 月第 1 次印刷

定　　价：39.80 元

编写人员名单

主　　编　韦光辉　牛可可　魏刚才

副 主 编　马宝刚　邹小娟　张　智　昝　嘉

编写人员　(按姓氏笔画排序)

马宝刚（南乐县农业畜牧局）

王怀超（濮阳市畜产品质量安全监测检验中心）

韦光辉（河南科技学院）

牛可可（新乡县农牧局）

冯晓敏（南乐县农业畜牧局）

孙王良（濮阳市畜产品质量安全监测检验中心）

李瑞强（南乐县农业畜牧局）

邹小娟（新乡市动物卫生监督所）

张　智（新乡市畜产品质量检测检验中心）

昝　嘉（上海高芽乐宠物诊所有限公司）

班曼曼（河南省动物卫生监督所）

薛　原（濮阳市动物卫生监督所）

魏刚才（河南科技学院）

前 言

近年来，我国畜牧业有了巨大发展，畜禽养殖数量和产品产量已经跃居世界前列，但畜牧业在发展过程中存在的产品质量安全和环境污染等问题，直接影响着我国畜牧业的稳定发展。因此，生产安全、绿色、优质的畜禽产品和避免养殖过程中对周边环境造成污染、维持生态平衡已成为人们关注的焦点。生态养鹅是将养鹅业自身的发展和生态农业、生态经济有机结合起来，运用生态系统的原理、生态学的技术和方法，实现资源的高效转化、持续利用，保证鹅的健康，保护好养殖场及周边环境，从而解决好养殖生产过程中的资源利用、环境保护和鹅产品质量安全等问题。为此，我们组织多年从事畜禽养殖教学、科研、生产的专家编写了本书，以期对读者有所帮助。

本书包括生态养鹅概述、鹅的外貌特征和生物学特性、生态养鹅的品种选择和引进、生态养鹅的高效繁育、生态养鹅的饲料配制、生态养鹅鹅场的规划设计、生态养鹅的饲养管理、生态养鹅场的经营管理、生态养鹅鹅场的疾病控制等内容。本书注重科学性、实用性、先进性，语言通俗易懂，适于养鹅场（户）、养殖技术推广人员、兽医工作者及大专院校和培训机构师生阅读。

由于编者水平有限，书中不妥之处，恳请同行专家和读者不吝指正。

编者

2017 年 5 月

目 录

第一章　生态养鹅概述

第一节　生态养鹅的概念及内涵

一、生态养鹅的概念

生态养殖是指根据不同养殖生物间的共生互补原理，利用自然界物质循环系统，在一定的养殖空间和区域内，通过相应的技术和管理措施，使不同生物在同一环境中共同生长，实现生态平衡、提高养殖效益的一种养殖方式。具体来说，生态养鹅就是从维持农业生态系统平衡的角度出发，关注饲草、饲料资源的充分利用和安全卫生，保护生态环境，保证鹅的健康和鹅产品安全优质的养殖过程。

二、生态养鹅的内涵

（一）生态养鹅要遵循生态资源循环、再生的原则，使农、林、牧等有机结合

生态养鹅要充分体现生态系统中资源的合理、循环利用，提高资源的利用效率，并本着节约资源的目的组织生产，科学地利用能量和物质。利用生物的共生优势、生物相克以趋利避害等原理，使资源合理安排、循环利用，将养鹅业和农林渔业有机地结合起来，形成有效链接，形成新的价值产业链，实现生产的良性

循环。

（二）生态养鹅要因地制宜、合理组织

生态养鹅有多种模式，要因地制宜，根据当地自然资源和社会条件，合理利用各种自然资源，合理安排养鹅生产的过程、饲养方式，形成符合本地条件的生态养鹅模式。

（三）生态养鹅要保护好生态环境

保护生态环境是生态养鹅的重要内容。根据鹅的生物学特性选择适宜的养殖模式，合理利用养殖空间和饲料资源，做到养鹅生产过程不污染周边环境，不破坏生态环境，维持生态平衡。

（四）生态养鹅要生产出优质产品

生态养鹅的最终目的是生产安全、优质、绿色的产品，并取得较好的经济效益。生产中必须创造适宜的环境条件，采用先进技术，科学规范地选择饲料、饲料添加剂和各种药物，注重隔离、卫生消毒工作，提高鹅体的抵抗力，以生产更多的优质产品。

第二节　生态养鹅的意义

一、减少对资源的消耗

生态养鹅是利用自然环境条件中的场地、水源、青草让鹅群能够自由自在地活动、采食、饮水、洗浴。生态养鹅能够为鹅群提供一个大的活动、觅食场所，能够满足鹅的许多生物学习性，更大程度地符合动物福利的相关要求。由于活动场所宽敞，单位面积内鹅的数量少，因此对环境的污染和破坏程度很低，甚至显示不出污染或破坏效应。生态养鹅可以充分利用各种野生饲料资源和阳光、空气、空间等资源，减少了饲料、设备、药物等资源投入，降低了生产成本。

二、生产过程中的粪便、污水可为植物生长提供有机肥

生态养鹅需要放养场地内的自然植被能够为鹅群提供比较充足的天然饲料资源，鹅群生活过程中产生的粪便和污水能够作为自然植被的有机肥被充分利用，进而促进植被的生长，形成“植被—鹅的天然饲料—粪水有机肥—植被”的良性循环。由于在生态养鹅模式中鹅群的活动空间大，单位面积地面上粪便的排泄量少，容易被消纳和利用，避免了集约化养殖中粪便和污水生产量大、易造成污染的问题。

三、获得优质、绿色的产品

生态养鹅可以充分利用青草、秸秆等种植业和林果业的副产品，降低了对精饲料的依赖，也减少了饲料中药物的添加；自然光照、清新的空气及广阔的空间有利于鹅只健壮生长，增强抗病力、减少传染病，同时减少了生产中药物的使用（除维生素和微量元素外很少使用其他各种化学添加剂），避免了鹅肉中的微生物污染和添加剂残留。所以，生态养鹅可以获得优质、绿色的产品。

第三节　生态养鹅的生产特点

一、生产成本低，生产效益好

鹅是体形较大且容易饲养的一类草食性动物。鹅具有强健的肌胃、比身体长 10 倍的消化道和发达的盲肠。鹅的肌胃压力比鸡大 2 倍，是鸭的 1.5 倍。胃内有两层厚的角质膜，内装沙石，可把食物磨碎。鹅的肠道长，盲肠发达，可以食用一定的粗饲

料，特别对青草中粗纤维的消化率可达45%~50%（消化青饲料中蛋白质的能力很强）。鹅的颈粗长而有力，对青草芽尖和果实（穗）有很强的衔食性。鹅吃百样草，除莎草科苔草属青草及有毒、有特殊气味的草外，其他草它都可采食，群众称之为“青草换肥鹅”。我国江河纵横，湖泊、池沼较多，水草茂盛，适于鹅群放牧饲养。在播种前的休闲地和收割后没有翻耕的土地上生态放牧鹅群，鹅群可采食各种青嫩杂草或已结实的草穗。在果园和田间生态放牧鹅群，既可以利用其消除杂草，除害灭虫，保护果树，增加土壤肥力，促进农业丰收，又可省大量饲料和人力。当然，鹅也能舍饲。鹅这种食草耐粗饲、节省粮食的特性，可以最大限度地降低饲养成本。

生态养鹅可以获得较好效益。如种草养鹅，按每亩地种紫花苜蓿计算，可产鲜草3 000~5 000千克，折合干草1 000~1 500千克，一只鹅一天食用0.5~2.0千克青草（紫花苜蓿0.5千克即可），一亩地可养100~150只鹅，最低可盈利3 000元，减去种草成本，每只鹅可增加收入10元以上。据江西省兴国县调查结果显示，农户利用冬闲田播种1亩黑麦草，饲养100只肉鹅，获纯利润1 000~1 500元。利用不同牧草的生长习性可一年四季提供优质牧草，冬春季以黑麦草为主（可混播紫云英、毛苕子等牧草），夏秋季则以杂交狼尾草、墨西哥玉米等为主，同时可以在水面上栽培绿萍（巴拉圭绿萍和哥伦比亚绿萍），并利用闲地、水边野草适当放牧。充分利用青饲料，提高饲料利用率。饲草经鹅过腹转化产生的鹅粪可以还田，为农田提供了优质的农家肥，为提高农作物的产量奠定了坚实基础。所以，生态养鹅不仅可以降低养鹅成本，也可以降低农业生产成本，获得较好的综合效益。

二、易于饲养，生产性能高

鹅体质强健，生命力强，适应性广，特别是耐寒力和抗病能力在家禽中处于前列，全国各地、各种气候条件下都可饲养，小鹅的成活率一般在90%以上。如东北的豁眼鹅，在冬天还能扒开积雪寻找埋在雪下的草根。鹅的抗病力强，疾病发生率较低。所以鹅容易饲养，风险也较小。

鹅生长速度快，生产周期短。研究表明，不同禽种从初生重到体重加倍的时间，鹅只需6~8天，鸭需8~10天，鸡和火鸡需12~15天。鹅4周龄体重可达成年体重的40%，鸡只达15%；鹅8周龄体重可达成年体重的80%，鸡只达60%，火鸡则只能达到10%。我国鹅的小型鹅种60~70日龄体重为2.5~3千克，中型鹅种70~80日龄可达3~4千克，大型鹅种90日龄可达5千克以上。根据生产情况，饲养1头上市体重达90千克的生猪，需饲料324~360千克，育肥期需150天左右；而用这些饲料，可饲养肉用仔鹅111只，总活重达220~270千克，时间仅需70天左右，获利是养猪的10倍。鹅生产周期短，缩短了从投入到产出的时间，加快了资金的周转，从而提高了劳动生产率和经济效益。

三、产品用途广，市场价值大

鹅全身都是宝，鹅产品种类多。鹅肉是理想的高蛋白、低脂肪、低胆固醇的营养健康食品。每100克鹅肉含蛋白质10.8克，钙13毫克，磷37毫克，热量602.5千焦，还含有钾、钠等十多种微量元素。鹅肉含有人体生长发育所必需的各种氨基酸，其组成接近人体所需氨基酸，从生物学价值上来看，鹅肉是优质全价蛋白质。鹅肉中的脂肪含量较低，仅比鸡肉高一点，比其他肉类要低得多。鹅肉不仅脂肪含量低，而且品质好，不饱和脂肪酸的含量高达66.3%，特别是亚麻酸含量高达4%，超过其他肉类，

对人体健康有利。鹅肉脂肪的熔点很低，质地柔软，容易被人体消化吸收。鹅肉具有养胃、止渴、补气的功效，能解五脏之热，所以民间有“喝鹅汤，吃鹅肉，一年四季不咳嗽”的说法。近几年形成的鹅肉系列产品，如烤鹅、咸水鹅、熏鹅、分割鹅等，深受群众欢迎。鹅肝、鹅掌、鹅翅等也独具特色；经过人工填肥的鹅肥肝质地细嫩，营养丰富，味道独特。鹅肥肝含有大量对人体有益的不饱和脂肪酸和多种维生素，最适于儿童和老年人食用，在国际市场上是珍贵而畅销的营养食品之一——欧洲人特别爱吃，市场上肥肝鹅供不应求。鹅绒富有弹性，吸水率低，隔热性强，质地柔软，是高级衣被的填充料，但生产羽绒制品的鹅绒原料供应却十分紧张。鹅毛可制作羽毛扇、羽毛球等体育用品及工艺装饰品等。1 只成年鹅 1 次可得毛绒 150~200 克，采用人工活拔毛技术，1 年拔毛 3~4 次，全年可得毛绒 450~800 克，在温暖地区，可拔毛 5~12 次，拔取的毛绒更多。而用鹅血、鹅胆、鹅肫等制成的鹅血片、鹅血清、胆红素、去氧鹅胆酸等药品，可用于癌症、胆结石等疾病的治疗。因此，养鹅业具有广阔的市场前景和发展空间。

鹅产品需求量不断增大，市场上供不应求。在国际市场上，鹅肉的需求量呈明显增长趋势，年需求量为 8 亿~9 亿羽，而饲养量仅 6 亿羽左右，预测缺口在 2 亿羽左右。鹅肥肝更是一块有待挖掘的“黄金地”。除消费大国法国外，日本最近也掀起了鹅肥肝的消费热潮。有关专家认为，日本几年后将成为世界鹅肥肝消费第二大国，美国、加拿大、澳大利亚和韩国等国也已加入鹅肥肝消费国行列，鹅肥肝的需求量巨大。有市场迹象表明，不论是鲜冻鹅肥肝还是肥肝酱品，中国都是一块有着巨大潜力和尚未开发的市场。鹅绒的开发价值也不容小视，据了解，全世界每年鹅绒总产量 5 万吨左右，我国总产量 3 万吨，其中有 2/3 用于原料或制品出口，可创汇约 10.5 亿美元。另外，鹅的副产品也是

许多重要的轻工业原料，也有较大的市场空间。

四、产品绿色优质

可以充分利用大量的草地、草滩、荒坡、滩涂和边次的、贫瘠的土地或人工种植的草地等放牧养鹅，鹅可以采食大量的青绿饲料，既有充足的活动空间，又可“享受”到明媚的阳光；鹅体质健壮，不易发生疾病，可较少甚至避免使用药物，产品中没有药物残留，有利于绿色产品生产。

第四节　生态养鹅的模式

一、种草养鹅模式

在我国畜牧业发展面临能量饲料和蛋白质饲料短缺的限制时，发展草食畜禽是畜牧业发展的必然选择，种草养鹅符合这一发展趋势。利用土地种草养鹅，形成“地—草—鹅—地”的循环模式。我国有大量山坡、边次土地和盐碱地等可以种植牧草（种植粮食作物产量很低，但种植牧草可以获得较多的营养物质）养鹅，也可以利用大量的耕地采用套种、复种、轮作等方式种草养鹅，这样不仅减少了对精饲料的消耗和依赖，而且极大地提高了土地资源利用率。如南方普遍推广的稻田种草养鹅模式，既增加了养鹅收入又减少了除草剂、化肥、农药的使用，增加了土壤肥力，降低了土壤中有毒化学物质的残留。

牧草的品种较多，但不是所有的牧草都能养鹅。种草养鹅的效果取决于牧草品种的选择和种植。种草养鹅对牧草品种的要求：①适口性好，鹅喜欢吃。种植的牧草鲜嫩柔软、清凉可口，鹅特别喜爱吃，与其他草同时喂鹅时，鹅首选这些牧草，这样才能保证鹅的采食量和营养摄取量，能最大限度地利用牧草。②较

高的产量和优良的品质。种植的牧草产量高，单位面积土地生产的牧草量和营养物质量多。牧草适时收获时，干物质中含粗蛋白20%以上、粗纤维12%以上、无氮浸出物30%以上，还含有多种维生素和矿物质，营养丰富，鹅采食后被毛光亮，生长速度明显提高。这样有利于鹅的健康生长和生产性能的提高。③牧草能适应当地自然条件和种植条件。这样容易发挥生产潜力，减少病害、虫害的发生，提高土地的利用效率，可以减少病虫害防治带来的生产成本的增加和农药残留对鹅饲养带来的威胁，以及对鹅产品造成的农药残留，提高养殖效益。

种草放牧养鹅，牧草的供应问题主要通过建立可放牧鹅群的优质高产人工草地来解决。为保证种草放牧养鹅的效果，必须注意以下几方面。

（一）选好位置和种好牧草

草地宜选择在环境好、污染少，与鹅舍距离较近、鹅行走的道路和坡度平缓、较平坦、靠近清洁水源的地方，要远离公路等嘈杂的地方。

建立牧鹅人工草地时，注意选择高低适宜鹅采食、适口性好、耐践踏的品种，如苜蓿、多年生黑麦草、白三叶、红三叶、鸡脚草、苦荬菜、高羊茅、猫尾草等多年生品种，也可选择“冬牧70”黑麦草、苏丹草等一年生品种。一般放牧养鹅的人工草地，可以采用豆科牧草与禾本科牧草品种按照1∶1、6∶4或7∶3的比例搭配混播种植。可用豆科牧草如苜蓿、红三叶、白三叶等和禾本科牧草如多年生黑麦草、苏丹草、高羊茅等混播，每亩种子的播种量，豆科牧草为0.5~1千克，禾本科牧草为0.3~0.5千克。

（二）控制密度和适当补饲

根据牧草生长的规律、牧草生长的季节、所处的环境、产草量等确定单位面积放牧鹅的数量。一般放牧密度以10~20只/亩为宜；放牧的适宜规模为300~500只。随着鹅的生长，放牧的

密度要逐步降低。

受草地上牧草品种搭配限制、不同品种的牧草营养物质含量存在很大差异等因素影响，鹅的生长发育受阻，饲养期延长，这时就需要补饲精料，尤其在枯草期应多补充一些精料。精料补饲的数量和营养成分及含量，可根据鹅采食牧草的数量、营养成分及含量及时调整。在精饲料的供应上，应定时定量饲喂。小鹅可以4 小时喂料 1 次，每天喂 6 次；中等鹅可以约 6 小时喂料 1 次，每天喂 4 次；大鹅可以 8 小时喂 1 次，每天喂 3 次。在进行喂料前后30 分钟给予充足的饮用水。

（三）合理放牧和管好草地

为使草地牧草得到有效合理的利用，划区轮牧是一个重要的方法。划区轮牧可以根据草地地形、牧草产量和鹅群的大小等，确定划区的数量、每个区的面积、轮牧周期长短等。划区轮牧时，尤其要根据牧草生长的情况确定划区的大小和轮牧的周期。当光热充足、雨水丰沛、牧草生长速度较快和草地覆盖良好时，可以 2~3 周轮牧一次；当牧草生长较慢和草地覆盖较差时，应适当延长轮牧的周期，可以 4~5 周轮牧一次。

应根据草地的土壤肥力状况、牧草生长的时期、牧草的种类和品种来确定施肥的数量和种类，禾本科牧草占优势的草地一般多施氮肥；以豆科牧草为主的草地应多施磷肥和钾肥。灌溉技术的应用是保证牧草稳产和高产的重要方法，应根据气候条件、降水量、牧草生长阶段、牧草种类和品种等选准灌溉的时机，牧草特别是多年生牧草的需水量比粮食类作物要大 1~2 倍；禾本科牧草在分蘖到开花的时间段、豆科牧草从现蕾期到盛花期的时间段需水较多，也是实施灌溉以促进牧草生长的重要时期。及时防除杂草可以促进草地牧草生长，保持牧草高产优质。草地病虫害防治技术的应用，应以生物防治病虫害为主，避免强毒农药使用可能对放牧鹅群产生的直接毒害或鹅肉等产品中发生农药的残留。

（四）科学饲养和适时出栏

根据饲养季节、不同类型鹅的营养要求和草地情况合理确定放牧时间和补充饲养，进行科学饲养。例如，产蛋期对营养要求较高，特别是旺产期的种鹅，应适当缩短放牧的时间，供给充足的精饲料（自由采食精饲料），保证产蛋潜力的发挥；仔鹅、后备鹅和休产期鹅可以充分放牧，最大限度地降低饲料成本。

放牧养鹅宜实行“全进全出”的出栏方式，也就是在同一时间购进饲养的同一批鹅，育成后在同一时间全部一次销售处理。每出栏一批鹅后要对鹅舍及放牧场地进行彻底的消毒灭菌，以杜绝传染病的循环发生，同时还可以增加单位面积草地上鹅的年饲养数量，提高经济效益。

二、种植粮食作物养鹅的模式

我国小麦的种植面积较大，具有很大的开发利用空间。鹅在麦田适当采食麦叶、杂草，对小麦的生长无不良影响，同时鹅在麦田可以找到充足的饲料，达到了粮禽共增、共同发展的目的。每亩麦田可养鹅 40~60 只。

（一）选择适宜品种

麦种选用适合本地气候和土壤结构的小麦种子；鹅种选用耐粗饲、生长快的优良品种，如四季鹅、隆昌鹅、扬州鹅等。

（二）适期播种

麦田养鹅的小麦种，播种期宜提早 7~10 天，为了提供充足的麦叶，每亩的播种量应比常规量多 1.5~2.0 千克。

（三）增施肥料

一般在 12 月 20 日前后和 1 月 20 日前后每亩增施 8 千克尿素，促使小麦冬前早发壮苗，放牧期间应补施促苗肥。2 月下旬以后，小麦拔节时应停止放牧，重施拔节肥、孕穗肥，每亩增施

10 千克尿素，并做好后期麦苗恢复管理工作，真正达到双增的目的。

（四）放牧管理

苗鹅一般在 12 月中上旬按每亩麦田 50 只左右购进，室内饲养 20 天后，逐步放牧于麦田，直到 2 月底出售。放牧期间应由专人管理，把麦田划分为若干小区域，进行轮牧，放牧时应使鹅呈“一”字形横向排开，利用鹅粪使土壤得到改良。需要注意的是，麦田放牧与牧草地放牧不同，对鹅要进行调教，以免其四处乱跑，利用“头鹅”领牧，效果较好。如果全天放牧，夜间要给鹅加喂一次配合饲料，一般以糠麸和谷物为主，还应补给 1.5%骨粉、2%贝壳粉和 0.3%食盐，以促使骨骼正常生长，防止出现软骨病和发育不良。

三、林地、果园生态养鹅模式

林地、果园生态养鹅模式充分利用林地、果园等闲置资源，将鹅纳入林业系统，发展林下生态养鹅。林下养殖是根据区域自然条件和资源基础高效利用自然资源的形式，一方面为有害生物防控提供了天然条件，从而减少化学药剂使用量；另一方面提高了物质循环和能量转化的效率，进行有机剩余物资源化利用，既增加了养殖的饲料来源，又降低了种植业的化肥投入量。此外，还可以通过利用林地、果园的空闲地种植植物或养殖昆虫等来为鹅只提供更多的饲料资源。

（一）场地选择

用来生态养鹅的林地和果园，应远离其他畜禽养殖场、畜禽交易及屠宰场等大的污染源，距离公路干线及村镇应 2 千米以上，而且应具有地势开阔、通风及透光性好、靠近水源、交通便利、相对安静等优点，一般要求林地荫蔽度低于 70%。

（二）鹅棚建设

鹅棚应建在背风向阳、远离其他畜禽、地势高燥、便于排水供电的场地，场地坡度以低于10%为宜，建设的鹅棚应便于保温、利于湿度及通风换气的调控，还应起到遮阳防雨、避风保暖的作用。鹅舍设计跨度以林间行距为限，长度可根据饲养数量灵活掌握，每棚以饲养1 000只鹅为宜，6~7只/米^2。大棚方向最好坐北朝南，南北两边用砖砌墙或围竹篱笆，高度以60~80厘米为宜，每间鹅舍留一活动小门，塑料薄膜应处于活动状态，取放方便，有利于通风和保温。

（三）品种选择

林地、果园生态养鹅的本质是放牧，所以应选择适宜放牧、生长快、抗病力强且生产性能高的优良品种。适合林下放养的生态鹅品种主要是肉鹅，通常选择具有适应性好、抵抗力强等优良特性的品种，生态饲养肉鹅的最佳品种为黑龙江白鹅、莱茵鹅、豁眼鹅等品种。生态肉鹅养殖场可根据林地、果园养殖场地的具体情况及市场需求选择适合的饲养品种。

（四）牧草种植

如果林地、果园的空间要种植牧草，要选择适宜的品种，可选择紫花苜蓿、白三叶、“冬牧70”黑麦草等品种，以上牧草植株较矮，不影响树木生长。紫花苜蓿盛草期较长，可提高产草量。白三叶喜阴，色泽翠绿，适口性强且营养丰富。每年10月上中旬在苹果、梨、桃、杏、葡萄等果园套种“冬牧70”黑麦草，翌年4月中旬利用完毕。苹果、梨、桃、杏、葡萄等均在10~11月落叶，翌年4月生叶，果园内长达5个月的时间均处于闲置状态。“冬牧70”黑麦草属于冷季型牧草，0.4 ℃以上可缓慢生长，10~15 ℃则为最佳生长温度。在果园内套种“冬牧70”黑麦草，可充分利用闲置的光、热、水、气、肥资源，一方面涵养土壤间的水分，减少风沙侵袭，提高果树的抗冻能力；另一方面收获

3 000~4 000 千克鲜草用于饲养鹅。当黑麦草季节过后，林间杂草又可作为鹅的饲料。

随着我国退耕还林政策的实施，林地的面积越来越大，利用林地种草养鹅大有前途。幼林中养鹅，利用树木小、林间空地阳光充足的特点，可种植牧草如黑麦草、菊苣、红三叶、白三叶等；树木粗大后的常绿林，养鹅一般采用放牧的方式，主要以野生杂草为主，可适当播种一些耐阴牧草如白三叶等，以补充野杂草的不足；树木粗大后的落叶林，可在每年的秋季树叶稀疏时，在林间空地播种黑麦草，至翌年 4 月开始养鹅，实行轮牧制，当黑麦草季节过后，林间杂草又可作为鹅的饲料，鹅粪可提高土壤肥力。如此循环，全年皆可养鹅。

（五）雏鹅的引进及规模

雏鹅应从无疫情、防疫好和正规的孵化场中引进，选择发育整齐、活泼健壮、叫声响亮的雏鹅；根据林地面积的大小，充分考虑其雏鹅容量，引进数量适宜的雏鹅，一般按 60~80 只/亩林地为宜；雏鹅的放牧时间与生长发育相适应，雏鹅的饲养管理与林地管理条件相适应，通常在每年的 5 月下旬或 6 月上旬引进雏鹅，在林地、果园放牧饲养为 70~120 天。

（六）雏鹅的饲养管理

1. 雏鹅的喂水和开食　当从孵化场运回雏鹅之后，立即将它们放到事先准备好的消过毒并已预热补温的育雏舍里，稍加休息，便可给予第 1 次饮水。饮水时间在出壳后不超过 36 小时。如果先喂食，雏鹅就会缺水忍渴，一旦遇到水，就会立即抢水暴饮，造成大量水分进入血液，使生理上的酸碱平衡失调，发生“水中毒”，通常死亡率很高。饮水能刺激食欲，促使胎便排出。

一般在饮水后就开食，开食的饲料是用清水淘洗并泡透的小米或玉米碎，以及洗净切细的菜叶、嫩草等青饲料。10 日龄以内的雏鹅，一般白天喂 6~7 次，每次间隔 3 小时，夜间应加喂

2~3次。每次喂25~30分钟，让雏鹅吃饱。

2. 保持适宜的环境条件 保持适宜温度、湿度、密度，适时通风换气。鹅舍内夜间都要开灯照明，以防兽害，同时有利于雏鹅夜间采食。光照强度要求每40平方米的鹅舍使用一盏40瓦灯泡，灯泡悬挂于鹅舍中间离地面高2米左右处。21天以后，夜间可逐步减少照明时间，直至照明停止，以保持鹅群安静。光照不能太强，如果光线太强，可用红纸遮挡一下，因为红色有镇静作用。

3. 按强弱分群 雏鹅的强弱差异较大，因此在育雏期间要根据雏鹅体质的强弱、体形大小等进行分群饲养，以免弱雏鹅、小鹅因吃食、饮水运动迟缓而被挤死、压死、饿死。对弱小鹅要精心饲养，可在饲料中适当增加一些易吸收的营养物质，如葡萄糖、多种维生素、电解质溶液等，以促进其生长。在育雏期，要将整个育雏舍用木板、尼龙网等隔成一个个小间，每间养鹅数量以100~200只为宜。注意防止扎堆时压伤、压死雏鹅。

4. 防鼠害和应缴 在5日龄内的雏鹅，每次喂料后，除了给予10~15分钟室内活动外，其余时间都应休息。所以育雏舍里环境应安静，严禁粗暴操作、大声喧哗以免引起惊群。夜间避免老鼠、黄鼠狼等出入咬伤或咬死雏鹅。

5. 放牧和放水 雏鹅初次放牧的时间可视气候和雏鹅健康状况而定，一般在3周后（雏鹅体重达400克以上方可放入林地里；达不到放牧要求体重的需继续喂，直至达到标准。如果放牧时雏鹅体重较轻，由于觅食、行动能力差，随大群放牧时觅食量少，身体瘦弱，一旦遇到不良饲养管理条件，死亡率极高）天气晴朗、无风时可放牧。第1次放牧和下水必须选择在风和日丽的天气，将雏鹅赶到林地边上活动、采食青草，放牧约1小时便赶回舍内，以后逐渐延长放牧时间和距离。开始放牧时就可下水。初次下水可将雏鹅赶至浅水边任其自由下水，切不可强迫赶入水

中，否则易受寒。饲养密度视林地的杂草而定。

（七）中鹅的饲养管理

中鹅期的饲养管理，要注意的是由于夏天林下比较闷热，一定要保证鹅的戏水面积，这是对该技术成功运用的关键。一般按每只鹅2平方米水面配置，有天然水塘、水池供使用更好；如果没有，可以在地头、地表径流汇集处人工挖一个0.5米深的水塘，水塘边1米内不能有遮阳物，水塘内衬上塑料布防止渗水，再灌满水即可。在放牧回来后，每天晚上要补饲，一般是用秸秆微贮饲料进行补饲，每只鹅1次补给200~300克。中鹅期一般为70~120天，最多补给秸秆微贮饲料21千克。

（八）肉仔鹅的饲养管理

一般采用林下生态方式饲养的肉鹅，从雏鹅出壳后大约90天，最长不超过120天，可长到肉鹅成熟期。这个时期正值9月上中旬，杂草种子陆续开始成熟，早晚温差较大，这正是鹅抓膘育肥的黄金季节。采用林下生态养鹅可充分利用秋天的草籽、昆虫来育肥鹅，可大大节省饲料成本，在傍晚鹅回栏后还要适当补饲一些能量饲料来加速育肥。在补饲饲料中，玉米、碎米等精料要占总量的50%以上，同时添加0.3%~0.5%的食盐，也可添加青草、麦麸、微量元素添加剂、钙、磷等，并供给足够的饮水。

（九）防疫疾病

雏鹅阶段，在第1次饮水时，可在饮水中加入5%葡萄糖溶液或电解多维227克，加水至150升，另外可加入头孢噻呋钠以预防大肠杆菌、沙门菌感染，增强体质和抗病能力。在雏鹅出壳后24小时内，注射小鹅瘟弱毒疫苗，把疫苗作1∶50或1∶100稀释免疫。每只雏鹅皮下注射0.1毫升鹅副黏病毒油乳剂灭活苗，初次免疫是在7~10日龄，颈部皮下注射0.5毫升。无母源抗体者，首免应在2~7日龄，2月后再免疫1次。禽流感在雏鹅7~10日龄首免，在颈部背侧的下1/3正中处皮下注射多价禽流感灭活苗，15

天后产生免疫，肉鹅只注射1次。

四、湿地养鹅模式

在拥有广阔湿地的生态环境地区，可以有效地利用湿地养鹅以降低成本、增加收益。湿地养殖区要远离村庄、工矿区，自然环境要优良，无污染，蓄水方便，水草资源、小虾及螺、蚬等底栖生物丰富，底质淤泥层少（10厘米），无凶猛动物类等敌害生物，其中应有路渠等设施配套。可用网圈出适宜的养殖区域，对鹅进行放养。如芦苇生态养殖，既可以给鹅提供新鲜的青绿饲料，也可以提高当地的植被覆盖率。养殖过程中不用药，基本不换水，水质恶化或者暴雨天要及时调水或加水，换水量根据情况而定。在生产中严格按照无公害控制技术操作，不使用农药和激素类物质。

五、鱼塘或水域养鹅模式

利用鱼塘和水域将鹅与鱼类混合饲养，鹅的粪便可以作为鱼类的饵料被有效利用，从而提高饲养效率，达到立体养殖的效果。鱼塘或水域养鹅，鹅的放养数量不能过大，每亩鱼塘放养成鹅20只，避免水体的富营养化。另外，要在鱼塘旁边搭建凉棚，供鹅休息。

六、发酵床养鹅模式

将鹅饲养在铺设垫料的发酵床上，鹅生活在垫料上，其粪尿等排泄物将作为有益微生物繁殖的主要营养来源，通过对垫料的水分、通透性等的日常维护，有益微生物在发酵垫料中大量繁殖的同时，也使粪尿等排泄物被不断地消化分解，从而达到处理粪污的目的，解决了养殖场粪便的环境污染问题。鹅还可以啄食垫料中的一些营养物质，这有益于鹅的健康和产品质量的提高。采

用农作物秸秆、锯末等作为垫料吸收粪尿，养殖过程中无须用水冲洗，不仅使畜禽场免受养殖污水处理压力，而且将尿液转化成固体形态便于后期有机肥生产。

（一）技术流程

发酵床养鹅的技术流程见图 1-1。

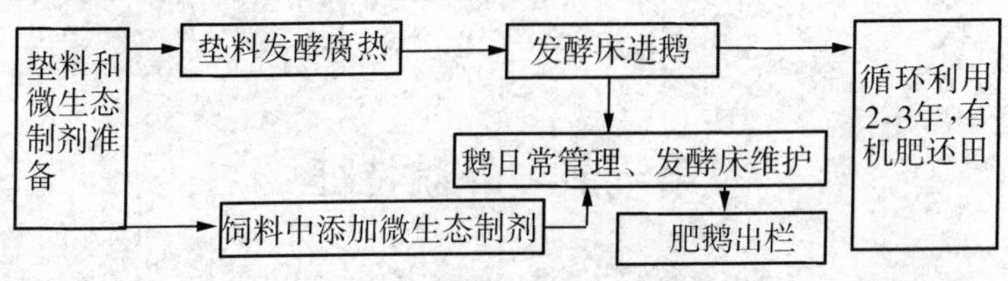

图 1-1　发酵床养鹅的技术流程

（二）垫料管理

1. 水分管理　以不起粉尘为下限，以手握无水滴下为上限。

2. 养分管理　适当添加谷壳和木屑，补充水分、米糠与微生态（物）制剂混合物。

3. 翻动频率　每天在粪便较为集中的地方把粪尿分散开来，埋在 20~30 厘米厚垫料下面，垫料表面 30 厘米每周翻动 2 次，每月把垫料上下均匀翻动一遍，垫料一般可使用 1~1.5 年。清理出的废弃发酵床垫料可采用条垛式堆肥或槽式翻堆发酵处理生产有机肥。

（三）注意事项

垫料厚度 30~50 厘米，垫料中要有 30%~40%的木屑；垫料发酵产生的热量，使床面温度升高，对夏季养殖不利，必须做好夏季防暑降温工作。

第二章　鹅的外貌特征及生物学特性

第一节　外貌特征

一、各部位名称

鹅属于鸟纲雁形目鸭科雁属，外形与雁相似，与其他家禽有明显的区别。鹅的全身按解剖部位可分为头部、颈部、躯体部、翼部和后肢部。鹅体各部位的名称见图 2-1。

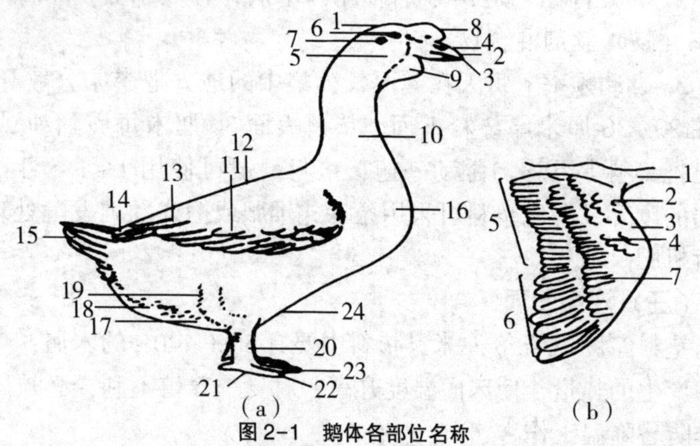

图 2-1　鹅体各部位名称

(a) 1. 头　2. 喙　3. 喙豆　4. 鼻孔　5. 脸　6. 眼　7. 耳　8. 头瘤　9. 咽袋　10. 颈　11. 翼　12. 背　13. 臀　14. 覆尾羽　15. 尾羽　16. 胸　17. 腹　18. 羽绒　19. 腿　20. 胫　21. 趾　22. 爪　23. 蹼　24. 腹褶

(b) 1. 肩　2. 翼前　3. 翼肩　4. 覆副翼羽　5. 主翼羽　6. 覆主翼羽　7. 副翼羽

二、各部位特征

（一）头部

鹅头比其他家禽的头大，前额高大是鹅的主要特征。鹅头部与鸭一样无冠、肉垂、耳叶，头的形状视鹅的品种而异。我国鹅种绝大多数是鸿雁的后代，在喙基部头顶上方长有肉瘤，肉瘤随年龄增长而长高，一般老鹅的肉瘤比青年鹅大、公鹅的肉瘤比母鹅大。喙扁而宽，前端窄后端宽，呈楔形，喙的相对宽度不如鸭，且角质较软，表层覆盖有蜡膜。喙的边缘有许多横脊，便于水中采食时将水滤出。大多数中国鹅种肉瘤和喙的颜色基本一致，有橘黄色和黑灰色两种。有的品种因咽喉部皮肤松弛下垂，形似袋状，称为咽袋。此外，眼和耳分别是鹅的视觉器官和听觉器官，非常灵敏，故在农村有养鹅护院的习惯。对鹅头部外形的要求，除符合品种特征外，一般要求头小而短、眼大而明亮、反应灵敏。

（二）颈部

颈部分为颈背区、两侧颈侧区和颈腹区，各占1/4。鹅颈比其他家禽粗而长，弯曲，有利于采食各类牧草。中国鹅的颈细长弯成弓形，欧洲鹅的颈粗短。小型鹅颈细长是高产的特征；大型鹅颈粗短，易肥育，适于生产肥肝。公鹅颈较粗，母鹅颈较细。颈的粗细与体躯的宽深相关。对于颈部外形，一般要求在符合品种特征的前提下，宜粗短些。

（三）躯体部

除头、颈、翼和后肢外，其余的都属于躯体部。鹅的躯体比其他家禽长、宽，且紧凑、坚实。躯体部又分为背区、腹区和左右两肋区。鹅的躯体也因品种不同而有区别，一般大型鹅种躯体大，骨骼也大，肉质较粗；小型品种躯体较小，骨骼也小，结构紧凑，肉质较细。鹅的躯体长短及宽窄关系到个体的生产性能，

躯体长而宽的个体，不仅产肉性能好，而且产羽绒也多；背宽腹大的个体则产蛋性能较高。有的品种母鹅的腹部皮肤有皱褶，俗称“蛋窝”。腹部逐步下垂，是母鹅临产的特征。对鹅的体躯外形要求是宽深丰满、呈长方形。

（四）翼部

翼部分为肩区、臂区、前臂区和掌指区。臂区和前臂区之间有一薄而宽的三角形皮肤褶，即前翼膜。连接前臂区和掌指区后缘的是长而窄的后翼膜。鹅的两翼宽大而厚实，且较长，常折叠于背上，有保持身体平衡的功能。鹅不能飞翔（个别品种除外），但疾行时两翼张开，有助于行走。

（五）腿部

鹅腿粗壮而有力，是支撑躯体的支柱。腿部分股区、小腿区、跖区和趾区。各趾之间长着特殊的皮肤褶，称为蹼，鹅游泳时靠蹼划动前进。跖部的长短及粗细是品种的重要特征之一，公鹅跖部较长，母鹅较短；狮头鹅的跖部长达 12 厘米，而广东江鹅只有 9~10 厘米。跖和蹼颜色相同，分为橘红色和黑色两类。

（六）羽毛

鹅的体表覆盖羽毛。羽毛有白色和灰色两种，我国北方白鹅较多，南方灰鹅较多。羽毛按其形状结构可分为真羽、绒羽和发羽，从商品角度可分为翅梗毛、毛片和绒毛。实际上，真羽包括翅梗毛和毛片。绒羽即是绒毛。发羽形似头发，数量很少，在生产上没有意义。鹅的雌雄羽毛很相似，不像鸡那样具有明显的形状和色彩的区别，也不像公鸭那样具有典型的性羽，因此单靠羽毛形状或颜色很难识别公母。多数鹅种雏鹅的毛色与成年鹅不同，如太湖鹅雏鹅全身乳黄，成年后纯白；伊犁鹅雏鹅为黄色，成年后多数为灰色。鹅羽毛是否富于光泽，能大体反映出鹅体是否健康。

第二节　鹅的生物学特性

一、鹅的消化特性

鹅在生活和生产过程中，需要各种营养物质，包括蛋白质、脂类、糖类、无机盐、维生素和水等，这些营养物质都存在于饲料中。饲料在消化器官中要经过消化、吸收两个过程。

（一）鹅的消化系统

鹅的消化系统包括消化道和消化腺两部分，消化道由喙、口咽、食道（包括食道膨大部）、胃（腺胃和肌胃）、小肠、大肠和泄殖腔组成，消化腺包括肝脏和胰腺等。消化系统解剖结构见图 2-2。

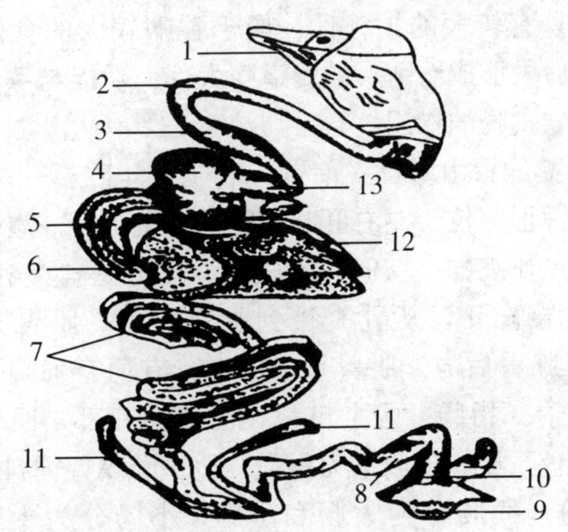

图 2-2　鹅的消化系统解剖结构

1. 喙　2. 食道　3. 食道膨大部　4. 肌胃　5. 胰腺　6. 十二指肠　7. 空肠　8. 直肠　9. 肛门　10. 泄殖腔　11. 盲肠　12. 肝　13. 腺胃

1. 口腔和咽 鹅口腔没有唇、齿，颊部也很短，由上喙和下喙组成，上喙长于下喙，质地坚硬，扁而长，呈凿子状，便于采食草。喙边缘呈锯齿状，上、下喙的锯齿互相嵌合，在水中觅食时具有滤水保食的作用。鹅舌长，前端稍宽，分舌尖和舌根两部分。舌细膜有厚的角质层。鹅的丝状乳头位于舌的边缘。舌上没有味觉乳头，但是在口腔黏膜内有味蕾分布。鹅无软腭，所以口腔和咽没有明显界限，以最后一列跨乳头为界，咽乳头和喉乳头为咽和食道的分界。咽的顶端正中有一咽鼓管口。咽黏膜下有丰富的唾液腺，包括上颌腺、下颌腺、跨腺、咽腺及口角腺。这些腺体很小，但数量很多，能分泌黏液，有导管开口于口腔和咽的黏膜面。

2. 食道 鹅的颈长，食道也长且较宽大，起于口咽腔，与气管并行，略偏于颈的右侧，在胸前与腺胃相连，是一条富有弹性的长管，具有较大的扩张性，便于吞咽较大的食团。鹅无嗉囊，在食道后段形成纺锤形的食道膨大部，功能与嗉囊相似，起着储存和浸软食物的作用。

3. 胃 鹅的胃由腺胃（前胃）和肌胃（砂囊）两部分组成。腺胃呈短纺锤形，位于左右肝叶之间的背侧部分。胃壁上有许多乳头，乳头虽比鸡的小，但数量较多，可分泌盐酸和胃蛋白酶，分泌物通过导管开口从乳头排到腺胃腔中。肌胃又叫砂囊或“腕”，位于腺胃后方。肌胃呈扁圆形，有两个通口，一个通腺胃，一个通十二指肠。两个口都在肌胃的前部。肌胃的肌层发达，呈暗红色。肌胃的收缩力很强，适于磨碎青饲料。

4. 小肠 鹅肠分为大肠和小肠。小肠分为十二指肠、空肠和回肠。在大肠、小肠上均有肠绒毛，但无中央乳糜管。在大肠、小肠黏膜内有肠腺，但十二指肠内无肠腺。鹅的小肠粗细均匀，肠系膜宽大，并分布大量的血管形成网状。十二指肠位于肌胃右侧。肌胃的幽门口连通十二指肠。十二指肠以对折的盘曲为

特征，可分为降部和升部。两部分肠段之间夹有胰腺。与十二指肠起路端相对应处的十二指肠末端向后侧延续为空肠。空肠形成许多肠襻，由肠系膜悬挂于腹腔顶壁。鹅空肠形成5~8圈肠襻，数目比较固定。空肠的中部有一盲突状的卵黄囊憩室，它是胚胎期间卵黄囊柄的遗迹。回肠短而直，仅指系膜与两盲肠相系的一段。小肠的肠壁由黏膜、肌膜和浆膜3层构成，黏膜内有很多肠膜，分泌含有消化酶的肠液，分泌物排入肠腔，对食物进行消化。

5. 大肠 鹅没有结肠，大肠由2条盲肠和1条直肠组成，回盲口可作为小肠与大肠的分界线。距回盲口约1厘米处的盲肠壁上有一膨大部，由位于盲肠内的大量淋巴小结组成，称为盲肠扁桃体。盲肠呈盲管状，盲端游离，长约25厘米，比鸡、鸭的都长，具有一定的消化粗纤维的功能。

6. 泄殖腔 直肠末端连接泄殖腔。泄殖腔略呈球形，内腔面3个横向的环形黏膜褶将泄殖腔分为3部分：前部为粪道，与直肠相通；中部为泄殖道，输尿管、输精管或输卵管开口在这里；后部为肛道，直接通向肛门（又叫泄殖孔）。肛门壁内有括约肌。

7. 肝脏 肝脏是鹅体内最大的腺体，其重量从孵化出壳到性成熟增加33.9倍。一般鹅肝重为60~100克。呈现黄褐色或暗红色。肝脏分左右两叶，各有一个肝门（每叶的肝动脉、肝门静脉和肝管进出肝的地方称为肝门）。右叶有一个胆囊，右叶分泌的胆汁先储存于胆囊中，然后通过胆管开口进入十二指肠。左叶肝脏分泌的胆汁从肝管直接进入十二指肠。

8. 胰腺 胰腺是长条形、灰白色的腺体，位于十二指肠的肠襻内。胰的分泌部为胰腺，分泌含淀粉酶、蛋白酶、脂肪酸等的胰液，经两条导管排入十二指肠，消化食物。

（二）鹅的消化生理

饲料由喙采食，通过消化道直至排出泄殖腔。在各段消化道中消化程度和侧重点各不相同。鹅是以草食为主的家禽，在消化上又有其特点。

1. 胃前消化 食物入口后不经咀嚼，被唾液稍微润湿，即借舌的帮助而迅速吞咽。鹅的唾液中含有少量淀粉酶，有分解淀粉的作用。但由于在胃前消化道中酶的活力很低，其消化作用很有限，胃前消化道主要还是起食物通道和暂存的作用。

2. 胃内消化 鹅腺胃可分泌盐酸和胃蛋白酶，蛋白酶能对食糜起初步的消化作用，但因腺胃体积小，食糜在其中停留时间短，胃液的消化作用主要在肌胃而不是在腺胃。鹅肌胃很大，肌胃肌肉紧密厚实。同时肌胃内有许多沙砾，在肌胃强有力的收缩下，可以磨碎粗硬的饲料。在机械消化的同时，来自腺胃的胃液借助肌胃的运动得以与食糜充分混合，胃液中盐酸和蛋白酶协同作用，把蛋白质初步分解为际、蛋白胨及少量的肽和氨基酸。鹅肌胃对水和无机盐有较小的吸收作用。

3. 小肠消化 小肠消化主要靠胰液、胆汁和肠液的化学性消化作用，在空肠段的消化最为重要。胰液和肠液含有多种消化酶，能使食糜中蛋白质、糖类（淀粉和糖原）、脂肪最终分解为氨基酸、单糖、脂肪酸等。而肝脏分泌的胆汁则主要促进对脂肪及水溶性维生素的消化吸收。此外，食糜从胃入肠后依靠肠的蠕动逐渐向后推移，同时，禽的肠还具有明显的逆蠕动，使食糜往返运行，能在肠内停留更长时间，使消化和吸收更加充分。小肠中经过消化的养分绝大部分在小肠吸收，鹅对养分的吸收都是经血液循环进入组织中被利用的。

4. 大肠消化 盲肠是纤维素的消化场所，除食糜中带来的消化酶对盲肠消化起一定作用外，盲肠消化主要是依靠栖居在其中的微生物的发酵作用，通过产生低级脂肪酸而被肠壁吸收。盲

肠中有大量细菌，1 克盲肠内容物含细菌 10 亿个左右，其中最主要的是严格厌氧的革兰氏阴性杆菌。这些细菌能使粗纤维发酵，最终产生挥发性脂肪酸、氨、胺类和乳酸。同时，盲肠内细菌还能合成 B 族维生素和维生素 K。直肠较短，食糜停留时间也很短，消化作用不大，主要是吸收一部分水分和盐类，形成粪便，排入泄殖腔，与尿液混合排出体外。

（三）鹅的消化特点

鹅是食草家禽，完全可以依赖青饲料生存，主要是依靠肌胃强有力的机械消化、小肠对非粗纤维成分的化学性消化及盲肠对粗纤维的微生物消化等三者协同作用。虽然鹅的盲肠微生物能更好地消化利用粗纤维，但由于盲肠处于消化道的后端，很多食糜并不经过盲肠。因此，其消化利用粗纤维的作用也是有限的，在配制鹅饲料时，粗纤维含量也不能过高；农谚“鹅者饿也，肠直便粪，常食难饱”，反映了鹅是依赖频频采食、采食量大而获得大量养分的。因此，在制订鹅饲料配方和饲养规程时，可采取降低饲料质量（营养浓度），增加饲喂次数和饲喂数量，来适应鹅的消化特点，提高饲养效果。

二、鹅的繁殖特性

（一）鹅的生殖系统

1. 母鹅　母鹅的生殖系统只有左侧的发育完全，右侧的已退化。生殖系统包括卵巢和输卵管两大部分。

（1）卵巢：卵巢位于左肾前叶的下方，通过卵巢系膜固定于腹腔顶壁，同时又以腹膜褶与输卵管相连。卵巢分为皮质部和髓质部，皮质部在外层，含有大量不同发育阶段的各级卵泡。卵泡突出于表面，大小不等，呈一串葡萄状，大的肉眼可见。髓质部在皮质部内，具有丰富的血管。到产蛋期，卵泡开始发育，逐渐积聚卵黄而增大，成熟后排出卵泡（蛋黄），直径可达 5 厘米。

卵巢还合成和分泌性激素，维持母鹅生殖系统的发育，促进排卵，调节生殖功能。

（2）输卵管：输卵管是一条长而弯曲的管道，从卵巢向后一直延伸到泄殖腔，按其形态和功能可分为5段：漏斗部、蛋白分泌部、峡部、子宫部和阴道部。漏斗部边缘呈不整齐的指状突起，叫输卵管伞，当卵巢排卵时，它将卵卷入输卵管中。漏斗颈有管状腺，可储存精子，卵泡在此受精。蛋白分泌部又叫膨大部，是输卵管最弯曲、最长的部分，内有大量的腺体，分泌蛋白和盐类，形成蛋清。峡部细而短，黏膜内的腺体分泌一部分蛋白和形成纤维性壳膜。子宫部是输卵管最膨大的部分，肌层较厚，黏膜内的腺体分泌钙质、色素和角质层，形成蛋壳。阴道部为输卵管末段，呈“S”形，开口于泄殖腔的左侧，它分泌的黏液形成蛋壳表面的保护膜，阴道肌层收缩时将蛋排出体外。

2. 公鹅的生殖系统 公鹅的生殖系统包括两侧的睾丸、附睾、输精管和阴茎。

（1）睾丸。呈椭圆形，以1片短的睾丸系膜悬挂在肾前叶的前下方。睾丸外面被覆一层白膜，内为实质，由许多弯曲的精细管构成，性成熟时在精细管内形成精子。精细管之间分散着间质细胞，产生雄激素，以维持性功能。鹅的附睾不很明显，主要是由睾丸输出管构成，最后汇成很短的附睾管。

（2）输精管。由附睾管延续而来，与输尿管基本平行，向前延伸，末端稍膨大形成储精囊，开口于泄殖腔内的具有勃起功能的输精管乳头上。输精管既是精子通过的管道，又是分泌液体和主要储存精子的地方。

（3）阴茎。阴茎是交配器官，比较发达，位于泄殖腔肛道底壁的左侧，回缩时阴茎在基部形成球状；勃起时，基部胀大而填塞整个肛道，游离部呈螺旋状，伸出长达5厘米以上。阴茎表面有一螺旋状的射精沟，勃起时边缘闭合而形成管状，可将精液

输入母鹅生殖道内。

（二）鹅的生殖特点

1. 季节性　鹅繁殖存在明显的季节性，绝大多数品种在气温升高、日照延长的6~9月间，卵黄生长和排卵都停止，接着卵巢萎缩，一直至秋末天气转凉时才开产，产蛋期在冬春两季。

2. 就巢性（抱性）　我国鹅种一般就巢性很强，绝大多数大中型鹅种及部分小型鹅种都有就巢性，在一个繁殖周期中，每产一窝蛋（8~12个）后，就要停产抱窝，直至小鹅孵出。

3. 择偶性　在小群饲养时，每只公鹅常与几只固定的母鹅配种，当重新组群后，公鹅与不熟识的母鹅互相分离，互不交配，这在年龄较大的种鹅更为突出。在不同个体、品种、年龄和群体之间都有选择性，这一特性严重影响受精率。因此，组群要早，让它们年轻时就生活在一起，产生“感情”，形成默契，以提高受精率。鹅不同品种择偶性的严格程度是有差异的。

4. 迟熟性　鹅是长寿动物，成熟期和利用年限都比较长。一般中小型鹅的性成熟期为6~8个月，大型鹅种则更长。

三、鹅的生活习性

熟悉鹅的生活习性，有利于日常管理制度的制定。鹅的主要生活习性可归纳为以下六个方面。

（一）喜水性

鹅是水禽，喜欢在水中觅食、嬉戏和交配。鹅很喜欢水，在水面上游动时像一只小船，轻浮如梭，不时潜入水中觅食。鹅有在水中交配的习性，特别是在早晨和傍晚，水中交配次数占60%以上。鹅喜欢清洁，羽毛总是油亮、干净，在用嘴梳理羽毛，不断以嘴和下颌从尾脂腺处蘸取脂油，涂以全身羽毛，这样下水时可防水，上岸时抖身即可干，防止污物沾染。鹅要在陆地产蛋、采食、休息和睡眠，所以产蛋和睡眠的地方，必须保持干燥和清

洁。设计鹅舍时，最好有水陆运动场，二者还要连成一体，才能使鹅保持健康，羽毛有光泽。

（二）食草性

鹅以植物性食物为主，一般只要是无毒、无特殊气味的野草都可供鹅采食。一般情况下，鹅只采食叶子，但野草不多时，茎、根、花、籽实都会被采食。因此，要尽量放牧，即使舍饲，也要尽可能多地提供青饲料，以便大幅度地降低养鹅成本。

但是，也有人认为鹅不食荤腥饲料，这是不对的，在李时珍《本草纲目》中早已纠正了“鹅不食荤”的观点。其实，放牧鹅群时，昆虫、蚯蚓等小动物都是鹅的美味佳肴，鹅特别喜食；饲料中加入少量的优质鱼粉，可明显地提高肉鹅的生长速度和母鹅的产蛋量。

（三）耐寒性

鹅全身覆盖羽毛，鹅羽毛细密柔软，特别是毛片下的绒毛，绒朵大，密度大，弹性好，保温性能极佳。鹅又有发达的尾脂腺，常用喙把尾脂腺的油脂涂在羽毛上面，起到了防水御寒的作用，加之鹅的皮下脂肪比较厚，因而具有较强的耐寒性。即使是在 0 ℃左右的低温下，鹅仍能在水中活动；在 10 ℃左右的气温条件下，便可确保较高的产蛋率。相对而言，鹅比较怕热，在炎热的夏季，鹅喜欢整天在水中或者在树荫下纳凉休息，觅食时间减少，采食量下降，产蛋量也下降。许多鹅种往往在夏季停止产蛋。

（四）合群性

在野生状态下，鹅天性喜群居和成群飞行。这种本性在驯化家养之后仍未改变，因而家鹅至今仍表现出很强的合群性。鹅喜欢群居和成群行动，行走时列队整齐，觅食时在一定范围内扩散。在大鹅群中，又有“小群体”存在。偶尔个别鹅离群，就“呱呱”大叫，追赶同伴归队。这种合群性使鹅适于大群放牧饲

养和圈养。

（五）次序性

在鹅群中，存在等级序列。新鹅群中的等级常常通过争斗产生。等级较高的鹅，有优先采食、交配和占领领域的权力。在一个鹅群中，等级序列有一定的稳定性，但也会随某些因素的变化而变化，如生病者等级地位下降，而健康壮实者则等级提高，外源性雄激素也会引起等级行为的上升。在生产中，鹅群要保持相对稳定，频繁调整鹅群，打乱业已存在的等级序列，不利于鹅群生产性能的发挥。

（六）警觉性

鹅的听觉很灵敏，警觉性很强，遇到陌生人或其他动物时就会高声鸣叫以示警告，有的甚至用喙啄击或用翅扑击。因此，有人用鹅代替狗看家，至今浙江某些地方仍把白鹅称为“白狗”。南美安第斯山山麓的印第安人现仍保留着养鹅护家的习俗。

第三章　生态养鹅的品种选择和引进

鹅的品种是指来源相同、形态相似、遗传性能稳定，具有一定数量和较高经济价值的禽群。品种是养鹅生产的基础，只有选择优良的品种，才可能获得好的经济效果。

第一节　鹅的品种

一、鹅品种的分类

鹅品种的分类方法主要有以下几种。

（一）按体重大小分类

鹅根据体重分大型、中型、小型三类，这是目前最常用的分类方法。小型品种鹅，一般公鹅体重为 3.7~5.0 千克，母鹅 3.1~4.0 千克，如我国的太湖鹅、乌棕鹅、永康灰鹅、豁眼鹅、籽鹅等；中型品种鹅，一般公鹅体重为 5.1~6.5 千克，母鹅 4.4~5.5 千克，如我国的浙东白鹅、皖西白鹅、溆浦鹅、四川白鹅、雁鹅、伊犁鹅，以及德国的莱茵鹅等；大型品种，一般公鹅体重为 10~12 千克，母鹅 6~10 千克，如我国的狮头鹅和法国的图鲁兹鹅、朗德鹅等。

（二）按性成熟日龄分类

鹅根据成熟日龄可分早熟型、中熟型和晚熟型。早熟型指开产期在 130 日龄左右的小型和部分中型鹅种；中熟型指开产期在

150~180 日龄的中型鹅种；晚熟型指开产期在 200 日龄以上的大型鹅种。

（三）按鹅的羽毛颜色分类

鹅根据羽毛颜色分为白鹅和灰鹅两大类。我国北方以白鹅为主，南方灰白品种均有，但白鹅多数带有灰斑，如溆浦鹅同一品种中存在灰鹅、白鹅两系。国外鹅品种以灰鹅占多数。有的品种如丽佳鹅苗鹅呈灰色，长大后逐渐转变为白色。

（四）按产蛋量多少分类

不同品种鹅的产蛋性能差异很大，高产品种年产蛋高达 150 枚，甚至 200 枚，如豁眼鹅；中产品种，年产蛋 60~80 枚，如太湖鹅、雁鹅、四川白鹅等；低产品种，年产蛋 25~40 枚，如我国的狮头鹅、浙东白鹅，以及法国的图鲁兹鹅、朗德鹅等。

二、鹅的主要品种

（一）小型鹅品种

1. 太湖鹅

（1）产地及分布。原产于江苏省南部的苏州、无锡和浙江省北部的湖州、嘉兴等地区。因这一带均属太湖沿岸，故称太湖鹅。太湖鹅是小型的白色鹅种，没有就巢性、产蛋率高是该品种的主要特点。

（2）外貌特征。体形小而紧凑，颈细长，肉瘤圆而突起，无咽袋。喙、跖、蹼橘红色，喙端色较淡，爪白色。眼睑淡黄色，虹彩灰蓝色，肉瘤淡黄褐色。公母鹅的全身羽毛都是白色，少数个体在眼梢、头顶、腰背部有少量灰褐色斑点。雏鹅的绒毛乳黄色，喙、跖、蹼橘红色。

（3）生产性能。成年公鹅 3.8~4.4 千克，成年母鹅 3~3.5 千克。60 日龄重 2.3~2.5 千克；仔鹅全净膛屠宰率为 64%，半净膛屠宰率为 78.6%；成年公鹅全净膛屠宰率为 75.6%，半净膛屠宰率为84.9%；成年母鹅全净膛屠宰率为68.8%，半净膛屠宰率为79.2%。开产期在160~190日龄。

年产蛋60~70枚，平均蛋重135克，蛋壳白色；公母配比为1∶(6~7)，即1 000只母鹅群中放150只公鹅，种蛋受精率可达90%以上。种用期，产区群众饲养种鹅只需1年，即当年春孵的小鹅留种，下半年开产后，连续产蛋到翌年的5月底或6月初，停产时即淘汰屠宰。实际上太湖鹅的种鹅也可以连续饲养4~5年。母鹅没有就巢性。

2. 昌图豁眼鹅

(1) 产地及分布。原产于山东省莱阳地区，后来推广到东北三省。昌图豁眼鹅属中国白色鹅种的著名小型鹅，具有产蛋多、生长快、肉质好、耐粗饲等特点，其产蛋量居全世界鹅种之首，有“鹅中来航”之称。

(2) 外貌特征。体形较小，全身羽毛洁白如雪，姿态优美。头较小，成年鹅头顶部肉瘤明显，呈橘黄色，眼大小中等，呈三角形，眼睛不太灵活，虹彩蓝灰色，在眼睑后上方有自然豁口，故名豁眼鹅。喙扁平，橘黄色。颈细长，向前呈弓形。背宽广平直，挺拔健壮。两腿健壮有力，跖、蹼均为橘黄色。成年公鹅体形略大，好斗，叫声高而洪亮。母鹅体形略小，性情温驯，叫声低而清脆，腹部有少量不太明显的皱褶，俗称“蛋包”。

(3) 生产性能。公鹅体重4~5千克，母鹅体重3.5~4千克。昌图豁眼鹅生长速度快，初生重70克左右，21日龄为300克左右，30日龄为800克左右，60日龄为2 700克左右，70日龄为3 500克左右，以后增重迅速减慢，5月龄达体重最高点，有的由于饲养管理条件的变化，体重还会有所下降。一般补饲精料的料肉比为1.5∶1。经过育肥屠宰，全净膛屠宰率为72%，半净膛屠宰率为81%。肌肉纤维较粗，脂肪含量适中，胆固醇含量低，蛋白质含量高达18%，赖氨酸、组氨酸丰富。加工成食品后，颜

色红亮，肉香味美。

昌图豁眼鹅产蛋性能在全世界鹅种中居于首位。昌图豁眼鹅成熟较早，出壳后6~7月龄开始产蛋。集约饲养条件下每年产蛋120枚左右，个别高的可达160枚，粗放饲料条件下年产蛋100枚左右。蛋重105~137克，平均重118克，蛋壳白色，蛋形椭圆，横径5.35厘米，纵径7.71厘米，蛋形指数为0.69，蛋料比为3.2∶1；公母鹅配种比例为1∶(4~5)，母鹅无就巢性，28日龄雏鹅存活率为92%。种鹅在第2年和第3年产蛋最多，可有效利用3~4年。由于昌图豁眼鹅产蛋量最高、抗逆性极强，目前被广泛用于杂交繁育，是理想的母本品种，其杂交效果极为显著。

昌图豁眼鹅全身白毛，羽绒质量较佳。活鹅人工拔毛一年可拔2次，每次可拔75克，含绒量为30%。活鹅拔毛蓬松度好，不含杂毛，飞丝少，深受羽绒加工商的欢迎。屠宰拔毛每只可产毛140克，产绒60克左右。120日龄前的育肥鹅含绒量低、绒絮短，越冬后的鹅羽绒质量最佳，利用价值极高。

3. 籽鹅

(1) 产地及分布。产于黑龙江省的松嫩平原，以肇东市和肇源、肇州等县饲养最多。本品种是我国白色羽毛鹅中的小型高产品种，因高产多子而名籽鹅。

(2) 外貌特征。体形较小，躯体呈卵圆形，颈细长，肉瘤较小，多数鹅头顶上有缨状羽毛。颌下垂皮（咽袋）小，腹部下垂。全身羽毛白色。喙、跖、蹼橘黄色。虹彩灰蓝色。

(3) 生产性能。成年公、母鹅体重分别为4~4.5千克和3~3.5千克，初生公鹅体重89克，母雏鹅85克。70日龄公仔鹅重3 275克，母鹅2 860克；70日龄半净膛屠宰率为78.02%~80.19%，全净膛屠宰率为64.7%~71.3%；开产期在6~7月龄。

年产蛋量100枚以上，多的可达180枚，平均蛋重130克左右，蛋壳白色。公母配比 1∶(5~7)，受精率和孵化率均在 90%以上。母鹅没有就巢性。

4. 乌鬃鹅

(1) 产地及分布。原产于广东省清远市。因其颈背部有一条由大渐小的深褐色鬃状羽毛带，故又称清远乌鬃鹅。分布于邻近的花都、佛冈、从化、英德等县区，为灰色鹅中体形最小的品种，因其肉质鲜美，活鹅在港澳市场上非常畅销。

(2) 外貌特征。躯体宽短，背平。从侧面看，公鹅似榄核形，母鹅似楔形。颈细，眼大，虹彩褐色，喙、肉瘤、跖、蹼均为黑色。成年鹅的头部自喙基和眼的下缘起直到最后一节颈椎有一条由大渐小的鬃状黑色羽毛带，颈部两侧羽毛白色，翼、肩、背部的羽毛乌鬃色，这些羽毛末端有明显的棕褐色镶边，故俯视呈乌鬃色，胸部羽毛灰白色，尾羽灰黑色，腹尾的羽绒白色，在背部两边有一条起自肩部直至尾根宽 2 厘米的白色羽毛带，尾翼间的部分呈现白色圈带。青年鹅的各部羽毛颜色比成年鹅较深。

(3) 生产性能。成年公、母鹅体重为 3. 4 千克和 2. 8 千克。初生重 95 克，30 日龄体重 695 克，70 日龄重 2. 5~2. 7 千克。90 日龄体重3 170 克，料肉比 2. 31∶1。经育肥后的肉用仔鹅，公鹅全净膛屠宰率为 77%，半净膛屠宰率为 88%；母鹅全净膛屠宰率为 78%，半净膛屠宰率为 87%。

5 月龄左右开产，年产蛋 28~30 枚，蛋重 130~140 克，蛋壳白色；公母配比为 1∶(8~10)。种蛋受精率在 85%以上，受精蛋孵化率为 92. 5%。就巢性很强，每年就巢 4~5 次。母鹅可利用 5~6 年，公鹅可利用 3~4 年。

5. 伊犁鹅

(1) 产地及分布。产于新疆西北部伊犁哈萨克族自治州和博尔塔拉蒙古族自治州各县。本品种由产区群众捡野雁蛋孵化后驯养而成，已有 200 多年的饲养历史，这是我国唯一起源于

灰雁的一个鹅种。本品种的特点是耐寒冷、耐粗饲，适于放牧饲养，在产区几乎全部放牧于草地，很少补喂精料。

（2）外貌特征。头顶上没有突出的肉瘤，颈粗而短，体躯呈扁椭圆形，站立或行走时与地面成平行状。额下无咽袋。羽毛颜色有灰、白、花三种；喙黄白色或橘红色，跖、蹼橘红色；虹彩灰蓝色。

（3）生产性能。成年公、母鹅体重分别约4.5千克和3.5千克。60日龄重2.5~3千克；90日龄重2.7~3.4千克。8月龄肥育15天的肉鹅屠宰，平均活重3.81千克，全净膛屠宰率为75.5%左右，半净膛屠宰率为83.6%左右。

开产期在9~10月龄。年产蛋量，第一至二年10枚左右，第三至六年15枚左右。平均蛋重150克，蛋壳白色。公母配比为1∶（2~4），受精率在83.1%以上，受精蛋孵化率为81.9%。每年就巢1次，少数有2次。每只鹅可以产绒240克。

6. 天府肉鹅

（1）产地与分布。天府肉鹅是四川农业大学家禽育种实验场采用现代家禽商业育种的原理和方法，利用引进种和地方良种的优良基因库，经过十余年的努力，成功培育出的遗传性能稳定的天府肉鹅配套系，除四川省外，现已推广到安徽、广西、云南、上海、湖北、广东、江苏、贵州等省市区。天府肉鹅配套系具有产蛋多、适应性和抗病力强、商品肉鹅早期生长速度快等特点，深受广大养鹅户的青睐。

（2）外貌特征。母系肉鹅体形中等，全身羽毛白色，喙橘黄色，头清秀，颈细长，头瘤不太明显。父系公鹅体形中等偏大，额上无肉瘤，颈粗短，成年时全身羽毛洁白。初生雏鹅和商品代雏鹅头、颈、背部羽毛为灰褐色，从2~6周龄逐渐转为白色。

（3）生产性能。父系成年公鹅体重5 577.5克，母鹅4 728.0克；母系成年公鹅体重4 216 .7克，母鹅3 943.2克。天府肉鹅商品代在放牧补饲饲养条件下，8 周龄活重达 3 394.2 克，10 周龄活重 4 220 克，料肉比为 1.68∶1。10 周龄父系公鹅、母系母鹅、商品肉鹅全净膛屠宰率分别为 75.2%、69.0%、69.0%。天府肉鹅 17 周龄父系公鹅活拔毛绒重 40.1 克，母鹅 48.8 克；母系公鹅 33.0 克，母鹅 32.4 克。父系的产绒性能优于母系。

母系开产日龄在 190~200 天，年产蛋 85~90 枚，蛋重 141.3 克，受精率在 88%以上；父系开产日龄 210~230 天，产蛋量 40~50 枚，蛋重 147.5 克，受精率为 74%~77%；配套系种鹅开产日龄在 200~210 天，年产蛋 85~90 枚。

7. 烟台五龙鹅

烟台五龙鹅产于山东烟台、莱阳、海阳等市县的五龙河流域一带。五龙鹅体形较小，头呈方圆形，有圆而光滑的肉瘤。喙宽阔，颈细长、向前似弓状。胸深广而突出，背扁平，躯体呈长方形，羽毛有白、灰、花三种颜色，白鹅居多，喙、肉瘤、胫、蹼橘黄色，爪白色。成年公鹅体重 4 千克，母鹅 3.5 千克，开产日龄 210 天，年产蛋 100~120 枚，蛋重 128 克。公鹅 4~5 月龄性成熟，公母比例以 1∶5 为宜。

8. 东北仔鹅

东北仔鹅原产于东北松辽平原，分布于黑龙江、吉林、辽宁等省。东北仔鹅以产蛋多而著名。该鹅体形较小、紧凑，躯体呈卵圆形，颈细长，有小肉瘤，头上有缨状头髻，颌下偶有咽袋，全身羽毛白色。成年公鹅体重 4~4.5 千克，母鹅 3~3.5 千克。母鹅 180 日龄开产，年产蛋 100~180 枚，蛋重 131 克，蛋壳白色，公母配种比例以 1∶(5~7) 为宜。

(二) 中型鹅品种

1. 溆浦鹅

(1) 产地及分布。产于湖南省沅水支流的溆水两岸，中心产区在溆浦县城附近的新坪、马田坪、水东等地。溆浦鹅是我国地方鹅种中产肥肝性能较好的一个品种。

(2) 外貌特征。躯体稍长，似圆柱形。公鹅头颈高昂，直立雄壮，叫声洪亮。母鹅体形稍小，性情温顺，产蛋期后躯丰满，腹部下垂，有腹褶。羽毛颜色有灰、白两种。白色溆浦鹅喙、肉瘤、跖、蹼橘黄色，皮肤浅黄色，眼睑黄色，虹彩灰蓝色。灰色溆浦鹅的背、尾和颈部羽毛都是灰褐色，腹部白色，皮肤浅黄色，眼睑黄色，虹彩灰蓝色，跖、蹼橘红色，喙黑色，肉瘤突起，呈灰黑色。

(3) 生产性能。成年公、母鹅体重分别为5.6~6.5千克和5.5~6千克。60日龄重3.2千克左右，90日龄重4.42千克，6月龄公、母鹅半净膛屠宰率分别为88.6%和87.3%，全净膛屠宰率分别为80.7%和79.9%。成年鹅填饲3周，肥肝平均重627克，最大可达1 330克。

年产蛋25~40枚，平均蛋重200克左右。蛋壳白色居多，少数为淡青色；开产期在7~8月龄。公母配比为1∶(3~5)，受精率均在90%以上，受精蛋孵化率为93.5%。公鹅利用3~5年，母鹅利用5~7年，就巢性较强，每年2~3次，多的达5次。

2. 皖西白鹅

(1) 产地及分布。产于安徽省西部的丘陵山区和河南省固始县。主要分布于皖西霍邱、寿县、六安、肥西、舒城、长丰等县市。皖西白鹅是我国中型白色鹅种中体形较大的一个地方优良品种，具有早期生长快、耐粗食、肉质好、羽绒品质优良等特点。

(2) 外貌特征。体态高昂，细致紧凑，全身羽毛白色，躯体呈长方形。公鹅的颈粗长有力，母鹅的颈较细短，腹部轻微下垂。肉瘤橘黄色，公鹅的大而突出，圆而光滑。喙橘黄色，喙前端颜色渐淡。跖、蹼橘红色，虹彩灰蓝色。约有6%的鹅颌下有咽袋。全身羽毛白色。少数个体头颈后部有球形羽束，称为“顶心毛”。

（3）生产性能。成年公、母鹅体重分别为5.5~6.5千克和5~5.5千克。初生重90克，60日龄重3~3.5千克，90日龄重4 500克。全净膛屠宰率为72.8%，半净膛屠宰率为79%。

开产期在6~9月龄。年产蛋25枚左右，平均蛋重142克，蛋壳白色，公母配比为1:(4~5)。种蛋受精率为88.7%，受精蛋孵化率为91.1%。种用期，公鹅在8月龄后开始配种，可利用3~4年；母鹅利用4~5年，优良个体可利用7~8年。98%以上的个体每年就巢2次，少数个体每年只产1期蛋，就巢1次；本品种产羽性能好，绒朵大，平均每只每次产羽绒300克左右，其中纯绒有40~50克。

3. 浙东白鹅

（1）产地及分布。中心产区在浙江东部的奉化、象山、定海一带，故称浙东白鹅。过去有的称奉化白鹅、象山白鹅、定海白鹅、越鹅等，都是浙江白鹅品种内的地方类群。广泛分布于鄞州、余姚、慈溪、上虞、嵊州、新昌等（市、区）县。浙东白鹅生长速度快、肉质好、体形大，是我国中型鹅中优良的品种之一。

（2）外貌特征。中等体形。躯体长方形，全身羽毛白色，仅有少数个体在头颈部或背腰处杂少数黑色斑块。颈细长，无咽袋。额上肉瘤高突，呈半球形覆盖于头顶，随年龄增长而突起明显（公鹅比母鹅更突出）。喙、跖、蹼幼年时橘黄色，成年后橘红色，爪白色，眼睑金黄色，虹彩灰蓝色。成年公鹅高大雄伟，鸣声洪亮，好斗逐人；成年母鹅腹宽下垂，鸣声低沉，性情温顺。

（3）生产性能。成年公鹅约5千克，母鹅4千克左右。初生重105克，60日龄重3~3.5千克，70日龄左右（体重3.0~4.0千克）上市。全净膛屠宰率、半净膛屠宰率分别为72%和81%。

经填饲后，肥肝平均重 392 克，最高者达 600 克。

开产期在 6 月龄左右。年产蛋 35~45 枚，平均蛋重 140~150 克，蛋壳乳白色。公母配比一般是 1∶10，群众中饲养有的达 1∶15 以上。种用期，公鹅初配年龄控制在 7 月龄以上，可利用 3~5 年。母鹅可利用 5~6 年。绝大多数个体都有较强的就巢性，每年就巢 3~5 次。一般连续产蛋 9~11 枚后就巢 1 次。

4. 四川白鹅

（1）产地及分布。产于四川省温江、乐山、宜宾、永川和达县等地，广泛分布于平坝和丘陵水稻产区。四川白鹅是我国中型白色鹅种中唯一无就巢性而产蛋量较高的品种。

（2）外貌特征。四川白鹅全身羽毛洁白，喙、胫、蹼橘红色，虹彩灰蓝色。公鹅体形较大，头颈较粗，躯体稍长，肉瘤突出。母鹅头清秀，颈细长，肉瘤不明显。

（3）生产性能。成年公、母鹅体重分别为 4.5~5 千克和 4.3~4.9 千克。初生重 71.1 克，60 日龄重 2.4~2.5 千克。6 月龄全净膛屠宰率公鹅为 79.27%，母鹅为 73.1%；半净膛屠宰率公鹅为 86.28%，母鹅为 80.69%。填饲后肥肝平均重 344 克，最大者达 520 克。羽毛洁白，羽绒品质优良，利用种鹅休产期可拔毛 2 次，平均每只产毛绒 157.4 克。

6~8 月龄开产，年产蛋 60~80 枚，平均蛋重 146 克，蛋壳白色。公母配比为 1∶(3~4)，种蛋受精率在 85%以上，受精蛋孵化率为 84%。基本没有就巢性。种鹅的利用年限为 3~4 年。

5. 莱茵鹅

（1）产地及分布。原产于德国的莱茵河流域，在欧洲大陆分布很广，是欧洲各个鹅种中产蛋量较高的品种。江苏省南京市于 1990 年从法国克里莫公司引进了莱茵鹅。在法国和匈牙利，通常用朗德鹅作为父本与本品种的母鹅交配，杂交鹅用以生产肥肝，用意大利公鹅与本品种的母鹅交配，杂交鹅作肉用仔鹅。

（2）外貌特征。全身羽毛白色，喙、跖、蹼橘黄色。初生雏绒毛灰白色，随着生长周龄增加而逐渐变化，至6周龄时变为白色羽毛。

（3）生产性能。成年公鹅体重5~6千克，母鹅4.5~5千克。在适当的饲养条件下，8周龄体重达4.2~4.3千克，料肉比为(2.5~3)：1，适于大型鹅场大批生产肉用仔鹅。生产肥肝性能中等，一般填饲条件下肥肝重350~400克，如用于肥肝生产，必须经过杂交。

7~8月龄开产，年产蛋量50~60枚，蛋重150~190克；公母配比为1：(3~4)，受精率在75%左右。

6. 雁鹅

（1）产地及分布。原产于安徽省的霍邱、寿县、六安、舒城、肥西及河南省的固始等市县，分布于安徽各地，以江苏省西南部与安徽省接壤的丘陵地区发展较快。目前，安徽的郎溪、广德一带是雁鹅的饲养中心。雁鹅是中国鹅灰色品种中的代表类型。

（2）外貌特征。头顶肉瘤黑色，呈桃形或半球形向前方突出。肉瘤边缘及喙的后部有半圈白羽。喙扁阔，黑色。眼球黑色，虹彩灰蓝色。颈细长，胸深广，背宽平，腹下有皱褶，腿粗短，跖、蹼橘黄色（少数有黑斑），爪黑色。雏鹅全身绒毛墨绿色或棕褐色；喙、跖、蹼均灰黑色。成年鹅羽毛灰褐色或深褐色，颈的背侧有一条明显的灰褐色羽带；躯体的羽色由上向下从深到浅，至腹部变为灰白色或白色；除腹部的白色羽毛外，背、翼、肩及腿羽都是镶边羽（灰褐色羽镶白色边），排列整齐。

（3）生产性能。成年公、母鹅体重分别为6千克左右和4.5~5千克。60日龄体重为2.1~2.5千克（以放牧为主的）。公鹅全净膛、半净膛屠宰率分别为72%和86%；母鹅全净膛、半净膛屠宰率分别为65%、83%。7~9月龄开产，年产蛋25~35枚，

平均蛋重150克，蛋壳白色。公母配比为1∶5。种用期，公鹅性成熟后1~2年内性欲旺盛；母鹅开产后3年内产蛋量逐年提高，一般利用5年左右。就巢性较强，一般年就巢2~3次。

7. 意大利鹅

（1）产地与分布。原产于意大利北部地区，又称奥拉斯鹅。在欧洲各国分布较广。全身羽毛白色，具有生长快、肌肉发达、繁殖率高等优点，适用于生产肉用仔鹅。

（2）生产性能。成年体重公鹅6~7千克，母鹅5~6千克。8周龄体重4.5~5千克，年产蛋50~60枚。公母配比为1∶(3~5)，种蛋受精率在85%左右。

匈牙利等国常用朗德鹅的公鹅与意大利母鹅杂交，杂交鹅生产肥肝比较理想，经填饲后活重可达7~8千克，肥肝重可达700克左右。

8. 扬州鹅　由扬州大学新近培育的扬州鹅被誉为我国第一个新鹅种。扬州鹅有以下几方面特点：集中了父本和母本的优点，它生长速度快，肉质好，繁殖率高。一般来说，70日龄仔鹅可以达到3.3~3.5千克，比太湖鹅的生长速度快27.8%；后代肉质好，肉类蛋白质含量比它的父本高1%；其产蛋水平比较高，年产蛋可以达到72~75枚，可以生产62~64个雏鹅。此外，扬州鹅还耐粗饲，放牧的时候任何草都能吃。

（三）大型鹅品种

1. 狮头鹅

（1）产地及分布。原产于广东省饶平县溪楼村。主要产区在广东省汕头市澄海区，即潮汕平原一带。狮头鹅是我国最大型的鹅种。因成年鹅的头部大如雄狮头而得名。

（2）外貌特征。狮头鹅体形硕大。躯体似方形，胸深而广，头大颈粗，肉瘤发达，并向前方突出，覆盖于喙的上方，两颊有左右对称的黑色肉瘤1~2对，尤其是公鹅和2岁以上的母鹅，

肉瘤突出更为明显。喙短小，呈黑色；趾、蹼橘红色，带有黑斑。脸部皮肤松软，眼皮突出，看上去好像眼球下陷。颌下咽袋发达，一直延伸至颈部。全身羽毛以灰色为基调，前胸和背部的羽毛及翼羽均为棕褐色。由头顶至颈部直达背部形成一条鬃状的深褐色羽毛带。腹部毛色较浅，呈白色或灰白色。

（3）生产性能。成年公鹅 8.5～9.5 千克，母鹅 7.5～8.5 千克；公、母鹅初生重分别为 134 克和 133 克；60 日龄公鹅体重 4.6～5.5 千克，母鹅 4.2～5.2 千克。70～90 日龄上市未经育肥的仔鹅全净膛屠宰率为 71%～73%，半净膛屠宰率为 81%～84%；经 3～4 周填饲，平均肥肝重可达 600～750 克，最大者达 1 400 克。

6～7 月龄开产。第一年产蛋 20～24 枚，平均蛋重 170～180 克。2 年以上者产蛋 24～30 枚，平均蛋重 210～220 克。蛋壳乳白色；公母配比一般为 1∶(5～6)。鹅群在水中自然交配，种蛋受精率为 70%～80%，受精蛋孵化率为 80%～90%。种用期，母鹅可利用 5～6 年，盛产期在 2～4 岁。青年公鹅配种都在 200 日龄以上，种公鹅可用 2～4 年。母鹅都有较强的就巢性，一般产蛋6～10枚就巢 1 次，全年就巢 3～4 次。

2. 朗德鹅

（1）产地及分布。原产于法国西部的朗德省，除法国外，匈牙利的饲养量也相当大。是由大型的土鲁斯鹅和体形较小的玛瑟布鹅经过长期的连续杂交后选育而成的最优秀的肝用品种。

（2）外貌特征。产地标准的朗德鹅是灰色羽品种，全身羽毛以灰褐色为基调，颈背部羽色较深，接近黑色，胸部羽色渐浅，呈银灰色，腹部羽毛乳白色。实际上，朗德鹅的羽毛颜色尚未完全一致，还有少量白色和灰色的个体。朗德鹅的体形与中国鹅不同，具有从灰雁驯养的欧洲鹅特征，体形硕大，背宽胸深，腹部下垂，头部肉瘤不明显，喙尖而短，颈上部有咽袋，颈粗

短，颈羽稍有卷曲。当站立或行走时，躯体与地面几乎平行。

（3）生产性能。成年公鹅体重 7.0～8.0 千克，母鹅 6.0～7.0 千克。朗德鹅肝用性能好。山东昌邑引种后，经 1 188 只鹅填饲测定，平均肥肝重 895 克，料肝比 24：1，填饲期体增重率为62%～70%。但肥肝的质地欠佳。

年产蛋 40 枚左右，平均蛋重 180～200 克。公母配比为 1：3，就巢性较弱。公鹅配种能力差，精液品质欠佳，因而种蛋的受精率一般只有 60%～65%。

第二节　鹅的品种选择和引进

优良品种是指适合一定地区、一定饲养环境条件和一定市场需求的适宜品种。养鹅要高产、高效，必须选择和引进优良品种。

一、鹅的品种选择

每一个品种由于适应性的差异，其生产性能在不同的地区有不同的表现，有的品种在某个地区表现优良，在另一个地区可能表现得不那么优良。同时，消费习惯和市场销售等因素在进行品种的选择时也应考虑。在生产实际中，选择品种应考虑以下几个方面。

（一）生产性能

鹅的品种多种多样，不同的品种有不同的特点、生产性能和经济用途，其生产效果也有较大的差异，所以在选择品种时要充分考虑其生产用途和生产性能。生产商品仔鹅，应选择生产速度快、体形大的大型鹅种。种用鹅场选择品种时不仅要考虑生长速度，还应考虑产蛋量。因为生长速度与产蛋量呈负相关，生长速度快、产肉率高的大型鹅产蛋量少，生产雏鹅数量少，对种用鹅场而言效益就差。种用鹅场可以选择产蛋量较高、生长速度较快的中小型品种或选择配套系种鹅，即母系来源于产蛋量高的鹅种，父系来源于生长速度快、体形大的品种，而且它们之间具有较好的配合力，如四川天府肉鹅是我国经过十多年专门化品系选育育成的一个肉鹅配套系。生产肥肝，在通常情况下，肉用性能佳的鹅品种，体形越大，肥肝平均重越大。

（二）适应能力

每个品种都是在特定的环境条下形成的，对原产地有特殊的适应能力。当某个品种被引入新的地区后，如果新地区的环境条件与原产地差异过大，其生产性能就不能充分表现。所以选择品种时既要考虑引进品种的生产性能，又要考虑当地条件与原产地条件的差异状况，选择生命力强、成活率高、适应当地的气候及环境条件的品种。

（三）市场需要

市场经济条件下，生产者只有根据市场需要来进行生产，才能获得较好的效益，鹅生产也不例外。鹅的主要产品是鹅肉，其次是羽绒、肥肝和一些副产物。引入品种的主要生产性能要与确定的生产目的相符，这样才能获得较好的经济效益。长江以北一般以盐水鹅或加工产品为主，对鹅的体重和生长期要求不严格，一般以中型鹅为宜。由于鹅肉消费习惯的差异，形成了两大不同的消费需求市场，一是广东、广西、云南、江西及香港、澳门、东南亚地区市场对鹅品种要求为灰羽、黑头、黑脚，饲养的品种以灰鹅品种为主，近年来，多数养鹅场针对此需求，利用灰鹅品种（如马岗鹅、合浦鹅）为父本与产蛋性能好的天府肉鹅配套母系、四川白鹅等为母本进行杂交；另一是我国绝大部分省市对白鹅比较喜爱，饲养的鹅品种多是白羽鹅种。

二、鹅的品种引进

同一个品种来自不同的繁育场其品质也有较大差异，引种过

程中一些因素也会影响引种效果，所以选好品种后还要注意做好如下工作。

（一）详细了解

引种前必须详细了解各种情况，绝对不能盲目引种。一要详细查阅引入品种的有关技术资料，对引入品种的生产性能、饲料营养要求要有足够的了解，如鹅的外貌特征、繁殖性能、遗传稳定性和饲养管理特点及抗病力等。二要详细了解引种场的饲养管理情况。种鹅场的饲养管理情况直接影响到鹅种的内在品质和健康，从而影响到后续生产性能的表现和经营效果。要从技术力量强、有种禽种蛋经营许可证、管理严格规范、信誉度高的种鹅场引种。

（二）充分准备

必须事先做好准备工作，如圈舍、饲养设备等要提前清洗、消毒，备足饲料及常用药物，对饲养人员应提前进行技术培训。

（三）选好时机

引种最好选择在两地气候差别不大的季节进行，以便引入个体逐渐适应气候的变化。从寒冷地区（这里的寒冷、炎热均是相对而言）向炎热地区引种，以秋季引种最好；从炎热地区向寒冷地区引种，则以春末夏初引种较为适宜。引种时，夏季尽量在傍晚或清晨凉爽时运输，冬春季节尽量安排在风和日丽的中午运输。尽量缩短运输时间，减少途中损失。

（四）严格检疫

不能从疫区引种，以防止带进疫病。进场前隔离饲养，经观察确认无病后才能入场。

（五）细致观察

引种时应引进体质健康、发育正常、无遗传疾病、未成年的幼鹅，因为这个时期的个体可塑性强，容易适应环境。首次引入品种数量不宜过多，引入后要先进行 1～2 个生产周期的性能观察，确认引种效果良好后，再增加引种数量。

第四章 生态养鹅的高效繁育

第一节 鹅的选种和繁育

一、种鹅的选择

通常采用的选择方法是根据体形外貌和记录资料进行选择。有条件时，尽可能将两种方法结合起来选择。

（一）根据体形外貌进行选择

外貌特征在一定程度上可反映出种鹅的生长发育、健康和生产性能状况。根据体形外貌进行选择，是鹅群选育工作中通常采用的简单、快速的选种方法，特别适用于不进行个体记录的生产商品鹅的种鹅场。

1. 蛋用型鹅

（1）母鹅选择。头部清秀，颈细长，眼大而明亮。胸饱满，腹深，臀部丰满，肛门大而圆润。脚稍高，两脚间距宽，蹼大而厚。羽毛紧密，两翼贴身，行动灵活而敏捷，觅食能力强，肥瘦适中。皮肤有弹性，两耻骨间距宽，末端柔软而薄，耻骨与胸骨末端的间距宽。胫、蹼和喙的色泽鲜明。

（2）公鹅选择。体形较大，喙紧、齐平，眼大有神。头颈较母鹅粗大，胸深而挺突，躯体向前抬起。脚粗、稍长而有力，蹼厚大，举止雄壮稳健。

2. 肉用型鹅　母鹅喙宽而直，头大宽圆，颈粗而长；胸部丰满向前突出，背长而宽，腹深；脚粗稍短，两脚间距宽。公鹅大体长，背直而宽；胸骨正直，体形呈长方形，与地面近于水平，尾稍上翘；腿的位置近于躯体中央，选择雄壮稳健的个体留种。

此外，雄性个体的交配器是伸出性的，有的个体的阴茎发育不良或有缺陷，严重影响配种，即使可以配种，受精率也不高。因此，在选种时应检查公鹅阴茎的发育情况。根据体形外貌进行选择的时间和要求见表 4-1。

表 4-1　根据体形外貌进行选择的时间和要求

类型	时间	标准
雏鹅	出壳后 12 小时以内	血统要记录清楚；确认其来自高产个体或群体的种蛋；应具备该品种特征，如绒毛、喙、脚的颜色和出壳重符合要求，雏体健康（杂色、弱雏鹅等不符合品种要求及出壳太重或太轻的干瘦、大肚脐、眼睛无神、行动不稳和畸形的雏鹅应淘汰或作为商品肉鹅饲养）
青年鹅	雏鹅 30 日龄脱温后转群之前	生长发育快，体重大。公雏的体重应在同龄、同群平均体重以上，高出 1~2 个标准差，并符合品种发育的要求；体形结构良好，羽毛着生情况正常，符合品种或选育标准要求；体质健康、无疾病史（淘汰那些体重小、生长发育落后、羽毛着生慢及体形结构不良的个体）
后备种鹅	中鹅阶段（70～80 日龄）饲养结束后转群前	公鹅要求体形大，体质结实，各部结构发育均匀，肥度适中；头大适中，两眼有神，喙正常无畸形；颈粗而稍长（作为生产肥肝的中鹅应粗而短），胸深而宽，背宽长，腹部平整，脚粗壮有力、长短适中、距离宽；行动灵活，叫声响亮。选留公鹅数要比按配种的公母比例要求多 20%~30%作为后备
		后备母鹅要求体重大，头大小适中，眼睛灵活，颈细长，体形长而圆，前躯浅窄，后躯宽深，臀部宽广

续表

类型	时间	标准
成年种鹅	进入性成熟期，转入种鹅群生产阶段前	要在后备种鹅选留的基础上进行严格选留和淘汰，淘汰那些体形不正常，体质弱，健康状况差，羽毛混杂（白鹅绝对不能有异色杂毛），肉瘤、喙、眼、胫等颜色不符合品种要求（或选育指标）的个体。特别是对公鹅的选留，要进一步检查性器官的发育情况，严格淘汰阴茎发育不良、阳痿和有病的公鹅，选留阴茎发育良好、性欲旺盛、精液品质优良的公鹅做种鹅。公母的留种比以 1∶6 为宜，公、母鹅合群饲养，自由交配
经产种鹅	具有 1~2 年以上生产记录的种鹅	种母鹅第一个产蛋周期产蛋结束后，根据母鹅的开产期、产蛋性能、蛋重、受精率和就巢情况选留。有个体记录的还可以根据后代生产性能和成活率、生长速度、毛色分离等情况进行鉴定选留。种母鹅应生产力好，颈短身圆，眼亮有神，性情温顺，善于采食，身体健壮，羽毛紧密，前躯较浅，后躯较宽，臀部圆阔，脚短匀称，尾短上翘，卵泡显著，产蛋率高，具有品种特征。种母鹅必须经过一个冬春的产蛋观察才能定型，白鹅品种的母鹅须年产蛋 90 枚以上才留作种鹅
		种公鹅应遗传性好，发育正常，叫声洪亮，体形高大，体大脚粗，肉瘤凸出，性欲旺盛，采食力强，羽毛紧凑，健康无病，配种力强，具有显著的品种雄性特征

（二）根据记录资料进行选择

单凭外貌进行选择，难以准确地选出具有优良性能并能把优良性状真实遗传给后代的种鹅。只有依靠科学的记录资料，进行统计分析，才能保证选择的正确率。为此，种鹅场必须对种鹅的产蛋量、蛋重、蛋形指数、开产日龄、饲料消耗量、母鹅的受精率、种蛋孵化率、雏鹅初生体重、4 周龄体重、8 周龄体重、育成期末体重、开产期体重（肝用品种还要测定种鹅后裔的肥肝重，毛用品种还要测定每年产毛量和含绒率等）等生产性能指标进行比较系统的测定和记录，然后根据这些资料采用适当方法选种（表 4–2）。

表 4-2　根据记录资料选种方法

方法	特点
根据系谱资料选择	根据双亲及祖代的成绩进行选择，因为亲代的表现在遗传上有一定的相似性，可以据此对被选的种鹅做出大致的判断。在运用系谱资料进行分析时，血缘关系愈近则影响愈大，即亲代的影响比祖代大、祖代比曾祖代大
根据本身成绩选择	系谱资料反映的是上代的情况，只说明生产性能可能会怎样，而本身的成绩则说明其生产性能已经怎样了，这是选种工作的重要根据。但依据本身成绩进行的选择，只有应用于遗传力高的性状才能取得明显的选择效果，而遗传力低的性状选择的效应很差
根据同胞成绩选择	同父母的兄弟姐妹叫全同胞，同父异母的或同母异父的兄弟姐妹叫半同胞，它们之间有共同的祖先，在遗传上有一定的相似性，尤其是母鹅的产蛋性能，可以作为主要依据之一
根据后裔成绩选择	选出优秀的种鹅，但它是否能够真实稳定地将优秀性状遗传给下一代，还必须进行后裔测定，了解下一代子女的成绩，选择才能更准确、更有效

二、鹅的繁育方法

鹅的繁育方法可分为纯种繁育和杂交繁育两种。

（一）纯种繁育

纯种繁育是用同一品种内的公母鹅进行配种繁殖，这种方式能保持一个品种的优良性状，可以有目的地进行系统选育，能不断提高该品种的生产能力和育种价值。因此，无论是种鹅场还是商品生产场都广泛采用该法。但要注意的是，采用纯种繁育，容易出现近亲繁殖的缺点，尤其是规模小的养鹅场，鹅群数量小，很难避免近亲繁殖而引起后代的生命力和生产性能降低，体质变弱，发病率、死亡率增多，种蛋受精率、孵化率、产蛋率、蛋重和体重都会下降的情况。为了避免近亲繁殖，必须进行血缘更新，即每隔几年应从外地引进体质强健、生产性能优良的同品种

种公鹅进行配种。

（二）杂交繁育

杂交繁育是不同品种间的公母鹅交配繁殖。由两个或两个以上的品种杂交所获得的后代，具有亲代品种的某些特征和性能，丰富和扩大了遗传物质基础和变异性。因此，杂交繁育是改良现有品种和培育新品种的重要方法。由于杂交一代常常表现出生命力强、成活率高、生长发育快、产蛋产肉多、饲料报酬高、适应性和抗病力强的特点，所以在生产中利用杂交生产出的具有杂种优势的后代作为商品鹅是经济而有效的。杂交繁育根据杂交的目的可分为育种性杂交和经济性杂交。

1. 育种性杂交

（1）级进杂交。级进杂交（改良杂交、改造杂交、吸收杂交）指用高产的优良品种公鹅与低产品种母鹅杂交，所得的杂种后代母鹅再与高产的优良品种公鹅杂交。级进杂交一般连续进行3~4代，就能迅速而有效地改造低产品种。当需要彻底改造某个种群（品种、品系）的生产性能或者改变生产性能方向时，常用级进杂交。在进行级进杂交时应注意：①根据提高生产性能或改变生产性能的方向选择合适的改良品种；②对引进的改良公鹅进行严格的遗传测定；③杂交代数不宜过多，以免外来血统比例过大，导致杂种对当地的适应性下降。

（2）导入杂交。导入杂交就是在原有种群的局部范围内引入不高于1/4的外血，以便在保持原有种群特性的基础上克服个别缺点。当原有种群生产性能基本上符合需要、局部缺点在纯种繁育下不易克服时宜采用导入杂交。在进行导入杂交时应注意：①针对原有种群的具体缺点，进行导入杂交试验，确定导入种公鹅品种；②对导入种群的种公鹅严格选择。

（3）育成杂交。指用两个或更多的种群相互杂交，在杂种后代中选优固定，育成一个符合需要的新品种。当原有品种不能

满足需要也没有任何外来品种能完全替代时常采用育成杂交。进行育成杂交时应注意：①要求外来品种生产性能好、适应性强；②杂交亲本不宜太多，以防遗传基础过于混杂，导致固定困难；③当杂交出现理想型时应及时固定。

2. 经济（配套）杂交

经济杂交是生产中获得优良商品鹅最常用和最有效的方法，是提高养鹅经济效益的重要措施之一。国内外鹅的品种资源丰富，不同的鹅种有不同的特点和用途，进行经济杂交，必须了解不同的配套杂交模式，了解操作中的注意事项。

（1）配套杂交模式。

1）二系配套杂交。两个种群或品系进行杂交，利用 F_1 代的杂种优势进行商品鹅生产。进行杂交时应注意：①在大规模的杂交之前，必须进行配合力测定。配合力是指不同种群的杂交所能获得的杂种优势程度，是衡量杂种优势的一项指标；②配合力有一般配合力和特殊配合力两种，应选择最佳配合力的杂交组合。

2）三系配套杂交。三系配套杂交指两个种群或品系的杂种一代和第三个种群或品系相杂交，利用含有三个种群血统的多方面的杂种优势进行商品鹅生产。三系配套杂交，第一次杂交应注意繁殖性状，第二次杂交应强调生长等经济性状。

3）四系配套杂交。四系配套杂交是指将 4 个种群或品系分为两组，先各自杂交，在产生杂种后，杂种间再进行第二次杂交。现代育种常采用近交系（近交系数达 37.5%以上的品系）、专门化品系（专门用于杂交配套生产用的品系）或合成系（以优良品系为基础，通过品系间多代正反交，对杂种封闭选育形成的新型品系）相互杂交。

（2）经济杂交的注意事项。

1）注意杂交父本和母本的选择。用来杂交的母本一是群体数量要多，以节约引种成本，便于杂交技术的普及推广；二是繁

殖性能要好，产蛋数量要多，以降低杂交一代商品鹅苗的生产成本；三是个体要相对较小，以便节约饲料、降低种鹅的生产成本。如四川白鹅、豁眼鹅分别是我国中小型鹅种中产蛋量最多的鹅种，太湖鹅虽然产蛋量不算最高，但其个体小、饲养成本低，这些鹅种作为母本进行杂交的效果显著。用来杂交的父本则应选择个体大、生长速度快、饲料利用率高、肉质好的品种或品系，如莱茵鹅、皖西白鹅。以莱茵鹅为父本，与我国的中小型鹅种杂交可以显著改善我国地方鹅种个体小、生长慢的不足。皖西白鹅羽绒质量好，属中型鹅种，可以用它做父本，与我国地方的中小型鹅种进行杂交，生产毛肉兼用型商品鹅。

另外，用来杂交的父本和母本其原产地应距离较远，且来源差别大，这样杂交后代的杂种优势才会明显，杂交的互补性才会更强。

2）注意杂交后代羽色的显隐性关系。销售鹅毛是养鹅和鹅产品加工中的重要增收方法之一，由于白色的鹅毛市场价格高，因此在杂交组合时应注重对父本和母本的羽色选择，使生产的杂交商品鹅的白色羽毛均匀一致。

3）注意杂交后种蛋的受精率。杂交的目的不仅使子代生长快，而且也要获得大量的雏鹅，如果杂交后种蛋的受精率差，就会直接影响经济效果。如在本交的情况下，父本的体形过大，受精率就大幅降低。如使用我国的狮头鹅作为父本，与中小型鹅杂交，受精率很低。采用人工授精可以大幅提高母鹅受精率。

第二节　鹅的繁殖技术

一、种鹅的配种

种鹅的配种方法有自然交配和人工授精。自然交配存在受精

率低、生产成本高等问题，而人工授精不仅能克服不同品种、公母体重悬殊所引起的配种上受精率低的问题，还能提高种鹅的利用率，促进品种改良，大幅度降低饲养成本。随着养鹅逐渐向规模化发展，人工授精技术也逐渐被推广应用。

（一）自然交配

自然交配是让公母鹅在适宜的环境中自行交配的一种配种方法。配种季节一般为每年的春季、夏季、秋初。自然交配有大群配种和小群配种两种方式。

1. 大群配种　将公母鹅按一定比例合群饲养，群的大小视种鹅群规模和配种环境而定。一般利用池塘、河湖等水面让鹅嬉戏交配。这种方法能使每只公鹅都有机会与母鹅自由组合交配，受精率较高，尤其是放牧的鹅群受精率更高，适用于繁殖生产群。但需注意的是，大群配种时种公鹅的年龄和体质要相似，体质较差和年龄较大的种公鹅没有竞配能力，不宜用作大群配种。

2. 小群配种　将每只公鹅及其负责配种的母鹅单间饲养，使每只公鹅与规定的母鹅配种，每个饲养间设水栏，让鹅活动交配。公鹅和母鹅均编上脚号，每只母鹅晚上在固定的产蛋箱产蛋，种蛋记上公鹅和母鹅脚号。这种方法能确知雏鹅的父母，适用于鹅的育种，是种鹅场常用的方法。

（二）人工授精

1. 鹅人工授精前的准备

（1）种公鹅选择。鹅人工授精技术的成败很大程度上取决于种公鹅的精液质量，要获得高质量的精液，就必须选择年轻、性活动旺盛的种公鹅。公鹅应选择叫声洪亮、体大好斗、羽毛有光泽、肢体健壮的优良个体。用手提鹅的颈部离开地面，种公鹅会两腿用力向前侧方蹬动，同时双翅频频拍打。生殖器官发育完全，6 月龄公鹅翻肛检查，阴茎长度应在 4 厘米以上，直径要在 0.8 厘米以上。

（2）种公鹅采精前训练。种鹅在性成熟前公母分开饲养，公鹅泄殖腔周围的羽毛要剪去。对种公鹅人工授精前进行约一周按摩训练，训练时要按采精的操作方法，每天定时对备用种公鹅进行按摩训练，使种公鹅形成按摩性条件反射。训练中性反射差、阴茎发育不良、精液少、品质差的种鹅应及时淘汰。一般优秀种公鹅占备用种公鹅的1/3左右，因此为保证有足够可采精的种公鹅，应适当多留备用种公鹅进行训练。

（3）选择优秀的种母鹅。对母鹅的选择主要考虑其健康状况和良好的外貌特征，要求外貌清秀，前躯宽深，臀宽丰满，肥瘦适中，颈部细长，眼睛有神，脚掌小而脚距宽。

（4）器具的准备。人工授精前应准备好各种器具，包括集精杯、输精器、注射器、稀释液、脱脂棉球、75%乙醇溶液、输精台（高60~80厘米）、显微镜及其配套器具、消毒器具、保温瓶、围栏等。集精杯、输精器、注射器在每次使用前应消毒备用。

2. 鹅的采精

种公鹅性成熟后开始采精。

（1）采精方法。目前主要的采精方法是背腹式按摩采精法。操作方法有两种：一种方法是采精者坐于板凳上（凳高以采精者坐下时大腿呈水平状为宜），将公鹅平放于大腿上，公鹅头朝右侧，呈自然交配姿势，待公鹅安定后，右手张开虎口由公鹅背翅膀基部向尾部、左手自腹部由前向后至泄殖腔处，两手同步顺势有节奏地按摩，进行十多次后感觉泄殖腔周围及阴茎膨胀，两手拇指及食指顺势分别捏于泄殖腔上下方，使阴茎勃起外露，精液流出，助手用集精杯收集精液，同时用脱脂棉球蘸取乙醇溶液擦去泄殖腔流出的异物，防止污染精液。用手按摩背部后顺势挤捏泄殖腔效果更佳，可使采精完全。另一种方法是由助手将公鹅保定在采精台（桌凳兼可）上，右手按住鹅翅根部，左手拿采精

杯。采精操作员左手掌心向下，大拇指和其余四指分开，稍弯曲，手掌面紧贴公鹅背部，从翅膀基部向尾部方向有节奏地反复按摩。每次1~2秒，持续4~5次后，左手按摩稍用力挤压公鹅的尾根部，同时右手拇指和食指有节奏地按摩腹部后面的柔软部，并逐渐按摩、挤压泄殖腔环的两侧，使其充血引起阴茎勃起。此时左手拇指和食指轻挤泄殖腔环背侧（使输精沟闭锁），精液沿输精沟从阴茎顶端射出，助手将其收集在采集杯内。

（2）采精注意事项。

1）采精人员要固定，换人操作会导致公鹅不适应而影响精液的质量或采不到精液。

2）采精时间最好在早晨放水前进行，采精前公鹅不能放水活动，避免相互爬跨而射精。公鹅采精后43小时精液量能恢复到采精前的水平，因此公鹅以隔天采精一次为宜。公鹅在产蛋季节结束前精液品质迅速变差，故授精前应进行显微镜检查，以防止受精率降低。

3）采精前4小时应停水停料，集精杯勿太接近泄殖腔，防止粪便污染精液。采集的精液不能暴露于强光之下，30分钟内使用效果最好。

4）采精处要保持安静，抓鹅的动作不能粗暴。

5）集精杯每次使用后都要清洗消毒。寒冷季节采精时，集精杯夹层内应加40~42 ℃暖水保温。

（3）精液品质检查。一般通过观察外观、使用显微镜或根据输精结果等方法检测精液品质。

1）外观检查。外观正常、无污染的精液为乳白色、无杂质、不透明的液体，如混入血液则呈粉红色，被粪便污染为黄褐色，有尿酸盐混入时呈粉白色棉絮块。凡被污染的精液，都不能用于人工授精。

2）精液量检查。采用有刻度的吸管或注射器等度量器将精液吸入，测量一次射精量。射精量随品种、年龄、季节、个体差异和采精操作熟练程度而有较大变化。公鹅平均每次射精量为0.1~1.3毫升。要选择射精量多、稳定的公鹅。

3）精子密度、形态及活力检查。可使用显微镜检测，采精后30分钟内进行。具体操作方法是：取同量精液及生理盐水各一滴，置于载玻片一端，混匀后放于盖玻片上，在镜检箱内37℃左右的温度条件下，用200~400倍显微镜检查。采用密度估测法，可将精子密度大致分为密、中、稀三级，观察视野被精子占满定为“密”，观察视野中精子有一定距离为“中”，有较大间隙为“稀”；精子活力为观察视野中呈直线运动精子数所占比例；精子形态为观察视野中的精子畸形率，顶体膨胀、躯干畸形、断尾、尾部弯曲等为异常精子的特征。

（4）精液的稀释与保存。在采集精液前按比例准备好稀释液，采集的新鲜精液经品质检查符合要求后可立即按1∶(1~2)稀释并输精。如不用保存，采用简单成分的稀释液稀释即可获得良好的效果。常用稀释液配方有0.9%氯化钠溶液或氯化钠0.65克、氯化钾0.02克、氯化钙0.02克、蒸馏水100毫升混合等。

3. 输精

（1）输精方法。输精宜两人操作。助手负责保定母鹅，用双手抓住母鹅翅膀根部，将母鹅固定在授精台上。输精者面朝母鹅尾部，先用浸有0.9%氯化钠溶液的棉球清洁肛门，左手食指、中指、无名指和小指并拢，将母鹅的尾部拨向一边，大拇指紧靠泄殖腔下缘，轻轻向下压迫，使泄殖腔张开；右手将吸足精液的输精器缓缓插入泄殖腔2~3厘米后，抬高右手向左下方插入5~7厘米；左手扶住输精器，右手将精液慢慢注入；抽出输精器，助手将母鹅轻放在地上。

（2）输精注意事项。①鹅在上午9~10时输精为宜。一般5~6天输精1次，受精率可达80%以上；②鹅每一次输精量可用

新鲜精液0.05毫升，要求含活精子3 000万~4 000万个，第一次输精量要加倍，如采出的精液用灭菌生理盐水按1：（1~2）稀释，一般每次输精量为稀释后的0.1~0.12毫升；③阴道翻出后应迅速授精，翻出太久易使微血管破裂受污染而发炎；④为减少鹅的过度惊吓、互相践踏，减少操作困难，提高受精率，提倡笼养鹅；⑤公鹅的营养水平是影响精液品质的重要的因素，繁殖季节保证日粮较高的蛋白质水平，并补足多种维生素，尤其是维生素E、维生素A、维生素D，有利于促进性腺发育和增强生殖功能，提高种鹅繁殖能力。

二、鹅的人工孵化

（一）种蛋的管理

1. 种蛋的选择

（1）来源。种蛋必须来源于饲养环境良好、饲养管理严格、有种蛋种禽经营许可证的种鹅场；种鹅日粮的营养物质全面，鹅群生产性能优良、健康无病。

（2）选择方法和标准。

1）大小和形状。要符合不同品种各自的要求，蛋重一般在平均数±15%范围内，都可作为种蛋。蛋形以椭圆形为宜。过大或过小、过长或过圆的蛋都应予剔除。

2）蛋壳。壳质致密均匀，厚薄适当，表面平整，没有一丝裂纹，敲击响声正常。有的蛋壳特别细密厚实，敲击时发出似金属的响声，俗称“钢皮蛋”，必须剔除，因为这种蛋孵化时受热缓慢，气体不易交换，水分蒸发也慢，雏鹅啄壳困难，孵化率极低。“沙壳蛋”的蛋壳表面钙沉积不均匀，壳薄而粗糙，水分蒸发快，容易破碎，这种蛋决不可作种蛋用。蛋壳不清洁的蛋，壳面被粪便污染，妨碍气体交换，微生物极易侵入蛋内，引起种蛋腐败变质，污染孵化器，增加死胎，降低孵化率。已经污染的种

蛋必须经过清洗和消毒才能入孵。

3）壳色。不同品种的种蛋都有固定的色泽，挑选时要符合该品种的标准要求。

4）照蛋检查。使用照蛋器或验蛋台通过光线观察蛋壳、气室、蛋黄等情况，看有无散黄、血丝、裂纹、霉点及气室不正、过大等；如有，应予剔除。

2. 种蛋的清毒　种蛋的清毒方法主要有熏蒸法和溶液法。熏蒸法既可用于种蛋保存前消毒，也可用于入孵和孵化过程消毒，而溶液法只能用于种蛋入孵前的消毒。

（1）熏蒸法。熏蒸法可分为福尔马林（40%甲醛溶液）熏蒸法和过氧乙酸熏蒸法。

1）福尔马林熏蒸法。将蛋置于可以密封的容器内，按每立方米体积用福尔马林30毫升、高锰酸钾15克的药量，消毒时在蛋架的下方置一瓷碗，先放入高锰酸钾，再倒入福尔马林，迅速封闭容器，熏蒸20~30分钟，然后取出种蛋送贮蛋室储存。熏蒸时，室温控制在24~27℃、相对湿度为75%~80%时，消毒效果更理想。蛋的表面沾有粪便或泥土时，必须先清洗，否则会影响消毒效果。

2）过氧乙酸熏蒸。过氧乙酸是一种高效和广谱、快速的消毒剂。将蛋置于可以密封的容器内，按每立方米体积用含16%的过氧乙酸溶液40~60毫升，加高锰酸钾4~6克熏蒸15分钟。使用时应注意：过氧乙酸遇热不稳定，如40%以上浓度加热至50℃易引起爆炸，应在低温下保存；过氧乙酸无色透明，腐蚀性强，不能接触皮肤和衣服，消毒时应使用陶瓷或瓦制的容器，现用现配。

（2）溶液法。溶液法可分为溶液浸泡法和溶液喷洒法。

1）溶液浸泡法。将种蛋在0.1%的新洁尔灭溶液中浸泡5分钟，然后取出晾干，送入孵化器进行孵化。浸泡溶液的温度

应略高于蛋温，这一点在夏季尤其重要。如果消毒液的温度低于蛋温，种蛋浸入时由于受冷而使内容物收缩，形成负压，会使黏附于表面的微生物通过气孔进入蛋内，影响孵化效果。

2）溶液喷洒法。孵化前使用喷雾器直接将稀释的化学消毒剂喷洒在种蛋的表面。应选择高效、无毒、广谱的消毒剂，如氯制剂、表面活性剂和碘附消毒剂等。

3. 种蛋的保存 种蛋保存条件不好、保存方法不当，对孵化效果影响极大。

（1）保存条件。

1）温度。保存种蛋最适宜的温度为10~15 ℃，如保存时间短（5天左右），可保持在15 ℃；保存时间长（超过5天），可略降低些，以10~11 ℃为宜。储蛋室温度高于23 ℃时，胚胎开始缓慢发育，但由于环境温度不太理想，胚胎会衰老和死亡。如储蛋室温度低于0 ℃，胚胎会因受冻而降低孵化率。

2）湿度。保存种蛋的环境湿度对孵化率也有一定影响。较理想的相对湿度以70%~75%为好，这种湿度与鹅蛋的含水率比较接近，蛋内水分不会大量蒸发。

3）翻蛋。为防止胚盘与蛋壳粘连而影响重蛋孵化率，保存期间应注意翻蛋。保存1周内可以不翻蛋，超过1周应每天翻蛋一次。

4）卫生。蛋库内要通风良好，清洁卫生，注意消灭鼠类和昆虫。

（2）保存时间。种蛋保存期越长孵化率越低，故最好用新鲜蛋入孵。种蛋保存时间一般为：春季不超过7天，夏季不超过5天，冬季不超过10天。有特殊需要必须较长期保存时，可采用充氮法保存。将种蛋置于塑料袋或其他容器中，填充氮气，然后密封，使种蛋处于与外界隔绝的环境里，减少蛋内的水分蒸发，抑制细菌繁殖，可以适当延长保存期。

4. 种蛋的装运 起运前，必须将种蛋包装妥善，盛器要结实，能承受较大的压力而不变形，并且还要有通气孔，一般都用纸箱或塑料制的蛋箱盛放。装蛋时，各蛋之间上下左右都要隔开，不留空隙，以免松动时碰破。通常用纸屑或木屑、谷壳填充空隙。蛋要竖放，钝端在上，每箱（筐）都要装满。然后将蛋箱整齐地排放在车（船）上，盖好防雨设备，冬季还要防风保温。运输时不可剧烈颠簸，以免引起蛋壳或蛋黄膜破裂，损坏种蛋。经过长途运输的种蛋，到达目的地后要及时开箱取出种蛋，剔除破蛋，尽快消毒装盘入孵，千万不可储放。

（二）鹅的胚胎发育特征

鹅的胚胎发育分为两个阶段：第一阶段在母体内进行，精子移动到喇叭口与卵子结合，在鹅体内较高的温度条件下开始发育，当受精蛋产出体外后，胚胎就处于相对静止的状态；第二阶段在母体外进行，若将受精蛋置于适宜的环境里孵化，胚胎会继续发育，经过30~31天（鹅的孵化期），发育出壳成为雏鹅。孵化期内，胚胎每天都在变化，并且有一定的规律。采取照蛋的办法可以检验胚胎的发育情况（表4-3）。

表4-3 照蛋特征和鹅胚胎发育

胚龄/天	照蛋特征	胚蛋解剖时的特征
1~2	蛋黄表面有一个颜色稍深、四周稍亮的圆点，俗称“鱼眼珠”	胚盘开始发育，器官原基出现，但肉眼不易辨别
3~3.5	已经可以看到卵黄囊血管区，其形状很像樱桃，俗称“樱桃珠”	血液循环开始，卵黄囊血管区出现心脏并开始跳动，开始生出卵黄囊、羊膜和浆膜
4.5~5	卵黄囊血管的分布像蚊子，俗称“蚊虫珠”	胚胎头尾分明，内脏器官开始形成，尿区开始发育，卵黄囊明显扩大

续表

胚龄/d	照蛋特征	胚蛋解剖时的特征
5.5~6	卵黄不随着蛋转动而转动，俗称“钉壳”。胚胎和卵黄囊血管形状像一只小的蜘蛛，又称“小蜘蛛”	胚胎头明显增大，与卵黄分离，各器官和组织都已具备，可见脚、翼、喙的雏形。尿囊迅速生长，卵黄囊血管所包围卵黄约达1/3。羊水增加，胚胎已能自由地在羊膜腔内活动
6.5	能明显看到黑色的眼点，称“单珠”“起眼”	胚胎头弯向胸部，四肢开始发育，已具有鸟类外形特征，生殖器官形成，公母已定。尿囊与浆膜、壳膜接近，血管网向四周发射
8	胚胎头部明显，与弯曲增大的躯干部形似“电话筒”，俗称“双珠”	胚胎的躯干部增大，口部形成，翅与腿可分辨，胚胎开始活动，引起羊膜有规律的收缩。卵黄囊包围一半以上的卵黄，尿囊迅速增大
9	羊水增多，胚胎活动尚不强，似沉在羊水中，俗称“沉”。正面已布满扩大的卵黄和血管	胚胎已现明显的鸟类特征，颈伸长，翼、喙明显，脚上生出趾（蹼）。卵黄增大达最大，蛋白重量减轻
10	正面：胚胎较易看到，像浮在水中，俗称“浮”；背面：卵黄扩大到背面，转动时两边卵黄不易晃动，称“边口发硬”	胚胎的肋骨、肺、肝和胃明显，四肢成形，趾间有蹼
11~12	蛋转动时，两边卵黄容易晃动，俗称“晃得动”。背面尿囊血管迅速伸展，越出卵黄，俗称“发边”	胚胎眼裂呈椭圆形，脚趾上出现爪，绒毛原基扩展到头、颈部，羽毛突起明显，腹腔愈合，软骨开始骨化。尿囊迅速向小头伸展，几乎包围整个胚胎

续表

胚龄/天	照蛋特征	胚蛋解剖时的特征
14~15	尿囊血管继续伸展，在蛋小头合拢，整个蛋除气室外都布满血管，俗称“合拢”“长足”	胚胎的头部偏向气室，眼裂缩小，喙具一定形状，爪角质化，全部躯干覆以绒羽。尿囊在蛋的小头完全合拢
16	血管开始加粗，血管颜色开始加深	胚胎各器官进一步发育，头部和翅生出羽毛，腺胃可区别出来，足部鳞片明显可见
17	血管继续加粗，颜色逐渐加深。左右两边卵黄在大头端连接	鼻孔出现，全身覆有长的绒毛，肾脏开始工作。小头蛋白由一管状道（浆羊膜道）输入羊膜腔中
18	小头发亮的部分随胚龄增加逐渐缩小	胚胎头部位于翼下，生长迅速，骨化作用急剧。胚胎大量吞食稀释的蛋白，尿囊中有白絮状排泄物出现。绒毛明显覆盖全身，气室逐渐增大
19~21	小头发亮的部分逐渐缩小，蛋内黑影部分则相应增大，胚体不断增大	胚胎的头部全在翼下，眼睛已被眼睑覆盖，胚胎开始由横向转向纵向。卵黄与蛋白显著减少，羊膜腔及尿囊中液体减少
22~23	小头看不到发亮的部分，俗称“封门”	鼻孔已形成，小头蛋白已全部输入到羊膜囊中，蛋壳与尿囊极易剥离
24~26	胚胎转身引起气室朝一方倾斜，俗称“斜口”	喙开始朝向气室端，眼睛睁开。吞食蛋白结束，卵黄已有少量进入腹中
27~28	气室内可以看到黑影在闪动，俗称“闪毛”	胚胎两腿弯曲朝向头部，颈部肌肉发达，同时大转身，颈部及翅突入气室内，准备啄壳。卵黄绝大部分已进入腹中，尿囊血管逐渐萎缩，胚膜完全退化

续表

胚龄/天	照蛋特征	胚蛋解剖时的特征
29~30	开始啄壳，俗称“啄壳”“见瞟”	胚胎的喙进入气室，开始啄壳见瞟，卵黄收净，可听到雏鹅的叫声，肺呼吸开始。尿囊血管枯萎。少量雏鹅出壳
30.5~31	出壳	出壳重为蛋重的65%~70%，腹中尚有5克左右的卵黄

（三）孵化条件

1. 温度　温度是鹅蛋孵化的首要条件。在胚胎发育的整个过程中，各种物质代谢都是在一定的温度条件下进行的。适宜的温度是孵化成败的关键，孵化温度过高或过低都会影响胚胎的发育。

胚胎发育的不同阶段，对热量需要量是不同的。发育初期，幼小的胚胎还没有调节体温的能力，需要供给较多的热量；发育后期，由于脂肪代谢加速，能产生大量的生理热，需要的热量较少。因此，孵化期的温度控制一般是“前高、中平、后低”，再结合孵化季节、室温、孵化器及胚胎的发育状况，做到“看胎施温”，灵活掌握。当前，孵鹅蛋分恒温和变温两种方法。

（1）恒温孵化。恒温孵化的施温标准是1~28天孵化机内的温度为37.8 ℃（孵化温度），孵化室内温度为23.9~29.4 ℃（室温）；28天以后孵化机内的温度为37.5 ℃，孵化室内温度为29.4 ℃以上。

（2）变温孵化。鹅蛋变温孵化的施温标准见表4-4。

表 4-4　鹅蛋变温孵化施温标准

品种	室温/℃	孵化温度/℃					适孵季节
		1~6 天	7~12 天	13~18 天	19~28 天	29~31 天	
中型品种	23.9~29.4	38.1	37.8	37.8	37.5	37.2	冬季和早春
	29.4 以上	38.1	37.8	37.5	37.2	36.9	春季
		37.8	37.2	37.5	36.9	36.7	夏季
大型品种	23.9~29.4	37.8	37.5	37.5	37.2	36.9	春季
	29.4 以上	37.8	37.5	37.2	36.9	36.7	夏季

2. 湿度　湿度对蛋内水分蒸发和胚胎物质代谢有密切关系，对胚胎的发育有较大影响。湿度偏高，蛋内水分不易蒸发，影响胚胎发育；湿度偏低，蛋内水分蒸发快，容易造成绒毛与蛋壳膜粘连现象。特别是在使用有风机的大型孵化机时，空气流通快，蛋内水分容易蒸发，如不掌握机内湿度，就会影响孵化效果。孵化湿度掌握的原则是“两头高，中间低”。孵化前期，胚胎要形成大量羊水和尿囊液，机内温度又较高，所以相对湿度需要高一些。一般前 10 天的相对湿度控制在 65%~70%；中间 10 天，为了排除羊水和尿囊液，相对湿度可降至 55%~60%；孵至后 10 天，为了防止绒毛粘连，要将相对湿度提高到 70%~75%。孵蛋在孵化过程中，常结合凉蛋降温，在鹅蛋上喷洒温水，以提高机内的相对湿度，加强胚胎散热。湿度与鹅胚破壳有直接关系，在湿度与空气中二氧化碳的共同作用下，能使蛋壳变脆，便于雏鹅啄壳。

3. 空气（通风换气）　鹅胚胎在发育的过程中，不断吸入氧气，排出二氧化碳，进行气体交换。胚胎发育需要的空气环境应是氧气含量不低于 20%，二氧化碳含量在 0.3%~0.5%，最高允许量为 1.5%。如果孵化机内二氧化碳含量超过 1.5%时，胚胎发育迟缓，死亡率增高，出现胎位不正和畸形等现象，降低了孵

化率和雏鹅质量。

孵化初期，胚胎的物质代谢能力较低，需要氧气较少，随胚龄增大，尿囊发育，呼吸量逐渐增加，孵至最后 2 天，胚胎开始用肺呼吸，吸入的氧气和呼出的二氧化碳比孵化初期增加 100 多倍。为保证胚胎的正常发育，孵化机必须有良好的通风条件，保证提供足够的新鲜空气。特别是孵化后期，通风量逐渐增大，尤其是出雏期间。如果通风换气不足，会导致出雏前死胚增多。所以现在设计的孵化器，都十分注意通风装置，设置了进气孔和出气孔。

4. 翻蛋　翻蛋的作用是使胚胎各部受热均匀，避免与蛋壳粘连，使蛋的不同部位受热相似，并促进气体代谢，有利于营养吸收，提高孵化率。机器孵化有自动或半自动翻蛋系统，可根据需要定时翻蛋。一般每昼夜可翻蛋 4～12 次。在整个孵化期中，前期和后期的翻蛋次数不同，前期翻蛋次数要多些，第 1 周特别重要，应适当增加翻蛋次数，而孵至最后 3～4 天，可停止翻蛋。翻蛋的角度以 90°～100°效果最好。

5. 凉蛋　鹅蛋孵化至中期后，胚胎的物质代谢增强，产生大量的生理热，使机内温度上升。凉蛋的目的是帮助胚胎散发热量，促进气体代谢，改善血液循环，增强胚胎调节体温的能力，从而提高孵化率和雏鹅的品质。凉蛋就是在短时间内使蛋温降低。凉蛋的方法因孵化种类而异。自然孵化时，母鹅每天离巢饮水、采食、排粪，这就是凉蛋活动。机器孵化时，照蛋、喷水也属于凉蛋工作，但经常性地凉蛋要每天进行。孵化前期，凉蛋的时间短一些，孵至第 15 天后，要逐渐增加凉蛋的时间，每天打开机门两次，关闭热源，只开动风扇，并把蛋盘从蛋盘架上抽出 1/3，再将温水喷洒在蛋上。随着胚龄增加，延长凉蛋时间，每天可喷水凉蛋 2～3 次，每天凉蛋的程度，以眼皮接触蛋壳感觉比较温和即可。凉蛋结束，将蛋盘推回机内，关闭机门，接通热

源。凉蛋的时间因季节、室温、胚龄而异，通常为20~30分钟。摊床孵化时，凉蛋与翻蛋结合进行。

除上述条件外，还必须注意以下两点：一是种蛋要平放或大头（钝端）在上，绝对不可小头（尖端）在上；二是孵化机内要保持黑暗，必要时才开灯照明，用后关闭。许多试验表明，机内长期连续开灯，对孵化率影响极大。此外，孵化室的环境对孵机内保持适宜条件有很大关系。孵化室较理想的条件是，室温21~24 ℃，相对湿度50%~60%，室内空气新鲜，要避免阳光直射或冷风直吹孵化机，墙壁、地面和用具要清洁卫生、摆放整齐，并定期进行消毒。

（四）孵化方法

种蛋的人工孵化方法包括机器孵化法、平箱孵化法及摊床孵化法等。

1. 机器孵化法 用电孵机孵化鹅蛋，可根据鹅蛋的数量选用适当的电孵机。根据鹅蛋的大小设计孵化蛋盘。孵化操作要点如下。

（1）孵化前的准备。根据销售合同或本场需要雏鹅的数量、时间和种蛋供应情况制订孵化计划，合理安排入孵时间和入孵数量；在开机入孵前全面检查孵化器的电力供温、仪表测温、自动控温、翻蛋与通风等系统能否正常使用，测定孵化器内温度是否均匀，熟悉和掌握孵化机的性能和状态。试机正常运转1~2天后再开始入蛋孵化。为了防止临时停电事故的发生，应有专用的发电设备或备用电源，电压不稳定的地方应安装稳压器。

（2）入孵（上蛋）。鹅蛋有分批入孵和整批入孵两种方式。分批入孵一般每隔3天、5天或7天入孵一批种蛋，出一批雏鹅；整批入孵是一次把孵化机装满，大型孵化厂多采用整批入孵。机器孵化多为7天入蛋一批，机内温度应保持恒温37.8 ℃（室温为29~29.4 ℃），排气孔和进气孔全部打开。每2~4小时翻蛋1次。值得一提的是，冬季或早春时节，入孵前应将种蛋在孵化室

停放数小时进行种蛋预温，使种蛋逐渐达到室温后再入孵，这样可防止因种蛋直接从储蛋室（15 ℃左右）直接进入孵化机中（37.8 ℃左右）而造成结露现象，影响孵化效果。另外，分批入孵时，各批次的蛋盘应交错放置，这样有利于各批蛋受热均匀。入孵的时间以下午4时以后为好，可使大批出雏的时间集中在白天，有利于工作的进行。

（3）照检。在孵化过程中应对入孵种蛋进行3次照检，入孵后的7天进行第1次照检，剔出无精蛋和死胚蛋，如发现种蛋受精率低，应及时调整公鹅和改善种鹅的饲养管理。入孵后的第15天进行第2次照检，将死胚蛋和漏检的无精蛋剔出，如果此时尿囊膜已在蛋的小头“合拢”，则表明胚胎发育是正常的，孵化条件的控制亦合适。第3次照检可结合落盘进行。

（4）落盘。孵化到28天，通过照检剔除死胚蛋后，把发育正常的蛋转入出雏器继续孵化，称之“落盘”。落盘时，如发现胚胎发育延缓，应推迟落盘时间。落盘后应注意提高出雏机内的湿度和增大通风量。

（5）出雏。出雏期间保持出雏器黑暗，以免引起雏鹅的骚动。出雏期间不要经常打开机门，以免降低机内温度、湿度，影响出雏整齐度。有20%～30%雏鹅出壳后第1次拣雏，以后每2～3小时拣雏一次即可。拣出绒毛已干的雏鹅，并拣出蛋壳。在出雏末期，对已啄壳但无力出壳的弱雏，可进行人工破壳助产。助产要在尿囊血管枯萎时方可施行，否则易引起大量出血，造成雏鹅死亡。雏鹅拣出后即可进行雌雄鉴别和免疫。

（6）统计分析。根据记录统计种蛋受精率、孵化率、健雏率，对结果进行分析，以改进孵化条件和种鹅的饲养管理方法，提高孵化成绩。

2. 平箱孵化法 通常情况下每台可孵鹅蛋600枚。当蛋筛装满蛋放入箱后，把门关紧并塞上火门，让温度慢慢上升，直至

蛋温均匀为止。入孵后，应每隔 2 小时转筛一次（转筛角度为 180°，使每筛的蛋温均匀），并注意观察温度，当眼皮贴到蛋上感到有热度时，可进行第 3 次调筛（调筛的目的是使上、下层的蛋温能在一天内基本均匀）；当蛋温达到眼皮有烫的感觉时，可进行第 2 次调筛及翻蛋（翻蛋可调节边蛋与心蛋的温度，并可使蛋得到转动）；蛋温达到明显烫眼皮时，进行第 3 次调筛及第 2 次翻蛋。当中间筛蛋温达到要求时则说明蛋温已均匀。检验蛋温适当与否，则应实行“看胎施温”。

3. 摊床孵化法 摊床孵化是炕孵、缸孵或平箱孵化后期普遍采用的一种方法。摊床孵化不用热源，依靠胚蛋后期的自发温度及孵化室的室温孵化，因而是一种十分经济的方法。

（1）摊床的构造和设备。摊床一般设在孵化器（包括土缸、土炕、电孵机）的上方，以充分利用空间和孵化器的余热。如果孵化室太大，不易保温，或房舍低矮，可单独设置摊床孵化室。摊床是用木头（水泥或三角铁）做架，钉上竹条，然后铺上草席。孵化时根据胚龄的大小及室温的高低，配备棉絮、棉毯或被单等物，以保持胚胎所需温度。摊床的面积根据孵化室的大小及生产规模而定，设 1～3 层。摊床应底层最宽，越往上层越窄，便于操作时站立。一般底层宽 1.8 米，每上一层缩进 20 厘米。

（2）上摊时间。鹅蛋在第 15 天后，即在第 2 次照蛋以后上摊。如果外界气温低，可以稍微推迟上摊时间。

（3）调温操作要点。上摊以后调节温度是管理工作的中心，一定要十分关注。

1）调温原则。摊床温度的调节，应根据心蛋与边蛋存在温差的特点来进行，应掌握“以稳为主，以变补稳，变中求稳”的原则，也就是说，为使蛋温趋于一致，要“以稳为主”，即以保持心蛋适温平衡为主；但心蛋保持适温时，边蛋蛋温必然偏低，以弥补温度的不足；当升温达到要求时，又要适时采取控

制措施，不使温度升得太高，以达到“变中求稳”的目的。

2）调温措施。一是翻蛋（抢摊）。在摊床上翻蛋，将心蛋和边蛋对换位置。因为边蛋易散热，蛋温较低，而摊床中间的心蛋不易散热，蛋温易升高，通过互换位置，就能使蛋温趋于平衡、均匀。二是调整摆蛋密度。通过调整蛋的排列层数和松紧来调节蛋温。刚上摊时，可摆放双层，排列紧密，随着胚蛋自温升高。上层可放稀些，以后只要将边蛋放双层，继而全部放平。三是增减覆盖物。通过棉被、单被等覆盖物的增减和掀盖来调节。随着胚龄的增加，其自发温度日益增强，覆盖物应由多到少，由厚到薄，覆盖时间由长到短；当蛋温偏低时，则可加盖覆盖物。如蛋温上升较快，可减少覆盖物，甚至可将覆盖物掀起凉蛋。四是开关门窗、气窗也是调节蛋温的辅助设施。上摊初期和寒冷季节，应关闭门窗，以利保温；后期升温快或夏季气温高时，应打开门窗，加大通风量，以利于散热。

（五）初生鹅的管理

1. 初生雏鹅雌雄鉴别　现代养鹅业都非常重视雏鹅的雌雄鉴别工作，但初生雏鹅雌雄鉴别比较困难，因为雏鹅身上的绒毛较多，泄殖腔小，不易根据生殖器官来鉴别。在生产中，多采用以下方法，从外观和形态上来鉴别。

（1）外形鉴别法。一般来讲，初生雄雏鹅体格较大，身躯较长，头较大，颈较长，嘴角较长而阔，眼较圆，眼角无绒毛，腹部稍平贴，站立的姿势比较直；雌雏鹅体格较小，身躯较短圆，头较小，颈较短，嘴角短而窄，眼较长圆，眼角有绒毛，腹部稍下垂，站立的姿势有点倾斜。

（2）动作、声音鉴别法。如果在大母鹅面前试着追赶雏鹅，低头伸颈发出惊恐鸣声的为雄鹅；高昂着头，不断发出叫声的为雌雏。一般雄鹅鸣声高、尖、清晰；雌鹅鸣声低、粗、沉浊。

（3）羽毛鉴别法。有色泽羽毛的鹅，如灰羽鹅，雄鹅羽色

总是比雌鹅羽色淡一些。有的鹅种，如英国的西英格兰鹅、美洲的移民鹅，具有自别雌雄的特征。移民鹅的初生雄鹅，羽毛是奶油色（乳黄色），喙的颜色较浅；雌鹅的羽毛为浅黄色，喙的颜色较深。西英格兰鹅雌鹅带有明显的灰色标志，雄鹅则为全白色。

（4）翻肛法。当根据外形、动作及声音等都不易鉴别时，可根据生殖器官的形态来判别。方法同识别雏鸭的雌雄一样，先把雏鹅捉住，并仰卧固定，然后用拇指和食指把肛门轻轻拨开，再稍加压力向外翻，使内部外露，如有螺旋状而不大的阴茎突起者即为雄雏鹅，如肛门只有三角瓣形皱褶者便是雌雏鹅。

（5）捏肛法。捏肛（摸肛）是鉴别初生水禽雌雄的传统办法。这种方法操作速度快，准确率很高，但要有丰富的经验。浙江萧山一带孵坊的师傅，每小时可鉴别 1 500~1 800 只，平均约 3 秒鉴别 1 只。雄雏鹅的阴茎比较发达，长约 0. 5 厘米，呈螺旋形，在泄殖腔肛门口内的下方，而雌雏鹅则没有，因此这种办法是科学的。操作方法是：以左手捉住雏鹅，使其背朝天，腹部朝下，并以拇指和食指轻轻抓往鹅颈部。然后用右手的拇指和食指在鹅肛门外部捏一捏，使其泄殖腔略微外翻一点，以手指触诊，如感觉到油菜籽及芝麻粒大小的突起，即是雄鹅，否则为雌鹅。初学者可多捏几次，用力要轻，不能来回捻动，以免伤及肛门。

（6）顶肛法。此法在山东一带广泛采用，比捏肛法困难一些，要求有较高的技术，不过熟练以后，速度比捏肛法还要快，准确率也不低于捏肛法。其原理与捏肛法相同。操作方法是：左手捉雏鹅，以右手的拇指在其肛门外轻轻往上顶，如果感觉到有一颗油菜籽或芝麻粒大小的东西，即为雄雏，没有这种感觉便是雌雏。此法需要较长时的反复实践才能熟练掌握。

2. 初生雏鹅分级　每一批孵化，总有一些弱雏和畸形雏。当出雏结束、发运之前，要进行一次严格的挑选和分级。畸形雏

坚决淘汰，弱雏单独处理，决不可留作种用。

（1）健雏。30~31 天内出壳；绒毛整洁，长短合适，色泽鲜亮；体重正常，符合该品种标准，大小均匀；腹部大小适中，柔软，脐部干燥，愈合良好，其上覆盖绒毛；精神活泼，反应灵敏，腿干结实；抓在手中饱满，挣扎有力。

（2）弱雏提早或推后出壳。绒毛蓬乱污秽，缺乏光泽，有时短缺；体重过大或过小，大小不一致；腹部特别膨大，脐部愈合不好，脐孔大，触摸有硬块，有黏液，或卵黄囊外露，脐部裸露；精神表现为痴呆，闭目，反应迟钝，站立不稳，触感瘦弱、松软，挣扎无力。

（3）畸形雏头部小、眼睛突出，一只眼或无眼；交错喙，颈部扭曲，跗关节粗肿，多脚，弯趾；卵黄吸收不良，绒毛板结过短，侏儒，“八”字脚等。畸形雏无康复价值，应及时淘汰。

3. 雏鹅的运输

（1）运前准备。准备好运输工具。车辆性能要好，以带布篷车厢的车为宜。备齐鹅篮，鹅篮要求新、质量好、数量足。篮子直径为 85 厘米，高为 18 厘米，在 4~5 厘米高处加一条边线，以利于筐子相叠。挑选具有一定运雏经验的运雏人员 2~3 人，其中两人在车上，观察厢内情况并及时调整。到达目的地后两人迅速点数，不耽搁时间。

（2）运输管理。雏鹅质量是影响长途运输效果的首要因素。弱雏经过长时间颠簸，途中死亡多，育雏期成活率低，损失大，因此装运前必须认真挑选，选择健康雏进行运输。

鹅篮底部要垫一层薄薄的干净稻草，每篮以装 80 只为宜。每车装 120~140 只鹅篮。鹅篮排列整齐，并挤紧，以防止途中倾斜。一般篮子相叠 10 层左右，上面加个空篮子盖着，调节后部雨布，保持厢内温度在 30~34 ℃和流通空气新鲜，防止雏鹅因缺氧而出现呼吸困难、窒息死亡，使雏鹅处于舒适、安静的环境中。

车辆行驶时速应为40~50千米/时，坚持“四快四慢”的原则，即好路快、中途快、中午快、天气好快；坏路慢、开车和停车时慢、晚上慢、阴雨天慢。车辆行驶保持平稳、安全。一般晚上运输较好。运输途中不要停车，尽快到达育雏舍。若一车鹅苗要分多点饲养时，分发既要快好，又要不出差错。

第五章　生态养鹅的饲料及配制

第一节　鹅的饲料及营养特点

饲料种类繁多，养分组成和营养价值各异，为了解饲料的特点，以便合理地利用饲料，一般按其性质分为能量饲料、蛋白质饲料、青绿多汁饲料、粗饲料、矿物质饲料、维生素饲料和添加剂饲料。

一、能量饲料

能量饲料是指干物质中粗纤维含量在18%以下，粗蛋白质在20%以下的饲料。这类饲料主要包括禾本科的谷实饲料和其加工后的副产品，动植物油脂、糖蜜及块根类等是鹅饲料的主要成分，用量占日粮的60%～70%。

（一）谷实饲料及其副产品

谷实饲料及其副产品的特点见表5-1。

表 5-1　谷实饲料及其副产品的特点

种类	特点
玉米	为养鹅生产中最常用的一种能量饲料，具有很好的适口性和消化性；玉米含能量高（代谢能达 13. 39 兆焦/千克），粗纤维含量低（仅 2%左右），而无氮浸出物达 70%~80%，主要含淀粉，其消化率可达 90%；玉米的脂肪含量为 3. 5%~4. 5%，是大麦或小麦的 2 倍。玉米含亚油酸较多，可以达到 2%，是所有谷物饲料中含量最高的。亚油酸（十八碳二烯脂肪酸）不能在动物体内合成，只能靠饲料提供，是必需脂肪酸。动物缺乏时，繁殖功能遭到破坏，生长受阻，皮肤发生病变；玉米蛋白质含量较低，一般占饲料的 8. 6%，蛋白质中的几种必需氨基酸含量少，特别是赖氨酸和色氨酸。玉米含钙少，磷含量也偏低，喂时必须注意补钙。玉米含水量大，不易干燥，易发生霉变。近年来，培育的高蛋白质玉米、高赖氨酸玉米等饲料用玉米，营养价值更高，饲喂效果更好；玉米用量可占鹅饲粮的 30%~65%
高粱	籽实代谢能水平因品种而异。壳少的籽实，代谢能水平与玉米相近，是很好的能量饲料。高粱的粗脂肪含量不高，只有 2. 8%~3. 3%；含亚油酸也少，约为 1. 13%。蛋白质含量高于玉米，但单宁（鞣酸）含量较高，味道发涩，适口性差。红色高粱含丹宁多，白色或黄色高粱含丹宁少。在配合鹅的日粮时，夏季比例控制在 10%~15%，冬季在 15%~20%（丹宁低的高粱可占 15%~30%，丹宁高的应低于 10%）
小麦	能量（14. 36 兆焦/千克）和粗纤维含量（2. 2%）与玉米相近，粗脂肪含量（1. 6%~2. 7%）低于玉米。但粗蛋白含量（10%~12%）高于玉米，且氨基酸比其他谷实类完全，B 族维生素丰富。缺点是缺乏维生素 A、维生素 D；小麦内含有较多的非淀粉多糖，黏性大，适口性和消化率低。在鹅的配合饲料中不易使用过多，一般用量为 10%~30%。小麦是我国人民的主要口粮，极少作为饲料。而欧洲北部国家的能量饲料主要是麦类，其中小麦用量较大。如在鹅的配合饲料中使用小麦，一般用量为 10%~30%。如果饲料中添加 β-葡聚糖酶和木聚糖酶等酶制剂，小麦用量占 30%~40%

续表

种类	特点
大麦	有带壳的“皮大麦”（草大麦）和不带壳的“裸大麦”（青稞）两种，通常饲用的是皮大麦。代谢能水平较低，约为 11.51 兆焦/千克。适口性好，粗纤维含量在 5%左右，可促进动物肠道蠕动，使消化功能正常。大麦是鹅喜欢吃的一种饲料。大麦粗蛋白质含量高于玉米（11%），蛋白质品质比玉米好，其赖氨酸是谷实中含量较高者（0.42%~0.44%）。大麦粗脂肪含量低（2%），脂肪酸中 50%为亚油酸。用量占日粮的10%~30%
稻谷、糙米和碎米	因含有坚实的外壳，故粗纤维含量高（8.5%左右），是玉米的 4 倍多；可利用消化能值低（11.29~11.70 兆焦/千克）；粗蛋白质含量较玉米低，粗蛋白质中赖氨酸、蛋氨酸和色氨酸与玉米近似；稻谷钙少磷多，锰、硒含量较玉米高，锌含量较玉米低。通常在鹅的日粮中可占 10%~70%；稻谷去壳后称糙米，其代谢能值高（13.94 兆焦/千克），蛋白质含量为 8.8%，氨基酸组成与玉米相近。糙米的粗纤维含量低（0.7%），且维生素比碎米更丰富。因此，以磨碎糙米的形式作为饲料，是一种较为科学、经济地利用稻谷的好方法。在鹅的日粮中可占 10%~60%
麦麸	它是由小麦的果皮、种皮、糊粉层和胚组成。因其具有一定能值，含粗蛋白质也较多，价格低，在饲料中被广泛应用。麦麸含能量低，但蛋白质含量较高，各种成分比较均匀，且适口性好，是鹅的常用饲料。麦麸的容积大，质地疏松，有轻泻作用，可用于调节营养浓度。粗纤维含量高，应控制用量。饲料中用量为 5%~20%
米糠	米糠是糙米加工成白米时分离出来的种皮、糊粉层与胚的混合物。加工白米越精，米糠含胚乳物质越多，米糠的能量含量越高。米糠的粗蛋白质含量（12.8%）比麸皮低，比玉米高，品质也比玉米好，赖氨酸含量高达 0.55%。米糠的粗脂肪含量很高，可达 15%，因而能值也居糠麸类饲料之首。其脂肪酸的组成多属不饱和脂肪酸，油酸和亚油酸占 79.2%，脂肪中还含有 2%~5%的天然维生素 E，B 族维生素含量也很高，但缺乏维生素 A、维生素 D 和维生素 C，米糠粗灰分含量高，钙磷比例极不平衡，磷含量高，但所含磷约有 86%属植酸磷，利用率低且影响其他元素的吸收利用。米糠在储存中极易氧化、发热、霉变和酸败。鹅日粮中的用量为 5%~20%

续表

种类	特点
高粱糠	高粱糠主要是高粱籽实的外皮。脂肪含量较高，粗纤维含量较低，代谢能略高于其他糠麸，蛋白质含量在10%左右。有些高粱糠单宁含量较高，适口性差。鹅饲粮中含量不宜过多，不宜超过5%
次粉	次粉是面粉加工的副产品，也叫四号粉。营养价值高，粗蛋白质含量为13.6%~15.4%，赖氨酸、精氨酸和色氨酸含量分别是玉米的2.18倍、2.18倍和2.57倍，含硫氨基酸与玉米相近；粗脂肪含量为2.1%，粗纤维含量为1.5%~2.8%，钙少磷多，适口性好。以占日粮比重的10%~20%为宜
玉米麸料	它是含有玉米纤维质外皮、玉米浸渍液、玉米胚芽粉和玉米蛋白粉的混合物（玉米蛋白饲料）。一般含有纤维质外皮40%~60%，玉米蛋白粉15%~25%，玉米浸渍液固体物25%~40%。其蛋白质含量为10%~20%，粗纤维在11%以下
玉米胚芽饼粕	它是玉米胚芽脱油后所剩的残渣。粗蛋白质含量一般为15%~21%；氨基酸组成较好，赖氨酸占0.7%，蛋氨酸占9.3%，色氨酸含量也较高，维生素E含量丰富，适口性好，价低廉，是较好的鹅饲料

（二）油脂类

油脂属于液体能量饲料，是油与脂的总称。这类饲料油脂含量高，其发热量为碳水化合物或蛋白质的2.25倍。使用的油脂类有植物类油（大豆油及油脚、大豆磷脂油、菜籽油、山茶油、花生油、玉米油等）和动物类脂肪（猪油、牛油、羊油、鱼油、鸡油及其他畜禽油）。在饲料中加入少量的脂肪饲料，除了作为脂溶性维生素的载体外，还能提高日粮中的能量浓度（日粮中添加3%~5%的脂肪，可以提高雏鹅的日增重，保证鹅夏季能量的摄入量和减少体增热，降低饲料消耗。但添加脂肪的同时要提高其他营养素的水平）；能减少料粉飞扬和饲料浪费，有利于空气洁净。另外，添加大豆磷脂除能提供能量物质外，还能保护肝脏，提高肝脏的解毒功能，提高鹅体免疫系统活力和呼吸道黏膜完整性，增强鹅体抵抗力。

（三）根茎瓜类

用作饲料的根茎瓜类饲料主要有马铃薯、甘薯、南瓜、胡萝卜、甜菜等。其含有较多的碳水化合物和水分，适口性好，产量高，是鹅的优良饲料。这类饲料的特点是水分含量高，可达75%~90%，但按干物质计算，其能量高而且含有较多的糖分，胡萝卜和甘薯等还含有丰富的胡萝卜素。由于这类饲料水分含量高，多喂会影响干物质的摄入量，从而影响生产力。此外，发芽的马铃薯含有毒物质，不可饲喂。

二、蛋白质饲料

鹅的生长发育和繁殖及维持生命都需要大量的蛋白质，这些通过饲料供给。蛋白质饲料中饲料干物质中粗蛋白质含量在20%以上（含20%），粗纤维含量在18%以下（不含18%）。可分为植物性蛋白质饲料、动物性蛋白质饲料和单细胞蛋白质饲料三大类（表5-2）。一般在日粮中占10%~30%。

表5-2　蛋白质饲料的类型及营养特点

类型和种类		营养特点
植物性蛋白质饲料	大豆粕（饼）	为应用最广泛的蛋白质饲料。因榨油方法不同，其副产物可分为豆饼和豆粕两种类型，含粗蛋白质40%~45%，各种必需氨基酸组成合理，赖氨酸含量较其他饼（粕）高，蛋氨酸缺乏。代谢能为9.62~10.54兆焦/千克；钙、磷、胡萝卜素、维生素D、维生素B_2含量少；胆碱、烟酸的含量高。适口性好，加热处理的豆粕（饼）是鹅最好的植物性蛋白质饲料。配合饲料中用量可占15%~25%，由于豆粕（饼）的蛋氨酸含量低，故与其他饼（粕）类或鱼粉等配合使用效果更好。大豆粕（饼）的蛋白质和氨基酸的利用率受到加工温度和加工工艺的影响，加热不足或加热过度都会影响其利用率。生的大豆中含有抗胰蛋白酶、皂角素、尿素酶等有害物质，榨油过程中，加热不良的饼粕中会含有这些物质，影响蛋白质的利用率

续表

类型和种类		营养特点
植物性蛋白质饲料	花生饼（粕）	粗蛋白质含量（44%~47.8%）和代谢能（10.88~11.63兆焦/千克）略高于豆饼，精氨酸和组氨酸含量高，赖氨酸含量低；粗纤维含量低，适口性好于豆饼。花生饼的氨基酸组成不平衡，使用时与精氨酸含量较低的菜籽粕、血粉、鱼粉搭配使用效果好。花生饼脂肪含量高，不耐储藏，易染上黄曲霉菌而产生黄曲霉毒素。在鹅日粮中的用量为10%~20%
	棉籽饼（粕）	由于加工工艺不同分为饼（带壳榨油的称棉籽饼，脱壳榨油的称棉仁饼。棉籽饼含粗蛋白质17%~28%，棉仁饼含粗蛋白质32%~40%）和粕，一般说的棉籽饼（粕）是指棉仁饼（粕）。棉籽饼（粕）氨基酸组成中赖氨酸缺乏，粗纤维含量高（10%~14%），含代谢能为8.16~8.41兆焦/千克，矿物质含量很不平衡。在棉籽内，含有棉酚和环丙烯脂肪酸，对家畜健康有害。喂前应脱毒，可采用长时间蒸煮或0.05%$FeSO_4$溶液浸泡等方法，以减少棉酚对鹅的毒害作用。日粮中的含量不超过8%。我国已培育出低棉酚含量的棉花品种，含游离棉酚为0.009%~0.04%，可以适当增加用量
	菜籽饼（粕）	粗蛋白质占35%~40%，赖氨酸比豆粕低50%，氨基酸组成较为平衡，含硫氨基酸高于豆粕14%；粗纤维含量为12%，影响其有效能值，有机质消化率为70%。可代替部分豆饼喂鹅。由于菜籽饼中含有黑酸介素和白介素，在芥子酸酶作用下可分解出有毒物质，引起鹅的甲状腺肿大，激素分泌减少，生长和繁殖受阻。喂前宜采取脱毒措施。菜籽饼（粕）不脱毒只能限量饲喂，配合饲料中用量不超过8%
	亚麻籽饼（胡麻籽饼）	蛋白质含量在29.1%~38.2%，高的可达40%以上，但赖氨酸仅为豆饼的1/3。含有丰富的维生素，尤以胆碱含量为多，而维生素D和维生素E含量很少。其营养价值高于芝麻饼和花生饼。雏鹅饲粮中不宜使用，成鹅饲粮中控制在10%以下

续表

类型和种类		营养特点
植物性蛋白质饲料	芝麻饼	它是芝麻榨油后的副产物，含粗蛋白质40%左右，蛋氨酸含量高，适当与豆饼、花生粕、棉籽粕搭配喂鹅，能提高蛋白质的利用率，一般在雏鹅配合饲料中用量应低于10%，在成鹅饲粮中应低于18%。由于芝麻饼含脂肪多而不宜久储，最好现粉碎现喂
	玉米蛋白粉	它是以玉米为原料生产淀粉时得到的副产品。玉米蛋白粉（玉米面筋粉）是玉米淀粉厂的主要副产品之一。蛋白质含量因加工工艺不同而有很大差异，一般为35%~60%。氨基酸组成不佳，蛋氨酸含量很高，与相同蛋白质含量的鱼粉相等，而赖氨酸和色氨酸严重不足，不及相同蛋白质含量鱼粉的1/4。代谢能水平接近玉米，粗纤维含量低，易消化。矿物质含量少，钙、磷含量均低。胡萝卜素含量高，B族维生素含量低
动物性蛋白质饲料	鱼粉	鱼粉为最理想的动物性蛋白质饲料，其蛋白质含量高达45%~60%，而且在氨基酸组成方面，赖氨酸、蛋氨酸、胱氨酸和色氨酸含量高。鱼粉中含有丰富的维生素A和B族维生素，特别是维生素B_{12}。另外，鱼粉中还含有钙、磷、铁等。用它来补充植物性饲料中限制性氨基酸的不足，效果很好。配合饲料中用量可占2%~5%；鱼粉易被沙门菌污染，被污染的鱼粉必须经过再次烘炒杀菌后才能使用；由于鱼粉的价格较高，掺假现象较多，使用时应仔细辨别和化验。使用鱼粉要注意盐含量，盐分超过饲养标准规定量时极易造成食盐中毒
	血粉	血粉为屠宰场的另一种下脚料，是很有开发潜力的动物性蛋白质饲料之一。蛋白质含量为80%~82%，但血粉加工所需的高温易使蛋白质的消化率降低，赖氨酸受到破坏。且血粉有特殊的臭味，适口性差，鹅的日粮中用量为1%~3%，添加异亮氨酸更好。近年来推广的发酵血粉，既可以提高蛋白质的消化率，也可增加氨基酸的含量。血粉与花生饼（粕）或棉籽饼（粕）搭配效果更好

续表

类型和种类		营养特点
动物性蛋白质饲料	肉骨粉	肉骨粉是由肉联厂的下脚料及动物屠宰后的废弃肉经高温处理制成的，是一种良好的蛋白质饲料。肉骨粉粗蛋白质含量达40%以上，蛋白质消化率高达80%，赖氨酸含量丰富，蛋氨酸和色氨酸较少，钙磷含量高，比例适宜，因此是鹅很好的蛋白质和矿物质补充饲料，日粮中用量为5%~10%，最好与其他蛋白质补充料配合使用。肉骨粉易变质，不易保存。如果处理不好或者存放时间过长，会发黑、变臭，则不宜作饲料
	蚕蛹粉	含粗蛋白质约68%，且蛋白质品质好，限制性氨基酸含量高，可代替鱼粉补充饲粮蛋白质，并能提供良好的B族维生素。但脂肪含量高（10%以上），具有特殊气味，影响适口性，不耐储藏。产量少，价格高。鹅饲料用量为5%~10%
	羽毛粉	羽毛粉为禽类屠宰后干净及未变质的羽毛经过高压处理的产品。羽毛的基本成分为蛋白质，其中主要为角蛋白，在天然状态下角蛋白不能在胃中消化。现代加工技术将羽毛中的蛋白质局部水解，提高了其适口性和消化率。水解羽毛粉含粗蛋白质近80%，但蛋氨酸、赖氨酸、色氨酸和组氨酸含量低，使用时要注意氨基酸平衡的问题，应该与其他动物性饲料配合使用。配合饲料中用量为3%~5%
	螺蛳、河蚌、蚯蚓、小鱼	这类可作为鹅的动物性蛋白质饲料来利用。但喂前应蒸煮消毒，防止腐败。有些软体动物如蚬肉中含有硫胺素酶，能破坏维生素B_1。鹅吃大量的蚬肉，所产蛋中维生素缺乏，死胎多，孵化率低，雏鹅易患多发性神经炎。这类饲料用量可占日粮的10%~20%
单细胞蛋白质饲料	酵母饲料	它是在一些饲料中接种专门的菌株进行发酵而制成的，既含有较多的能量和蛋白质，又含有丰富的B族维生素和其他活性物质，蛋白质消化率高，能提高饲料的适口性及营养价值，一般含蛋白质20%~40%。但如果用蛋白质丰富的原料生产酵母混合饲料，再掺入皮革粉、羽毛粉或血粉之类的高蛋白饲料，也可使产品蛋白质含量提高到60%以上。酵母饲料中含有未知生长因子，有明显促生长作用。但其味苦，适口性差，饲料中使用量为2%~4%

三、青绿多汁饲料

凡鹅可食的绿色植物都包含在这类饲料中，一般指的是天然水分含量高于60%的一类饲料。鹅的饲料以青绿饲料为主，各种野生的青草，只要无毒、无异味都可采用。人工栽培的各种蔬菜、葛叶、牧草都是良好的青饲料（表5-3、表5-4）。鲜嫩的青饲料含木质素少，易于消化，适口性好，且种类多，来源广，利用时间长。青绿多汁饲料富含粗蛋白质，消化率高，品质优良；钙、磷含量高，比例恰当；胡萝卜素和B族维生素含量也高；碳水化合物中无氮浸出物含量多，粗纤维少，有刺激消化腺分泌的作用。在养鹅生产中，通常的精料与青绿饲料的重量比例如下：雏鹅1∶1，中鹅1∶1.5，成年鹅1∶2。

表5-3　野生的青绿饲料及特点

名称（俗名）	科别	生长地点	利用特点
狗牙根（爬根草、绊根草）	禾本科，多年生	空地、路旁、水边	鹅喜吃嫩草
鸭舌草（猪耳菜、鸭嘴菜）	雨久花科，多年生	湿地、浅水池塘、稻田	鹅喜吃
狗尾草（毛毛哥狗）	禾本科，一年生	荒野、道旁	鹅喜吃草和籽
牛筋草（牛尿蟋蟀草）	禾本科，一年生	路旁、家前屋后、荒野、田园等湿地	鹅喜吃
稗子（稗草）	禾本科，一年生	水田、水边、荒野、湿地、沼泽	鹅喜吃其嫩草和种子
茭麦（甜荞、乌麦）	禾本科，多年生	湖沼、池塘的水边、水沟、水中	鹅喜其嫩草
羊蹄（牛舌头）	蓼科，多年生	湿地	鹅食其叶和果
酸模（遏蓝菜）	蓼科，多年生	湿地	鹅食其叶和果

续表

名称（俗名）	科别	生长地点	利用特点
酢浆草（酸浆草）	酢浆草科，多年生	旷地、田边、路旁	鹅喜吃
藜（灰藜、落落菜、灰菜、胭脂菜）	藜科，一年生	原野、田园、路旁、田间	鹅喜吃嫩草
地肤（落帚、扫帚菜）	藜科，一年生	宅旁隙地，田圃边，荒废田间	鹅尚喜吃
莎草（山藤根、香附子、雀头香、草附子）	莎草科，多年生	水边及湿地沙质土中	老鹅喜吃其根
荆三棱（黑三棱）	莎草科，一年或多年生	湿田、河滩	老鹅喜吃其球茎
菹草（虾草、虾藻）	眼子菜科，多年生	池沼、水边	鹅最喜食
荇菜（水钱、金莲子、水合子）	龙胆科，多年生	水中	大小鹅均喜吃
金鱼藻（松藻）	金鱼藻科，多年生	河沟、池塘中	鹅喜吃

表 5-4　栽培的青绿饲料及特点

名称	生长特性和产量	栽培技术要点
紫花苜蓿	适宜温暖半干旱气候，耐寒性强，除低洼地外各种土壤都可种植；3 000~5 000 千克/亩	华北地区和长江流域分别在 4~7 月、3~9 月和 9~10 月播种较为适宜；条播行距 20~30 厘米，播种深度 1.5~2.0 厘米，播种量 0.75 千克/亩；返青和每次刈割后及时追磷钾肥，注意防寒

续表

名称	生长特性和产量	栽培技术要点
白三叶	适宜温带地区。喜温暖湿润气候，再生性好，是一种放牧性牧草；耐酸性土壤，耐潮湿，耐寒性差；3 000~4 000 千克/亩	播种期春秋均可，南方宜秋播但不晚于 10 月中旬；条播或撒播均可。行距 30 厘米，播深 1~1.5 厘米，播种量 0.3~0.5 千克/亩；苗期注意中耕除草；可以与多年生黑麦草混播
多年生黑麦草	喜温暖湿润气候，喜肥沃土壤，适宜温度 20 ℃；4 000~5 000 千克/亩	南方以 9~11 月播种为宜，也可在 3 月下旬播种；条播行距 15~30 厘米，播深 1.5~2.0 厘米，播种量 1~1.5 千克/亩；适当施肥灌水可以提高产量，夏季灌水有利于越夏。苗期及时清除杂草和采种
无芒草	喜冷凉干燥气候，耐旱、耐湿、耐碱，适应性强，各种土壤均能生长。4 300~5 750 千克/亩（干草 300~400 千克/亩）	北方寒冷地区宜春播或夏播，华北、黄土高原及长江流域秋播；条播、撒播均可。行距 30~40 厘米，播深 2~4 厘米，播种量 1~2 千克/亩；利用 3~4 年后切断根茎，疏松土壤以恢复植被
苦荬菜	喜温暖湿润气候，耐寒抗热，适宜各种土壤。收割多次。5 000~7 500 千克/亩	南方 2 月底至 3 月播种，北方 4 月上中旬播种。条播或穴播。行距 25~30 厘米，穴播行株距 20 厘米，覆土 2 厘米；播种量 0.5 千克/亩；需肥量大，株高 40~50 厘米可收割
苋菜	喜温，不耐寒，适应范围广。高产，适口性好；5 000~6 000 千克/亩	南方从 3 月下旬至 8 月都可播种，北方春播为 4 月中旬至 5 月上旬，夏播 6~7 月；条播或撒播均可，行距 30~40 厘米，覆土 1~2 厘米。幼苗期及时中耕除草
牛皮菜	喜湿润、肥沃、排水良好的土壤，耐碱，适应性广，病害少。4 000~5 000 千克/亩	南方 8~9 月，北方 3 月上旬至 4 月中旬播种；苗床育苗条播或撒播。覆土 1~2 厘米，苗高 20~25 厘米移栽；直播、条播或点播，行距 20~30 厘米，覆土 2~3 厘米，播种量 1~1.5 千克/亩。经常中耕除草，施肥浇水

（二）青贮饲料

用新鲜的天然植物性饲料调制成的青贮饲料在鹅的饲料中使用不普遍，但在缺少青绿饲料的冬天可以使用青贮饲料。用三叶草、苜蓿、玉米秸秆、禾本科杂草及胡萝卜茎叶等为原料青贮的饲料可以喂鹅。青贮时，pH 值为 4~4.2，粗纤维不超过 3%，长度不超过 5 厘米。一般鹅每天可喂 150~200 克。

四、粗饲料

粗饲料是指粗纤维含量在 18%以上的饲料，主要包括干草类、蒿秆类、糠壳类、树叶类等。粗饲料来源广泛，成本低廉，但粗纤维含量高，不容易消化，营养价值低。粗饲料容积大，适口性差。经加工处理后，养鹅还可利用一部分。尤其是其中的优质干草在粉碎以后，如豆科干草粉，仍是较好的饲料，是鹅冬季粗蛋白质、维生素及钙的重要来源。由于粗纤维不易消化，因此其含量要适当控制，一般不宜超过 10%。干草粉在日粮中的比例通常为 20%左右。粗饲料宜粉碎后饲喂，并注意与其他饲料搭配。粗饲料也要防止腐烂发霉、混入杂质。

五、矿物质饲料

鹅的生长发育、机体的新陈代谢需要钙、磷、钠、钾、硫等多种矿物元素，上述青绿饲料、能量饲料、蛋白质饲料中虽均含有矿物质，但含量远不能满足生长和产蛋的需要，因此在鹅口粮中常常需要专门加入石粉、贝壳粉、骨粉、食盐、沙砾等矿物质饲料。

表 5-5　矿物质饲料种类及特点

种类	特点
食盐	主要用于补充鹅体内的钠和氯，保证鹅体正常新陈代谢，还可以增进鹅的食欲，可占日粮的 0.3%~0.35%。另外，生产鹅肥肝时，日粮中食盐含量以 1.0%~1.6%为宜
骨粉或磷酸氢钙	含有大量的钙和磷，而且比例合适。添加骨粉或磷酸氢钙，主要用于弥补饲料中磷含量不足。在配合饲料中用量可占 1.5%~2.5%
贝壳粉、石粉	贝壳粉是最好的钙质矿物质饲料，含钙量高，又容易吸收。石粉价格低含钙量高，但鹅吸收能力差。一般在鹅配合饲料中用量为育雏及育成阶段 1%~2%，产蛋阶段 6%~7%
蛋壳粉	蛋壳粉可以自制。将各种蛋壳经水洗、煮沸和晒干后粉碎即成。蛋壳粉的吸收率也较高，但要严防疾病传播
沙砾	沙砾并没有营养作用，但补充沙砾有助于鹅的肌胃磨碎饲料，提高消化率。放牧鹅群随时可以吃到沙砾，而舍饲的鹅则应加以补充。舍饲的鹅如长期缺乏沙砾，容易造成积食或消化不良，采食量减少，影响生长和产蛋。因此，应定期在饲料中适当拌入一些沙砾，或者在鹅舍内放置沙砾盆，让鹅自由采食。一般在日粮中可添加 0.5%~1%，粒度以绿豆大小为宜。沙砾要不溶于盐酸
沸石	沸石是一种含水的硅酸盐矿物，在自然界中种类多达 40 多种。沸石中含有磷、铁、铜、钠、钾、镁、钙、银、钡等 20 多种矿物质元素，是一种质优价廉的矿物质饲料。同时，可以降低鹅舍内有害气体含量，保持舍内干燥。在配合饲料中用量可占 1%~3%

六、维生素饲料

在放牧条件下，青绿多汁饲料能满足鹅对维生素的需要。在舍饲时则必须补充维生素，其方法是补充维生素饲料添加剂，或饲喂富含维生素的饲料。种草喂鹅也可以满足鹅对维生素的需要。

青菜、白菜、空心菜、甘蓝及其他各种菜叶、无毒的野菜等均为良好的维生素饲料。青嫩时期刈割的牧草、曲麻菜和树叶等维生素的含量也很丰富。用量可占精料的30%~50%。某些干草粉、松针粉、槐叶粉等也可作为鹅良好的维生素饲料。此外，常用的维生素饲料还有水草和青贮饲料。水草喂量可占精料的50%以上，适于喂青年鹅和种鹅。以去根、打浆后的水葫芦饲喂效果较好。另外，水花生也可喂鹅。青贮饲料则可于每年秋季大量贮制，适口性好，为冬季优良的维生素饲料。

七、饲料添加剂

饲料添加剂是指在常用饲料之外，为补充满足动物生长、繁殖、生产各方面营养需要或为某种特殊目的而加入配合饲料中的少量或微量的物质。其目的是强化日粮的营养价值或满足鹅的特殊需要，如保健、促生长、增食欲、防霉、改善饲料品质和畜产品质量（表5-6）。

表5-6　饲料添加剂的种类及特点

种类		特点
营养性添加剂	维生素添加剂	鹅舍饲时，青绿饲料不足，需要在饲料中添加含有多种维生素的添加剂，添加时按产品说明书要求的用量。鹅处于逆境时对这类添加剂需要量加大
	微量元素添加剂	微量元素添加剂主要是含有需要元素的化合物，这些化合物一般有无机盐类、有机盐类和微量元素氨基酸螯合物。添加微量元素不考虑饲料中的含量，把饲料中的含量作为“安全裕量”
	氨基酸添加剂	作为饲料添加剂进行大批量生产的是赖氨酸、蛋氨酸、苏氨酸和色氨酸，前两者最为普及。添加蛋氨酸可以节省动物性饲料用量，可以提高毛皮发育；赖氨酸促进生长明显，生长育肥鹅的饲养中要特别注意添加；在仔鹅饲料中添加苏氨酸，可以提高生长速度，改善饲料利用率。在杂粕含量较高的日粮中添加赖氨酸和氨基酸可以提高日粮的消化利用率

续表

种类		特点
非营养性饲料添加剂	抗生素添加剂	为预防鹅的某些细菌性疾病，或鹅处于逆境，或环境卫生条件差时，加入一定量的抗生素添加剂有良好的效果。常用的抗生素有青霉素、链霉素、金霉素、土霉素等
	中草药饲料添加剂	抗生素的残留问题越来越受到关注，许多抗生素被禁用或限用。中草药饲料添加剂毒副作用小，不易在产品中残留，且具有多种营养成分和生物活性物质，兼具有营养和防病的双重作用。具有天然、多能、营养的特点，可起到增强免疫作用、激素样作用、维生素样作用、抗应激作用、抗微生物作用等
	酶制剂	在鹅饲料中添加酶制剂，可以提高营养物质的消化率。目前，在生产中应用的酶制剂可分为两类：其一是单一酶制剂。如淀粉酶、脂肪酶、蛋白酶、纤维素酶和植酸酶等。其二是复合酶制剂。复合酶制剂是由一种或几种单一酶制剂为主体，加上其他单一酶制剂混合而成，或者由一种或几种微生物发酵获得。复合酶制剂可以同时降解饲料中多种需要降解的底物（多种抗营养因子和多种养分），可最大限度地提高饲料的营养价值
	微生态制剂	是将动物体内的有益微生物经过人工筛选培育，再经过现代生物工程工厂化生产，专门用于动物营养保健的活菌制剂
	低聚糖	又名寡聚糖，是由2~10个单糖通过糖苷键连接成直链或支链的小聚合物的总称。它们不仅具有低热、稳定、安全、无毒等良好的理化特性，而且由于其分子结构的特殊性，饲喂后不能被人和单胃动物消化道的酶消化利用，也不会被病原菌利用，而直接进入肠道被乳酸菌、双歧杆菌等有益菌分解成单糖，再按糖酵解的途径被利用，促进有益菌增殖和消化道的微生态平衡，对大肠杆菌、沙门菌等病原菌产生抑制作用

续表

种类		特点
非营养性饲料添加剂	糖萜素	糖萜素是从油茶饼（粕）和菜籽饼（粕）中提取的由30%的糖类、30%的萜皂素和有机酸组成的天然生物活性物质。它可促进畜禽生长，提高日增重和饲料转化率，增强机体的抗病力和免疫力，并有抗氧化、抗应激作用，降低畜产品中锡、铅、汞、砷等有害元素的含量，改善并提高畜产品色泽和品质
	大蒜素	大蒜是餐桌上的常备之物，有悠久的调味、刺激食欲和抗菌历史。用于饲料添加剂的有大蒜粉和大蒜素，有诱食、杀菌、促生长、提高饲料利用率和畜产品品质的作用
	驱虫保健剂	主要指一些抗球虫、绦虫和蛔虫等药物。目前常用的有敌菌净、磺胺二甲嘧啶、球净、地克珠利等
	防霉剂	配合饲料保存时期较长时，需要添加防霉剂。防霉（腐）剂种类很多，如甲酸、乙酸、丙酸、丁酸、乳酸、苯甲酸、柠檬酸、山梨酸及相应酸的有关盐
	抗氧化剂	饲料存放过程中易氧化变质，不仅影响饲料的适口性，而且降低饲用价值，甚至还会产生毒素，造成鹅死亡。所以长期储存饲料时，必须加入抗氧化剂。抗氧化剂种类很多，目前常用的抗氧化剂多由人工化学合成，如丁基化羟基甲苯（简称 BHT）、乙氧基喹啉（简称山道喹）、丁基化羟甲基苯（简 BHA）等，抗氧化剂在配合饲料中的添加量为 0.01%~0.05%
	其他添加剂	除以上介绍的添加剂外，还有调味剂（如乳酸、乙醋、葱油、茴香油、花椒油等）、激素类等

注：使用饲料添加剂应注意，一要正确选择。目前饲料添加剂的种类很多，每种添加剂都有自己的用途和特点。因此，使用前应充分了解它们的性能，然后结合饲养目的、饲养条件、鹅的品种及健康状况等选择使用。二要用量适当。用量少，达不到目的，用量过多会引起中毒，增加饲养成本。用量多少应严格遵照生产厂家在包装上所注的说明或实际情况确定。三要搅拌均匀。搅拌均匀程度与饲喂效果直接相关。具体做法是先确定用量，将所需添加剂加入少量的饲料中，拌和均匀，即为第一层次预混料；然后再把第一层次预混料掺到一定量（饲料总量的 1/5~1/3 ）饲料中，再充

分搅拌均匀，即为第二层次预混料；最后再次把第二层次预混料掺到剩余的饲料中，拌匀即可。这种方法称为饲料三层次分级拌和法。由于添加剂的用量很少，只有多层分级搅拌才能混匀。如果搅拌不均匀，即使是按规定的量饲用，也往往起不到作用，甚至会出现中毒现象。四要考虑配伍禁忌。多种维生素最好不要直接接触微量元素和氯化胆碱，以免降低药效。在同时饲用两种以上的添加剂时，应考虑有无拮抗、抑制作用，是否会产生化学反应等。五要妥善使用保存。大部分添加剂不宜久放，特别是营养添加剂、特效添加剂，久放后易受潮、发霉变质或因氧化还原而失去作用，如维生素添加剂、抗生素添加剂等。饲料添加剂一般不能混于加水的饲料和发酵的饲料中，更不能与饲料一起加工或煮沸使用。

第二节 鹅饲料的生产利用

一、植物性饲料的生产利用

1. 青绿饲料的利用 青饲料是指水分含量为60%以上的青绿饲料、树叶类及非淀粉质的块根、块茎、瓜果类。青饲料含有丰富的胡萝卜素和B族维生素，并含有一些微量元素，适口性好，对鹅的生长、产蛋及维持健康均有良好作用。

常见的青饲料有白菜、甘蓝、野菜（如苦荬菜、鹅食菜、蒲公英等）、苜蓿草、洋槐叶、胡萝卜、牧草等。冬、春季没有青绿饲料，喂苜蓿草粉、洋槐叶粉、秋针粉或芽类饲料，同样会收到良好效果。芹菜是一种良好的喂鹅饲料，每周喂芹菜3次，每次100克左右。用南瓜作辅料喂母鹅，产蛋量可显著增加，且蛋大、孵化率高。

2. 树叶开发利用 我国有丰富的林业资源，树叶数量大；除少数外，大多数都可以作为饲料。树叶营养丰富，经加工调制后，能做家禽的饲料。

（1）树叶的饲用价值：树叶的饲用价值取决于如下因素。

1）树种。树叶的营养成分因树种而异，有的树种如豆科树

种、榆树等叶子及松针中粗蛋白含量较高，按干物质量计，均在20%以上，而且还含有组成蛋白质的18种氨基酸。槐、柳、梨、桃、枣等树叶的有机物质含量、消化率、能值较高。树叶中维生素含量很高。据分析，柳、桦、榛、赤杨等青叶中，胡萝卜素含量为110～132毫克/千克，紫穗槐青干叶胡萝卜素含量高达270毫克/千克，针叶中的胡萝卜素含量高达197～344毫克/千克，此外还含有大量的维生素C、维生素E、维生素K、维生素D和维生素B_1等；松针粉含有畜禽所需的矿物质元素。有的树叶含有激素，可促进畜禽的生长，或含有抑制病源菌的杀菌素等。

2）生长期。生长着的鲜嫩叶营养价值高，青落叶次之，可饲喂单胃家畜和家禽，而枯黄叶最差。

3）树叶中所含的特殊成分。有些树叶营养成分含量较高，但因含有一些特殊成分，饲用价值降低。如有的树叶含单宁，有苦涩味；如核桃、三桃、橡、李、柿、毛白杨等树叶，必须经加工调制后才能饲喂。有的树种到秋季丹宁含量增加，如栗、柏等树叶秋季单宁含量达3%，有的高达5%～8%，应提前采摘饲喂或少量饲喂。少量饲喂能够收敛健胃。有的树叶有剧毒，如夹竹桃等。

（2）树叶的采收方法。采收的方法对树叶的营养成分影响较大。采集树叶应在不影响树木正常生长的前提下进行，如果为了采集树叶而折枝毁树，不仅影响树木生长，而且破坏生态环境。树叶的采收方法有如下几种。

1）青刈法。适宜分枝多、生长快、再生力强的灌木，如紫穗槐等。

2）分期采收法。对生长繁茂的树木，如洋槐、榆、柳、桑等，可分期采收下部的嫩枝、树叶。

3）落叶采集法。适宜落叶乔木，特别是高大不便采摘的或不宜提前采摘的树叶，如杨树叶等。

4）剪枝法。对需适时剪枝的树种或耐剪枝的树种，特别是道路两旁的树和各种果树，可采用剪枝法。

（3）采收时间。树叶的采收时间依树种而异，下面介绍几种代表性树种采集树叶时间。

1）松针。在春秋季节松针含松脂率较低的时期采集。

2）紫穗槐、洋槐叶。北方地区一般在7月底至8月初采集，最迟不要超过9月上旬。

3）杨树叶。在秋末刚刚落叶即开始收集，而不能等落叶变枯黄再收集，还可以收集修枝时的叶子。

4）橘树叶。在秋末冬初，结合修剪整枝，采集枯叶和嫩枝。

（4）针叶的加工利用。松针粉中含有多种氨基酸、微量元素，能有效地刺激母鹅的排卵功能，提高产蛋率。蛋禽日粮中添加3%~5%松针粉，产蛋量可提高6.1%~13.8%；饲料利用率提高15.1%，蛋重提高2.9%，受精率提高1.0%，且蛋黄颜色较深，肉禽日粮中添加3%~5%松针粉，日增重提高8.1%~12.0%，饲料报酬提高8.4%，且肉质鲜嫩可口。同时，松针粉中含有植物杀菌素和维生素，具有防病抗病功效，能有效地抵御禽病发生，从而提高雏禽成活率。

1）针叶的加工方法。针叶采集后要保持其新鲜状态，含水量为40%~50%。原料储存时要求通风良好，不能日晒雨淋，采收到的原料应及时运至加工场地，一般从采集到加工不能超过3天，以保证产品质量。对树枝上的针叶，应进行脱叶处理。脱叶分为手工脱叶和机械脱叶。手工脱下的针叶含水量一般为65%左右，杂质含量（主要指枝条）不超过35%；机械脱下的针叶含水量为55%左右，杂质的含量不超过45%。用切碎机将针叶切成3~4厘米，以破坏针叶表面的蜡质层，加快干燥速度。可采用自然阴干或烘干。烘干温度为90℃，时间为20分钟。干燥后应使针叶的含水量从40%~50%降到20%，以便粉碎加工和成品

的储存运输。用粉碎机将针叶加工成2毫米左右的针叶粉，针叶粉的含水量应低于12.5%。加工好的针叶粉外观为浅绿色，有针叶香味。

2）针叶粉的储存。针叶粉要用棕色的塑料袋或麻袋包装，防止阳光中紫外线对叶绿素和维生素的破坏。另外，储存场所应保持清洁、干燥、通风，以防吸湿结块。在良好的储存条件下，针叶粉可保存2~6个月。

3）针叶浸出液生产。饲喂针叶浸出液，不仅能促进家禽的生长，而且还能降低畜禽支气管炎和肺炎的发病率，增加畜禽食欲和提高抗病能力。因此，又称针叶浸出液为保健剂。将针叶粉碎，放入桶内，加入70~80 ℃的温水（针叶与水的比例为1∶10）。搅拌后盖严，在室温下放置3~4小时，便得到有苦涩味的浸出液。

4）饲喂。针叶粉作为添加饲料适用于各类畜禽，可直接饲喂或添加到混合饲料中。针叶粉应周期性地饲用，连续饲喂15~20天，然后间断7~10天，以免影响禽产品质量。松针粉含有松脂气味和挥发性物质，在畜禽饲料中的添加量不宜过高。一般在肉鹅饲料中的添加量为3%~5%，种鹅为5%~8%；针叶浸出液可供家畜饮用，也可与精料、干草或秸秆混合后饲喂。家禽对浸出液有一个适应过程，开始应少量，然后逐渐加大到所要求的量。

（5）阔叶的加工利用。

1）糖化发酵。将树叶粉碎，掺入一定量的谷物粉，用40~50 ℃温水搅拌均匀后，压实，堆积发酵3~7天。发酵可提高阔叶的营养价值，减少树叶中单宁的含量。糖化发酵的阔叶饲料可用于喂鹅、猪等。

2）叶粉。叶粉可作为配制混合饲料的原料，在鹅饲料中掺入的比例为10%~15%。

3）蒸煮。把阔叶放入金属筒内，用蒸汽加热（180 ℃左右）15分钟后，树叶的组织受到破坏，利用筒内设置的旋转刀片将

原料切成类似棉花状物。

除上述方法外，还可将树叶进行膨化，压制成颗粒和青贮。

二、动物性蛋白质饲料的开发利用

生态养鹅需要优质蛋白质饲料，饲养者可以利用人工方法生产一些昆虫类、蚯蚓等优质动物性蛋白质直接喂鹅，既保证充足的动物性蛋白质供应，促进生长和生产，降低饲料成本，又能够提高产品质量。

1. 诱捕昆虫　傍晚补饲期间，在鹅棚附近安装几个电灯照明，这样昆虫就会从四面八方飞来，被等候在棚下的鹅群吃掉。鹅吃饱后，关灯让鹅休息。

2. 育虫养鹅　可以在放牧的地方育虫，直接让鹅啄食。简单的育虫方法有如下几种。

（1）稀粥育虫法。在牧地的不同区域选择多个小地块作为育虫地，轮流在地上泼稀粥，然后用草等盖好，2 天后草下生出小虫子，让鹅轮流到各地块上去吃虫子即可。育虫地块注意防雨淋，防水浸。

（2）稻草米糠育虫法。在牧地挖 1 个宽 0.6 米、深 0.3 米，长度适当的长方形土坑，将稻草切成 6~7 厘米长，用水煮 2 小时，捞出倒入坑内，上面盖 6~7 厘米厚的污泥（水沟泥或塘泥）、垃圾等，再用污泥压实，每天浇 1 盆米水。经过 8 天坑内即可生虫子，翻开压盖物，让鹅啄食即可。鹅每次吃完后，需再盖好污泥等，再浇 1 盆洗米水，可继续生虫子供鹅食用。

（3）粪便发酵育虫。每 500 千克猪粪晒至七成干后加入 20%肥泥和 3%麦糠或米糠拌匀，堆成堆后用塑料薄膜封严发酵 7 天左右。挖一深 50 厘米土坑，将以上发酵料平铺于坑内 30~40 厘米，上用青草、草帘、麻袋等盖好，保持潮湿，20 天左右即生蛆、虫、蚯蚓等；在牛粪中加入 10%米糠和 5%麦糠拌匀，倒

在阴凉处的土坑里，上盖杂草、秸秆等，最后用污泥密封，经过20天即可生虫子；在较潮湿的地块上挖1个长和宽各1~2米、深0.3米的土坑，坑底铺一层碎杂草，草上铺一层马粪，粪上再撒一层麦糠。如此一层一层铺至坑满为止，最后盖一层草。坑中每天浇水一次，经1周左右即可生虫子。在放牧场内利用经杀菌消毒处理发酵的猪、鸡粪加20%的肥土和3%的糠麸拌匀堆成堆后，覆膜发酵7天左右，将发酵料铺在砖砌地面或50厘米宽、70厘米长、30厘米深的坑中，用草盖好，保持潮湿20天左右即可生蛆、虫、蚯蚓等，每天将发酵料翻撒一部分，供鹅食用，可节约饲料。

（4）杂物育虫法。将鲜牛粪、鸡毛、杂草、杂粪等物混合加水，调成糊状，堆成高1米、宽1.5米、长3米的土堆，堆顶部及四周抹一层稀泥，堆顶部再用草等盖好，以防阳光晒干。过7~15天即可生虫子。

（5）腐草育虫法。在较肥沃的地块挖宽约1.5米、长1.8米、深0.5米的土坑，底铺一层稻草，其上盖一层豆腐渣，然后再盖一层牛粪，粪上盖一层污泥，如此铺至坑满为止，最后盖一层草。经1周左右即可生虫子。

（6）豆腐渣育虫法。把1~2千克豆腐渣倒入缸内，再倒入一些洗米水，盖好缸口。过5~6天即可生虫子，再培育3~4天即可让鹅采食。用6只缸轮流育虫，可满足30只鹅食用。

（7）豆饼育虫法。把少量豆饼敲碎后与豆腐渣一起发酵。再与秕谷、树叶等混合，放入20~30厘米深的土坑内，上面盖一层稀污泥，再用草等盖严实，经过6~7天即可生虫子。

（8）酒糟育虫法。酒糟10千克加豆腐渣50千克混匀，在距离房屋较远处堆成长方形，过2~3天即可生虫子，5~7天后可让鹅采食。

（9）麦（米）糠育虫法。在庭院角落处堆放两堆麦糠，分

别用草泥（碎草与稀泥混合而成）糊起来，数天后即可生虫子。或在鹅舍附近堆放两堆米糠，分别用草泥糊起来，数天后即生虫，轮流让鹅采食虫，食完后再将麦糠等集中成堆继续糊草泥，又可生虫。

3. 人工养殖蝇蛆　蝇蛆是营养成分全面的优质蛋白资源。分析测试结果表明，蝇蛆含粗蛋白 59%～65%、脂肪 2.6%～12%，无论是原物质或是干粉，蝇蛆的粗蛋白含量都与鲜鱼、鱼粉及肉骨粉相近或略高，蝇蛆的营养成分较全面，含有动物所需要的 17 种氨基酸，并且每种氨基酸的含量均高于鱼粉，必需氨基酸的蛋氨酸含量分别是鱼粉的 2.3 倍和 2.7 倍，赖氨酸含量是鱼粉的 2.6 倍。同时，蝇蛆还含有多种生命活动所需要的微量元素，如铁、锌、锰、钴、铬、镍、硼、铜、硒等。蝇蛆是代替鱼粉的优良动物蛋白饲料。

（1）建造蛆棚。选择在光线明亮、通风条件好的地方建造蛆棚，根据养殖规模，蛆棚的面积一般为 30～100 平方米。棚内挖置数个 5～10 平方米的蛆池，池四周砌放 20 厘米高的砖，用水泥抹光。蛆池四角处各挖一个小坑放置收蛆桶，桶与坑的间隙用水泥抹平。棚内还要设置多条供苍蝇停息的绳子和多个供苍蝇饮水的海绵水盘。

（2）驯化种蝇。把新鲜鸡粪放入蛆池，堆放数个长 400 厘米、宽 40 厘米的小堆。蛆棚的门在白天打开，让苍蝇飞入产卵，傍晚时关闭棚门让苍蝇在棚内歇息。野生蝇在产卵后要将其用药剂杀死，蝇蛆化蛹后，把蛹放在 5% 的 EM 菌液中浸泡 10～20 分钟，当蛹变成苍蝇时，再堆制新鲜鸡粪，诱使新蝇产卵，产卵后将苍蝇杀死。如此重复 3～5 次，即可将野生蝇驯化成产卵量高、孵出蝇蛆杂菌少、个头大的人工种蝇。

（3）收取蝇蛆。进入正常生产后，每天要取走养蛆剩余的残堆，更换新鲜鸡粪。经人工驯化的苍蝇产卵后 10 小时即可孵

化出蝇蛆，3~4 天成熟的蝇蛆就会爬出粪堆，当它们沿着池壁爬行寻找化蛹的地方时，会全部掉入光滑的塑料收蛆桶内。每天可分两次取走蝇蛆，并注意留足 1/5 蝇蛆，让其在棚内自然化蛹，以保证充足的种蝇产卵。实践证明，用此方法养殖蝇蛆，每 1 000 千克新鲜鸡粪可产活蛆 400 千克以上，成本极其低廉。

4. 养殖蚯蚓 蚯蚓含有丰富的蛋白质，适口性好、诱食性强，是畜、禽、鱼类等的优质蛋白饲料；蚯蚓粪中有 22. 5%的粗蛋白、丰富的粗灰分、钙、磷、钾、维生素和 17 种氨基酸。有报道称，把 90%蚯蚓粪、10%蚯蚓粉和少量微生物配成生物饲料，按 1%~5%的最佳添加量，可降低家禽球虫病，呼吸道和消化道疾病的发生率，延长蛋禽产蛋高峰期。

（1）蚯蚓的习性。蚯蚓由于长期生活在土壤的洞穴里，其身体的形态结构对穴居生活环境具有相当的适应性。在自然界，蚯蚓以生活在土壤上层 15~20 厘米以内者居多，越往下层越少，蚯蚓喜欢温暖、潮湿和安静的环境。一般蚯蚓的活动温度为 5~30 ℃，生长繁殖最适温度为 15~25 ℃，在 0~5 ℃则停止生长发育，进入休眠状态，0 ℃以下或 40 ℃以上常导致死亡。蚯蚓还喜欢安静的环境，怕噪声或震动。蚯蚓对光线非常敏感，喜阴暗，怕强光，常逃避强烈的阳光、紫外线的照射，但不怕红光，趋向弱光。蚯蚓的活动表现为昼伏夜出，即黄昏时爬出地面觅食、交尾，清晨则返回土壤中。

（2）蚯蚓品种。目前已知地球上有蚯蚓 2 500 余种，在我国分布的有 160 余种。适合人工养殖的有如下几种，我们要根据养蚯蚓的目的来选择蚯蚓品种。

1）威廉环毛蚓。一般长 90~250 毫米，宽 5~10 毫米，背面青黄、灰绿或灰青色，背中线青灰色，环带 14~16 节。目前在江苏、上海一带养殖较多，在自然界中常栖于树林草地较深土层和村庄周围肥土中。

2）湖北环毛蚓。体细长，长 70~220 毫米，宽 3~6 毫米，体节 110~133 节，全身草绿色，背中线紫绿色或深绿色，常见一红色的背血管。腹面灰色，尾部体腔液中常有宝蓝色荧光。环带 3 节，乳黄色或棕黄色，是繁殖率较高和适应性较广的品种，常栖于湿度较大的沟渠近水处和山沟阴湿处，较耐低温，秋后可在落水的绿肥田中放养。

3）参环毛蚓。个体较大，长 120~400 毫米，宽 6~12 毫米，背面紫灰色，后部颜色较深，刚毛圈稍白，为中药材常用蚯蚓，分布于湖南、广东、广西、福建等地，较难定居，在优质土壤的草地和灌溉条件较好的果园和苗圃中放养较好。

4）白颈环毛蚓。长 80~150 毫米，宽 2.5~5 毫米，背色中灰色或栗色，后部淡绿色。环带 3 节（位于第 14~16 节），腹面无刚毛。分布于长江中下游一带，具有分布较广、定居性较好的特性，宜在菜地、红薯等作物地里养殖。

5）赤子爱胜蚓。长 60~130 毫米，宽 3~5 毫米，成熟体重 0.4~1.2 克，全身 80~110 个环节，环节带位于第 25~33 节。背孔自第 4、5 节开始，背面及侧面橙红色或栗红色，节间沟无色，外观有明显条纹，尾部两侧姜黄色，愈老愈深，体扁而尾略呈鹰钩嘴状，喜在厩肥、烂草堆、污泥、垃圾场生活，具有趋肥性强、繁殖率高、定居性好、肉质肥厚及营养价值高等优点。

（3）养殖方法。在放养鹅场地适合养殖的方法有如下几种。

1）简易养殖法。这种方法包括箱养、坑养、池养、棚养、温床养殖等，其具体做法就是在容器、坑或池中分层加入饲料和肥土，料土相同，然后投放种蚯蚓。这种方法可利用鹅舍前后等空地及旧容器、砖池、育苗温床等来生产动物性蛋白质饲料，加工有机肥料，处理生活垃圾。其优点是就地取材、投资少、设备简单、管理方法简便，并可利用业余或辅助劳力，充分利用有机废物。

2）田间养殖法。选用地势比较平坦，能灌能排的桑园、菜

园、果园或饲料田，沿植物行间开沟槽，施入腐熟的有机肥料，上面用土覆盖10厘米左右，放入蚯蚓进行养殖，经常注意灌溉或排水，保持土壤含水量在30%左右。冬天可在地面覆盖塑料薄膜保温，以便促进蚯蚓活动和提高繁殖能力。由于蚯蚓的大量活动，土壤疏松多孔，通透性能好，可以实行免耕。适宜于放养鹅的牧地养殖。

（4）饲料的处理。凡无毒的植物有机物质，经发酵腐熟均可作为蚯蚓的饲料。作物秸秆或粗大的有机废物应切碎，垃圾则应分选过筛，除去金属玻璃、塑料、砖石和炉渣，再经粉碎；家畜粪便和木屑，则可不进行加工直接进行发酵处理。把经过处理的有机物质混合均匀，其中以粪料占60%，草料占40%的粪草混合物为最好，然后加水拌匀，含水量控制在40%~50%，即堆积后堆底边有水流出为止。堆成梯形或圆锥形，最后堆外面用塘泥封好或用塑料薄膜覆盖，以保温保湿。经4~5天，堆内的温度可达50~60℃，待温度由高峰开始下降时，要翻堆进行第2次发酵，将上层的料翻到下层，四周翻到中间，使之充分发酵腐熟，达到无臭味、无酸味，质地松软不沾手；颜色为棕褐色，然后摊开放置。使用前，先检查饲料的酸碱度是否合适，一般pH值在6.5~8.0都可使用。过酸可添加适量石灰，过碱用水淋洗，这样有利于过多盐分和有害物质的排除。饲用前，先用少量蚯蚓试验饲养，如无不良反应，即可应用。

第三节　鹅的营养需要

本节鹅的营养需要或饲养标准（鹅在生长发育、繁殖、生产等生理活动中每天对能量、蛋白质、维生素和矿物质的需要量）是经过多次试验和反复验证后对某一类鹅在特定环境和生理状态下的各种营养需要得出的一个在生产中应用的估计值，它是日粮

配合的依据。饲养标准详细地规定了鹅在不同生长时期和生产阶段每千克饲粮中应含有的能量、粗蛋白质、各种必需氨基酸、矿物质及维生素含量。有了饲养标准，可以避免实际饲养中的盲目性，不至于因饲粮营养指标偏离鹅的需要量或比例不当而降低鹅的生产水平。但是，鹅的营养需要受鹅的品种、生产性能、饲料条件、环境条件等多种因素影响，选择标准应该因鹅制宜，因地制宜。目前有关鹅的营养需要研究的资料较少，现列出不同国家的饲养标准（表 5-7～表 5-12）以供参考。

表 5-7　鹅的营养需要量（美国 NRC）

营养成分	0～4 周	0～4 周以上	种鹅
代谢能/（兆焦/千克）	12. 13	12. 55	12. 15
粗蛋白/%	20	15	15
钙/%	0. 65	0. 60	2. 25
有效磷/%	0. 30	0. 30	0. 30
赖氨酸/%	1. 00	0. 85	0. 60
蛋+胱氨酸/%	0. 60	0. 50	0. 50
维生素 A/（国际单位/千克）	1 500	1 500	4 000
维生素 D/（国际单位/千克）	200	200	200
胆碱/（毫克/千克）	1 500	1 000	500
烟酸/（毫克/千克）	65. 0	35. 0	20. 0
泛酸/（毫克/千克）	15	10. 0	10. 0
核黄素/（毫克/千克）	3. 8	2. 5	4. 0

表 5-8　法国鹅饲养标准

营养成分	0～3 周		4～6 周		7～12 周		种鹅	
代谢能/（兆焦/千克）	10. 868	11. 704	11. 286	12. 122	11. 286	12. 122	9. 196	10. 450
粗蛋白质/%	15. 8	17	11. 6	12. 5	10. 3	11	13	14. 8
钙/%	0. 75	0. 8	0. 75	0. 8	0. 65	0. 73	2. 6	3. 0
磷/（%，有效）	0. 42	0. 45	0. 37	0. 4	0. 32	0. 35	0. 32	0. 36

续表

营养成分	0~3周		4~6周		7~12周		种鹅	
赖氨酸/%	0.89	0.95	0.35	0.6	0.47	0.5	0.58	0.66
蛋氨酸/%	0.4	0.42	0.29	0.31	0.25	0.27	0.23	0.26
含硫氨基酸/%	0.79	0.85	0.56	0.6	0.48	0.52	0.42	0.47
色氨酸/%	0.17	0.18	0.13	0.14	0.12	0.13	0.13	0.15
苏氨酸/%	0.58	0.62	0.46	0.49	0.43	0.46	0.4	0.45
钠/%	0.14	0.15	0.14	0.15	0.14	0.15	0.12	0.14
氯/%	0.13	0.14	0.13	0.14	0.13	0.14	0.12	0.14

注：微量元素和维生素参考鸭的推荐量。

表5-9　鹅的饲养标准推荐表

营养成分	0~4周	4~6周	6~10周	后备	种鹅
代谢能/（兆焦/千克）	11.72	11.7	11.72	10.88	10.45
粗蛋白/%	20	17	16	15	16~17
钙/%	1.2	0.8	0.76	1.65	2.6
有效磷/%	0.60	0.45	0.40	0.45	0.60
赖氨酸/%	1.0	0.7	0.6	0.60	0.8
蛋氨酸/%	0.75	0.60	0.55	0.55	0.6
食盐/%	0.25	0.25	0.25	0.25	0.25

注：来源于王恬编著的《鹅饲料配制及饲料配方》。

表5-10　辽宁昌图豁眼鹅的饲养标准

日龄	代谢能/（兆焦/千克）	粗蛋白质/%	粗纤维/%	钙/%	磷/%	食盐/%
1~30	11.72	20.0	7.0	1.6	0.8	0.35
31~90	11.72	18.0	7.0	1.6	0.8	0.35
91~180	10.88	14.0	10.0	2.2	1.2	0.35
成鹅	11.30	16.0	10.0	2.2	1.2	0.40

表 5-11　狮头鹅的饲养标准

	雏鹅	小鹅	种鹅	后备种鹅 休产期种鹅	产蛋种鹅 预产期种鹅
粗蛋白质/%	16~17	13.5~14.5	12.5~13.5	14~15	15.5~16.5
代谢能/(兆焦/千克)	11.83~11.87	11.75~11.79	12.54~12.62	11.5~11.62	11.29~11.5
粗纤维/%	3.80~3.86	3.89~3.95	3.03~3.09	3.87~3.93	3.80~3.86
钙/%	0.80~0.84	0.79~0.83	0.57~0.61	1.53~1.58	2.88~3.0
可利用磷/%	0.36~0.38	0.34~0.36	0.26~0.31	0.44~0.46	0.58~0.60
精氨酸/%	0.86~0.94	0.86~0.94	0.81~0.87	0.92~0.99	1.03~1.09
赖氨酸/%	0.66~0.70	0.66~0.70	0.60~0.64	1.12~1.17	1.22~1.28
蛋氨酸/%	0.26~0.30	0.26~0.30	0.29~0.33	0.85~0.90	0.93~0.97
蛋氨酸+胱氨酸/%	0.71~0.76	0.71~0.76	0.74~0.78	0.46~0.50	0.49~0.53
色氨酸/%	0.17~0.21	0.17~0.21	0.15~0.19	0.18~0.22	0.20~0.24
组氨酸/%	0.30~0.34	0.30~0.34	0.28~0.32	0.31~0.35	0.34~0.38
亮氨酸/%	1.23~1.27	1.23~1.27	1.25~1.29	1.26~1.30	1.34~1.38
异亮氨酸/%	0.60~0.64	0.60~0.64	0.57~0.61	0.63~0.67	0.71~0.76
苯丙氨酸/%	0.61~0.65	0.61~0.65	0.60~0.64	0.64~0.68	0.70~0.74
苯丙氨酸+酪氨酸/%	1.0~1.3	1.0~1.3	1.0~1.3	1.17~1.21	1.27~1.31
苏氨酸/%	0.51~0.55	0.45~0.55	0.51~0.55	0.55~0.58	0.59~0.63
缬氨酸/%	0.70~0.74	0.70~0.74	0.67~0.71	0.72~0.76	0.78~0.82
甘氟酸/%	0.69~0.73	0.69~0.73	0.62~0.66	0.73~0.77	0.79~0.83

表 5-12 肉鹅的饲养标准

营养成分	0~3 周龄	4~8 周龄	8 周龄~上市	维持饲养期	产蛋期
粗蛋白/%	20.00	16.50	14.0	13.0	17.50
代谢能/(兆焦/千克)	11.53	11.08	11.91	10.38	11.53
钙/%	1.0	0.9	0.9	1.2	3.20
有效磷/%	0.45	0.40	0.40	0.45	0.5
粗纤维/%	4.0	5.0	6.0	7.0	5.0
粗脂肪/%	5.00	5.00	5.00	4.00	5.00
矿物质/%	6.50	6.00	6.0	7.00	11.00
赖氨酸/%	1.00	0.85	0.70	0.50	0.60
精氨酸/%	1.15	0.98	0.84	0.57	0.66
蛋氨酸/%	0.43	0.40	0.31	0.24	0.28
蛋氨酸+胱氨酸/%	0.70	0.80	0.60	0.45	0.50
色氨酸/%	0.21	0.17	0.15	0.12	0.13
丝氨酸/%	0.42	0.35	0.31	0.13	0.15
亮氨酸/%	1.49	1.16	1.09	0.69	0.80
异亮氨酸/%	0.80	0.62	0.58	0.48	0.55
苯丙氨酸/%	0.75	0.60	0.55	0.36	0.41
苏氨酸/%	0.73	0.65	0.53	0.48	0.55
缬氨酸/%	0.89	0.70	0.65	0.53	0.62
甘氨酸/%	0.10	0.90	0.77	0.70	0.77
维生素 A/(国际单位/千克)	15 000	15 000	15 000	15 000	15 000
维生素 D_3/(国际单位/千克)	3 000	3 000	3 000	3 000	3 000
胆碱/(毫克/千克)	1 400	1 400	1 400	1 200	1 400

续表

营养成分	0~3 周龄	4~8 周龄	8 周龄~上市	维持饲养期	产蛋期
核黄素/（毫克/千克）	5.0	4.0	4.0	4.0	5.5
泛酸/（毫克/千克）	11.0	10.0	10.0	10.0	12.0
维生素 B_{12}/（毫克/千克）	12.0	10.0	10.0	10.0	12.0
叶酸/（毫克/千克）	0.5	0.4	0.4	0.4	0.5
生物素/（毫克/千克）	0.2	0.1	0.1	0.15	0.2
烟酸/（毫克/千克）	70.0	60.0	60.0	50.0	75.0
维生素 K/（毫克/千克）	1.5	1.5	1.5	1.5	1.5
维生素 E/（国际单位/毫克）	20	20	20	20	40
维生素 B_1/（毫克/千克）	2.2	2.2	2.2	2.2	2.2

第四节　鹅的日粮配合

一、鹅日粮配合的原则

（一）营养原则

配合日粮时应该以鹅的饲养标准为依据。但鹅的营养需要是个极其复杂的问题，饲料的品种、产地、保存好坏都会影响饲料的营养含量，鹅的品种、类型、饲养管理条件等也能影响营养的

实际需要量，温度、湿度、有害气体、应激因素、饲料加工调制方法等也会影响营养需要和消化吸收。因此，在生产中原则上按饲养标准配合日粮，但也要根据实际情况做适当的调整。

（二）生理原则

配合日粮时，必须根据各类鹅的不同生理特点，选择适宜的饲料进行搭配。如雏鹅，需要选用优质的粗饲料，比例不能过高；成年鹅对粗纤维的消化能力增强，可以提高粗饲料用量，扩大粗饲料选择范围。还要注意日粮的适口性、容重和稳定性。

（三）经济原则

在养鹅生产中，饲料费用占很大比例，一般要占养鹅成本的70%~80%。因此，在配合日粮时要充分利用饲料的替代性，就地取材，选用营养丰富、价格低廉的饲料原料来配合日粮，以降低生产成本，提高经济效益。

（四）安全性原则

饲料安全关系到鹅群健康，更关系到食品安全和人民健康。所以，配制的饲料要符合国家饲料卫生质量标准，饲料中含有的物质、品种和数量必须控制在安全允许的范围内，有毒物质、药物添加剂、细菌总数、霉菌总数、重金属等不能超标。

二、鹅的日粮配合技术

（一）鹅日粮配方设计

配合日粮要先设计日粮配方，然后按照配方配制。鹅日粮配方的设计方法很多，如四角形法、线性规划法、试差法、计算机法等。目前多采用试差法、四角形法和计算机法。

（一）试差法

试差法是畜牧生产中常用的一种日粮配合方法。此法是根据饲养标准及饲料供应情况，选用数种饲料，先初步规定用量进行试配，然后将其所含养分与饲养标准对照比较，差值可通过调整

饲料用量使之符合饲养标准的规定。应用试差法一般要经过反复的调整计算和对照比较。

1. 具体步骤

（1）查找饲养标准，列出饲养对象的营养需要量。

（2）查饲料营养价值表，列出所用饲料的养分含量。

（3）初拟配方。根据饲养对象配合日粮时对饲料种类大致比例的要求，初步确定各种饲料的用量，并计算其养分含量，然后将各种饲料中的养分含量相加，并与饲养标准对照比较。

（4）调整。根据初拟配方的营养水平与饲养标准比较的差异程度，调整某些饲料的用量，并再次进行计算和对照比较，直至与标准符合或接近为止。

2. 示例　选择玉米、豆饼、菜籽饼、进口鱼粉、麸皮、骨粉、石粉、食盐和0.5%的预混剂，设计0~3周龄的肉雏鹅日粮配方。

（1）列出雏鹅的各种营养物质需要量，以及所用原料的营养成分，见表5-13、表5-14。

表5-13　雏鹅的饲养标准

代谢能/（兆焦/千克）	粗蛋白/%	钙/%	磷/%	赖氨酸/%	蛋氨酸/%	食盐/%
11.53	20	1.0	0.8	1.0	0.43	0.3

表5-14　饲料原料的营养成分

饲料名称	代谢能/（兆焦/千克）	粗蛋白/%	钙/%	磷/%	赖氨酸/%	蛋氨酸/%
玉米	13.56	8.7	0.02	0.27	0.24	0.18
麸皮	6.82	15.7	0.11	0.92	0.58	0.13
豆粕	9.64	42.8	0.32	0.61	2.45	0.56
菜籽粕	7.41	38.6	0.65	1.02	1.30	0.63
鱼粉	11.67	62.8	4.04	2.9	4.90	1.84
石粉			36			
骨粉			36.4	16.4		

（2）初步确定所用原料的比例并计算代谢能和蛋白质的含量，见表5-15。

表5-15　拟定的饲料配方与计算结果

饲料组成/%		代谢能/（兆焦/千克）	粗蛋白/%
玉米	（60）	13.56×0.6=8.136	8.7×0.6=5.22
麸皮	（10）	6.82×0.1=0.682	15.7×0.1=1.57
豆粕	（20）	9.64×0.2=1.928	42.8×0.2=8.56
菜籽粕	（5）	7.41×0.05=0.3705	38.6×0.05=1.93
鱼粉	（4）	11.67×0.04=0.4668	62.8×0.04=2.512
合计		11.583	19.792
标准		11.53	20
相差		+0.053	-0.208

由表5-15看出，代谢能比标准多0.053兆焦/千克，蛋白质少0.208%，用蛋白质含量高的豆粕代替代谢能高的玉米，提高蛋白质0.208%需要增加0.87%［0.208÷（42.8-8.7）×100%］的豆粕，代谢能减少0.034兆焦/千克［0.87%×（13.56-9.64）］，则配方中的代谢能为11.539兆焦/千克，蛋白质为20%，基本满足要求。

（3）计算其余的营养成分含量并配合平衡，见表5-16。

表5-16　钙、磷、赖氨酸和蛋氨酸的含量

饲料组成/%	钙/%	磷/%	赖氨酸/%	蛋氨酸/%
玉米（59.13）	0.02×0.5913=0.012	0.27×0.5913=0.16	0.24×0.5913=0.142	0.18×0.5913=0.106
麸皮（10）	0.11×0.1=0.011	0.92×0.1=0.092	0.58×0.1=0.058	0.13×0.1=0.013
豆粕（20.87）	0.32×0.2087=0.067	0.61×0.2087=0.127	2.45×0.2087=0.511	0.56×0.2087=0.117

续表

饲料组成/%	钙/%	磷/%	赖氨酸/%	蛋氨酸/%
菜籽粕(5)	0.65×0.05=0.033	1.02×0.05=0.051	1.30 × 0.05 = 0.065	0.63×0.05 = 0.0315
鱼粉(4)	4.04×0.04=0.162	2.9×0.04=0.116	4.90 × 0.04 = 0.196	1.84×0.04 = 0.074
合计	0.285	0.546	0.972	0.342
标准	1.0	0.8	1.0	0.43
相差	−0.715	−0.254	−0.028	+0.09

由表5-16可知，钙、磷都低于标准，先用骨粉补充。缺磷0.254%需要骨粉1.55%（0.254÷16.4），可以增加0.564%钙（1.55%×36.4%）。钙缺0.151%，需要石粉0.42%（0.151÷36×100%）；蛋氨酸超过标准，可满足需要；赖氨酸比标准少，补充赖氨酸0.03%；另外添加0.3%食盐和0.5%的预混料添加剂。配方总量为101.8%，多出1.8%，玉米减去1%，麸皮减去0.8%。

饲料配方为：玉米58.13%、豆饼20.87%、菜籽饼5%、进口鱼粉4%、麸皮9.2%、骨粉1.55%、石粉0.42%、食盐0.3%、0.03%赖氨酸和0.5%预混添加剂。

（二）计算机法

应用计算机设计饲料配方可以考虑多种原料和多个营养指标，且速度快，能调出最低成本的饲料配方。现在应用的计算机软件，多是应用线性规划，就是在所给饲料种类和满足所要求配方的各项营养指标的条件下，能使设计的配方成本最低。但计算机也只能是辅助设计，需要有经验的营养专家进行修订、原料限制，以及最终的检查确定。

（三）对角线法（四角法）

对角线法简单易学，适用于饲料品种少、指标单一的配方设计。特别适用于饲料原料种类少的配方设计或使用浓缩料加上能量饲料配制成全价饲料。

举例：用含粗蛋白质28%的浓缩料和含粗蛋白质8.4%的玉米相配合，设计一个含粗蛋白质16.24%的饲料配方。

（1）画一个正方形，在其中间写上所要配的饲料的粗蛋白质百分含量，并与四角连线。

（2）在正方形的左上角和左下角分别写上所用原料玉米、浓缩料的粗蛋白质百分含量，即8.4和28。

（3）沿两条对角线用大数减小数，把结果写在相应的右上角及右下角，所得结果便是玉米和浓缩料配合的份数。

（4）把两者份数相加之和作为配合后的总份数，依次作除数，分别求出两者的百分数，即为它们的配比率。用40%浓缩料和60%的玉米就可配成含粗蛋白16.24%的全价饲料。如图5-1。

8.4（玉米）

28（浓缩料）

28-16.24=11.76份

16.24-8.4=7.84份

因 11.76+7.84=19.6

则 玉米11.76 ÷ 19.6 × 100%=60%

浓缩料7.84 ÷ 19.6 × 100%=40%

图5-1 对角线法示意

第五节 饲料配方举例

一、种鹅的饲料配方

种鹅的饲料配方见表5-17~表5-21。

表 5-17　种鹅的饲料配方（1）

组成/%	育雏（0~3 周龄）	生长（4~7 周龄）	保持	种鹅
玉米	50.4	61.3		51.4
大麦			45.0	
次麦粉	15.0	15.0	50.0	26.7
肉粉		1.5		
豆粕	31.5	19.8	2.5	13.7
DL-蛋氨酸	0.17	0.10	0.06	0.18
L-赖氨酸			0.05	
食盐	0.33	0.31	0.29	0.29
石粉	1.64	1.27	1.50	6.70
磷酸二钙	0.86	0.62	0.50	0.93
维生素-微量元素预混料	0.1	0.1	0.1	0.1
合计	100	100	100	100

表 5-18　种鹅日粮配方（2）

组成/%	0~10 日龄		11~30 日龄		31 日龄以上		种鹅	
	配方 1	配方 2	配方 1	配方 2	配方 1	配方 2	配方 1	配方 2
玉米、高粱、大麦、小麦	61.7	61	41.7	41	30	11	47.7	11
豆粕类	15	15	15	15	15	15	15	15
糠麸类	9.5	9.5	24.5	24.5	28.2	39.5	14.5	39.5
草籽、草粉类	5	5	5	5	15	20	10	25
动物性饲料	5	5	10	10	8	10	8	5.0
骨粉	1		1		1		1	
贝壳粉或石粉	1	2	1	2	1	2	2	2
食盐	0.3	1	0.3	1	0.3	1	0.3	1

续表

组成/%	0~10 日龄		11~30 日龄		31 日龄以上		种鹅	
	配方 1	配方 2	配方 1	配方 2	配方 1	配方 2	配方 1	配方 2
沙砾	1	1	1	1	1	1	1	1
预混料	0.5	0.5	0.5	0.5	0.5	0.5	0.5	0.5
合计	100.0	100.0	100.0	100.0	100.0	100.0	100.0	100.0

表 5-19　种鹅的饲料配方（3）

组成/%	0~3 周或 4 周		4~8 周龄		后备鹅		种鹅及产蛋鹅	
	配方 1	配方 2	配方 1	配方 2	配方 1	配方 2	配方 1	配方 2
玉米	57.1	47.0	37.0	48.4	45.4	40.8	42.5	48.0
高粱			20.0					10.0
稻谷		6.2				11.0		
麦麸			5.0		22.0	23.1		
小麦				9.5	15.0		23.0	
次粉	4.5	5.0		5.0				12.0
草粉				5.0	8.0		4.0	
米糠	5.0	7.0				12.0		
豆粕	30.4	29.3	27.5	25.0	6.0	9.0	21.0	
花生粕								10.0
菜籽粕		2.0		2.0				7.0
糖蜜			3.0					
鱼粉			2.0	2.0				4.0
肉骨粉			3.0					
油脂			0.3					
磷酸氢钙	0.47	1.2	0.2	1.0	1.3	1.5	1.7	1.3

续表

组成/%	0~3 周或 4 周		4~8 周龄		后备鹅		种鹅及产蛋鹅	
	配方 1	配方 2	配方 1	配方 2	配方 1	配方 2	配方 1	配方 2
石粉	1.12	1.0	0.70	0.8	1.0	1.4	6.5	6.5
食盐	0.35	0.3	0.3	0.3	0.3	0.2	0.3	0.2
盐酸赖氨酸	0.06							
预混剂	1.0	1.0	1.0	1.0	1.0	1.0	1.0	1.0
合计	100	100	100	100	100	100	100	100

表 5-20　种鹅及产蛋鹅的日粮配方

组成/%	配方 1	配方 2	配方 3	配方 4	配方 5
玉米	55.2		29.3	56.4	65.0
小麦		60.7	28.7		
大麦	10.0	10.0	10.0	10.0	
小麦细麸	5.0	5.0	5.0	5.0	4.0
粗面粉	5.0	5.0	5.0	5.0	3.6
菜籽粕					6.0
脱水青饲料	2.0	2.0	2.0	2.0	
肉粉				2.0	
鱼粉				2.0	2.0
豆粕	15.8	10.3	13.0	11.3	12.0
石粉	4.4	4.4	4.4	4.2	4.0
磷酸钙	1.1	1.1	1.1	0.6	2.0
食盐	0.5	0.5	0.5	0.5	0.4
复合预混料	1.0	1.0	1.0	1.0	1.0
总计	100	100	100	100	100

表 5-21　豁眼鹅的日粮配方

	1~30 日龄	31~90 日龄	91~180 日龄	成年鹅
玉米/%	47	47	27	33
麸皮/%	10	15	33	25
豆粕 /%	20	15	5	11
谷糠/%	12	13	30	25
鱼粉/%	8	7	2	3
骨粉/%	1	1	1	1
贝壳粉/%	2	2	2	2
粗蛋白/%	20. 29	18. 38	14. 39	16. 30
代谢能/（兆焦/千克）	12. 08	12. 00	11. 10	13. 80
钙/%	1. 55	1. 50	1. 96	2. 35
磷/%	0. 74	0. 76	1. 05	1. 06

二、肉鹅的饲料配方

肉鹅的饲料配方见表 5-22~表 5-25。

表 5-22　商品肉鹅饲料配方（1）

组成/%	0~3 或 4 周龄				5 周龄至上市			
	配方 1	配方 2	配方 3	配方 4	配方 1	配方 2	配方 3	配方 4
玉米	48. 8	47. 3	51. 5	45	55. 5	47. 7	52. 0	40. 8
高粱				15. 7				
小麦	10. 0	7. 0	10. 0					23. 0
稻谷	2. 8	7. 0				11. 0	15. 0	
米糠					11. 0	7. 0	3. 0	8. 0
次麦粉	5. 0	5. 0						
麦麸			9. 0	6. 6	14. 2	13. 7	13. 4	11. 7

续表

组成/%	0~3或4周龄				5周龄至上市			
	配方1	配方2	配方3	配方4	配方1	配方2	配方3	配方4
豆粕	25.0	29.0	20.0	29.5	15.0	14.0	11.0	
花生粕						3.0		12.5
菜籽粕	2.0	2.0	3.0		1.5		2.5	
鱼粉	3.6		4.0					1.0
磷酸氢钙	1.2	1.2	0.8	1.4				1.2
石粉	0.8	1.0	0.9	1.0		0.6	0.5	
骨粉					2.0	2.2	1.8	1.1
食盐	0.3		0.3	0.3	0.3	0.3	0.3	0.2
0.5%预混料	0.5	0.5	0.5	0.5	0.5	0.5	0.5	0.5
合计	100	100	100	100	100	100	100	100

表5-23　商品肉鹅饲料配方（2）

组成/%	0~3或4周龄				5周龄至上市			
	配方1	配方2	配方3	配方4	配方1	配方2	配方3	配方4
玉米	56	54.5	68	56.0	55.8	58.7	52	40.3
米糠		4.0					12.1	9.6
草粉								20.0
麦麸	15.0	15.0	3.0	16.0	21.0	7.0	8.0	8.0
豆粕	21.5	20.0	24.0	21.0	12.5		14.0	20
菜籽粕	5.0		3.0	5.0	8.0	14.5	6.0	
棉籽粕						15.3		
鱼粉							5.0	
肉骨粉		5.0						
磷酸氢钙	0.8				0.9	3.0		

续表

组成/%	0~3 或 4 周龄				5 周龄至上市			
	配方 1	配方 2	配方 3	配方 4	配方 1	配方 2	配方 3	配方 4
石粉	0.9				1.0	0.6		0.4
骨粉		0.7	1.2	1.2			2.0	0.8
食盐	0.3	0.3	0.3	0.3	0.3	0.4	0.4	0.4
预混剂	0.5	0.5	0.5	0.5	0.5	0.5	0.5	0.5
合计	100	100	100	100	100	100	100	100

表 5-24 商品肉鹅饲料配方（3）

组成/%	0~3 周龄或 4 周龄				5 周龄至上市			
	配方 1	配方 2	配方 3	配方 4	配方 1	配方 2	配方 3	配方 4
玉米	53.0	58.0	43.5	57.6	40	50.0	41.7	45.0
稻谷			19.0		15.0			15.0
小麦	7.0			6.9				
次粉	5.0	5.0	5.0					
米糠	5.5	5.5	9.5		10.0	23.7	12.5	9.9
草粉	7.4	7.0					5.0	
麦麸				3.8	20.0	15.0	15.0	14.0
豆粕	15.0	17.5	15.0	19.3		5.0	15.0	10.0
花生粕				2.5				
菜籽粕	4.0	4.0	5.0	2.5	10.0			5.0
鱼粉				4.3		3.2	7.0	
肉骨粉					3.0			
磷酸氢钙	0.7	0.6	0.5	1.0				
石粉	1.0	1.0	1.2	0.8		0.3	2.0	
骨粉	0.4	0.4	0.3	0.3	1.0	2.0	1.0	0.3
食盐	0.5	0.5	0.5	0.5	0.5	0.3	0.3	0.3
预混剂	0.5	0.5	0.5	0.5	0.5	0.5	0.5	0.5
合计	100	100	100	100	100	100	100	100

表 5-25　商品肉鹅饲料配方（4）

组成/%	0~3 或 4 周龄				5 周龄至上市			
	配方 1	配方 2	配方 3	配方 4	配方 1	配方 2	配方 3	配方 4
玉米	28	65.0	50	32.8	62	57	40.0	32.0
小麦	25		24.0	28.4				30.8
大麦	19.0		10.0					
啤酒糟		15.2			8.0	13.0		
草粉				5.0			18.0	5.0
麦麸	5.0						15.0	4.5
豆粕	5.0	8.5	12.5	3.0	6.6	9.5		
花生粕	3.0			3.0				10.0
菜籽粕	2.0	7.5		8.0	7.2	7.0	10.0	
酵母蛋白	5.0			10.0	5.0			10.0
蚕蛹						3.3	15.5	
鱼粉	3.0			3.0				3.0
肉粉	1.0			2.5	8.0	7.0		1.0
磷酸氢钙		2.9	1.0					
石粉	2.0		1.5	2.5				2.5
骨粉	1.1			1.0	2.4	2.4	0.7	0.5
食盐	0.4	0.4	0.5	0.3	0.3	0.3	0.3	0.2
预混剂	0.5	0.5	0.5	0.5	0.5	0.5	0.5	0.5
合计	100	100	100	100	100	100	100	100

第六节　鹅饲料的调制加工和质量要求

一、鹅饲料的调制加工

（一）青绿饲料和牧草的调制加工

饲料加工调制的目的，是改善其可食性、适口性，提高消化

率、吸收率，减少饲料的损耗，便于储藏与运输。青绿饲料与牧草加工调制的方法主要有以下几种。

1. 切碎 将鲜草、块根、块茎、瓜菜等青绿多汁饲料洗净切碎后直接喂鹅。切碎的要求是：青饲料应切成丝条状，多汁饲料可切成块状或丝条。一般应随切随喂，否则很容易变质腐烂。

2. 粉碎 粗饲料如干草等，鹅难以食取，必须进行粉碎后拌到饲料中饲喂。

3. 青贮 在夏、秋季青饲料生长旺盛时期，适时收割青贮，可供冬季和早春利用。

（1）青贮原料。紫苜蓿、红三叶、紫云英、白三叶、无芒草、鸡脚草、苏丹草、燕麦、青玉米、青大麦、青绿豆、青豌豆、青大豆、青甘薯藤，以及胡萝卜、甘蓝、水浮莲、水葫芦、水花生等均可作为青贮饲料。但要注意豆科植物不宜单独储存，要与禾本科植物混合储存。

（2）青贮设备。根据储存量和各地条件，可采用窖、壕、塔、缸、塑料袋等。窖、壕要建造在地势高、地下水位低、土质坚硬、靠近畜舍附近的地方。圆形、长方形均可。但内壁要光滑无缝隙。窖、壕的储存量一般每立方米可装填含水分60%～70%的青饲料500～600千克。用塑料袋储存青饲料时，可以在田间装贮，封口后运送至鹅舍内堆放。

（3）装窖。将割下的青饲料运至窖、壕旁，切成2～4厘米长压实。窖、壕内空气要排尽，防止因空气多、发酵、温度升高而造成养分损失，霉烂变质。原料切碎成2～4厘米后，随即分层压实，每层厚度约20厘米。原料装满高出窖面70～90厘米，上面先盖一层秸秆或软草，或铺上塑料薄膜，最后用黏性土覆盖压实，以防止透气和雨水渗入。青饲料储存在缺氧条件下，有益于乳酸菌大量繁殖，逐渐增加酸度，抑制腐败菌及有害菌生长，这个过程约需20天。

（4）注意事项。

1）选择晴天收割后，晾晒 1~2 天，或加入适量秸秆粉、糠麸粉，使含水量降低。

2）有条件的在青贮时加入适量蚁酸、甲醛（福尔马林）、尿素等。每吨青饲料加 85% 蚁酸 2.85 千克，或加 90% 蚁酸 4.53 千克。加蚁酸后，制作的青贮饲料颜色鲜绿，气味香浓。但含糖量高的青饲料如玉米等，应按青贮原料重量的 0.1%~0.6%加入 5%甲醛溶液。每吨青贮玉米若添加 5 千克尿素，可使青贮玉米总蛋白质含量达到 12.5%。

3）近十多年来，推广应用低水分青贮法，也叫半干青贮料，即含水量为 45%~60%，使青饲料收割后经 24~30 小时风干。

4）青饲料储存后，30~40 天即可随取随喂。取后加盖，以防止与空气接触而霉烂变质。

4. 干制　青草、青绿树叶等干制后，适口性好，能保存其营养成分，在冬、春季可用来代替青饲料。干制后的饲料是舍饲或半舍饲养鹅饲料中蛋白质、维生素和矿物质等营养物质的重要来源，对改善鹅营养状况具有非常重要的意义。调制干草时要注意适时收割。禾本科牧草进入抽穗阶段，豆科牧草出现花蕾时，各种养分的含量较丰富且平衡，枝繁叶茂，产草量和营养物质总量都较高，是适宜的收割期。一般以当天早晨收割最好。因为夜间植物的气孔关闭，不蒸发，牧草含水量较多，所以夜里收割牧草，对调制青干草不利。中午收割牧草，虽然牧草的含水量少，但干燥时间变短，因而也不理想。夏季或夏末秋初高温季节要避开雨季收割。调制干草的方法有自然干燥法和烘干法。

（1）自然干燥法。即将鲜草放在阳光下自然晒制，使其中水分的含量降低到 17%以下即可。

1）田间干燥法。刈割的牧草可直接在田间翻晒干燥。通常在早晨刈割牧草，在上午 11 时左右翻晒效果最好，如果需要再

翻晒一次的话，可在13~14时进行，没有必要进行多余的翻晒。一般早上刈割，当天水分可降低到50%左右。从第2天开始，由于牧草的含水量降低，干燥速度变慢，出于安全储藏的考虑，仍要反复翻晒，以便水分蒸发。如天气不好，可把青草集成高约1米的小堆，盖上塑料薄膜，防止雨淋。晴天时，再倒堆翻晒，直到干燥为止。

对于雨量较少的我国北部干旱地区，在秋末冬初的打草季节，牧草的含水量一般仅50%左右，刈割后应直接搂成草垄，或集成小堆，风干2~3天。当水分降至20%左右时，堆成大垛。整个晒草过程中，应尽量减少翻动和搬运，以减轻机械作用造成的损失。

2）架上晒草法。多雨地区或逢阴雨季节，宜采用草架干燥。架上晾晒的牧草，要堆放成圆锥形或屋脊形，要堆得蓬松些，厚度不超过70~80厘米，离地面应有20~30厘米，堆中应留通道，以利空气流通，外层要平整并保持一定倾斜度，以便排水，在架上干燥时间一般为1~3周。架上干燥法一般比地面晒制法养分的损失减少5%~10%。也有些地区，有利用墙头、木杆、铁丝架晒制甘薯藤、花生藤的习惯，其效果与架上干燥法类似。

（2）人工干燥法。在自然条件下晒制干草，营养物质的损失相当大，一般干物质的损失占青草的10%~30%，可消化干物质的损失达35%~45%。如遇阴雨天气，营养物质的损失更大，可占青草总营养价值的40%~50%。而采用人工快速干燥法，营养物质的损失只占鲜草总量的5%~10%。人工干燥法主要分为常温通风干燥法、低湿烘干法和高温快速干燥法。

1）常温通风干燥法。此法是利用高速风力，将半干青草所含水分迅速风干，它可以看成是晒制干草的一个补充过程。通风干燥的青草，事先须在田间将草茎压碎并堆成垄行或小堆风干，使水分下降到35%~40%，然后在草库内完成干燥过程。通风干燥的干草比田间晒制的干草含叶绿素较多（颜色绿），胡萝卜素

含量要高出 3~4 倍。

2）低温烘干法。此法采用加热的空气，将青草水分烘干，干燥温度为 50~79 ℃，需 5~6 小时；干燥温度为 120~150 ℃，经 5~30 分钟完成干燥。未经切短的青草置于传送带上，送入干燥室干燥。

3）高温快速干燥法。利用火力或电力产生的高温气流，可将切成 2~3 厘米长的青草在数分钟甚至数秒钟内，使水分含量降到 10%~12%。高温快速干燥法属于工厂化生产，生产成本较高。其产品可再粉碎成干草粉，或加工成颗粒饲料。采用高温快速干燥法，青草中的养分可以保存 90%~95%，产品质量也最好。

5. 打浆　可将采集的青绿饲料洗净、切碎后放入打浆机内打成青草浆，然后与其他饲料（如麸皮、玉米等）拌在一起饲喂，这样有利于鹅的采食、消化和吸收。最好是现打浆现饲喂。

（二）精饲料的加工调制

精料种类较多，不同精料采用不同的加工调制方法。

1. 粉碎　小麦、大麦、稻谷、燕麦等整粒喂鹅，不仅消化率低，而且不易与其他饲料均匀混合，也不便于配制全价日粮。豆类、饼粕类颗粒较大，也不易搅拌均匀。所以，一般要粉碎后再喂。粉碎粒度不宜太细。

2. 去毒　棉籽饼、菜籽饼富含蛋白质，前者含蛋白质 30% 以上，后者含蛋白质高达 30%~40%，都可作为蛋白质补充料，但它们都含有毒素，在使用之前必须进行去毒处理，而且要限制饲喂量。

（1）棉籽饼。棉籽饼中含有游离棉酚，未去毒或使用不当将导致鹅中毒。使用前一定要对棉籽饼进行去毒处理。经去毒后的棉籽饼仍有少量残余棉酚存在，因此应限量饲喂。棉籽饼喂量在日粮中的含量不宜超过 10%。据试验，用硫酸亚铁去毒的棉籽饼占精料量的 15%，对鹅的生长和繁殖等未见有不良反应。棉籽饼去毒方法有如下几种。

1）用水煮沸棉籽饼粉，保持沸腾 30 分钟，冷却晒干粉碎饲喂。

2）在棉籽饼粉中加入硫酸亚铁，根据棉籽饼中游离棉酚含量，加入等量的铁，即游离棉酚与铁的比为 1∶1，拌匀后直接与其他饲料饲喂。

（2）菜籽饼。菜籽饼中含有硫葡萄苷毒素，长期饲喂可引起鹅中毒，未经去毒的菜籽饼不可用来喂鹅，去毒后的菜籽饼喂量不宜超过日粮的10%。其去毒方法如下。

1）土埋法。选择向阳干燥、地温较高地方，挖一长方形的坑，坑宽0.8 米，深0.7~1 米，长度根据菜籽饼数量来决定，将菜籽饼粉与水按1∶1 浸透泡软后埋入坑内，底部和顶部各加一层草，顶部覆土 20 厘米以上，埋 2 个月后，可脱毒 90%以上，但蛋白质要损失 3%~8%。

2）氨处理法。以 7%的氨水 22 份，均匀喷洒 100 份菜籽饼，闷盖 3~5 小时，再放进蒸笼蒸 40~50 分钟，晒干或炒干后喂鹅。

（三）配合饲料的制作

1. 原料选择

（1）精饲料。鹅常用的饲料有玉米、大麦、高粱、麸皮、豆饼、葵花饼、花生饼、小麦饼、鱼粉等。要求精料的含水量不超过安全储藏水分，无霉变，杂质不超过 2%。发霉变质及掺假的原料坚决不用。

（2）粗饲料。鹅常用的粗饲料有玉米秸秆、豆秸、谷草、花生秧、栽培干牧草、树叶等。晒制良好的粗饲料水分含量为 14%~17%。玉米秸秆容重小，加工时不易颗粒化或加工出的成品硬度小，故宜与谷草、豆秸等饲料搭配使用。

2. 原料粉碎　在其他因素不变的情况下，原料粉碎得越细，产量越高。一般粉碎机的筛板孔径以 1~1.5 毫米为宜。对于储备的粗饲料，一般应选择晴天的中午加工。

3. 称量混合　加工颗粒饲料，先将粉碎的精料按照配方比例称量混匀，再按精粗料比例与粗料混合。为了混合均匀，应注

意下面几点：一是添加微量元素或预防用药物制成预混料。二是控制搅拌时间。一般卧式带状螺旋混合机每批宜混合 2~6 分钟。立式混合机则需混合 15~20 分钟。三是适宜的装料量。每次混合料以装至混合机容量的 60%~80%为宜。四是合理的加料顺序。配比量大的组分先加，量少的后加；相对密度小的先加，相对密度大的后加。

二、鹅饲料的质量标准及鉴定

（一）肉仔鹅精料补充料

参照生长鸭、产蛋鸭、肉用仔鸭配合饲料标准（LS/T3410—1996）

1. 技术要求

（1）感官指标。色泽一致，无发霉变质、结块及异味、异臭。

（2）水分。北方不高于 14%；南方不高于 12.5%（有下列之一时允许增加 0.5%：平均气温在 10 ℃以下，从出厂到饲喂期限不超过 10 天者，配合饲料中添加有规定量的防霉剂）。

（3）粉碎粒度。肉用仔鹅精料补充料 99%通过 3.35 毫米编织筛；1.70 毫米编织筛物不得大于 15%。

（4）混合均匀度。混合均匀，变异系数不得大于 10%。

2. 营养成分指标 见表 5-26。

表 5-26 全价配合饲料营养指标

		粗蛋白质/%≤	粗纤维/%≤	粗灰分/%≤	钙/%	磷/%	食盐/%	代谢能/（兆焦/千克）≥
肉用仔鹅料	前期	18.0	7.0	8.0	0.80~1.50	0.60	0.30~0.80	10.9
	中期	16.0	8.0	8.0	0.80~1.50	0.60	0.30~0.80	11.3

注：各项营养成分指标的计算基准一律以 87.5%的干物质含量折算。

3. 标签、包装、运输和储存

（1）标签。标签应符合饲料标签（GB10648—2013）的要求，凡添加药物饲料添加剂的饲料，在标签上应注明药物名称及含量。

（2）包装、运输、储存。配合饲料包装、运输和储存必须符合质量、运输安全和分类、分等贮存的要求，严防污染。

（二）饲料及添加剂卫生标准

饲料卫生标准制定于 1991 年，2001 年进行了修订，它规定了饲料、饲料添加剂原料和产品中有害物质及微生物的允许量及其试验方法，是强制实行标准。具体规定见表 5-27。

表 5-27 饲料、添加剂卫生指标

<table>
<tr><th>序号</th><th>卫生指标项目</th><th>产品名称</th><th>指标</th><th>试验方法</th><th>备注</th></tr>
<tr><td rowspan="9">1</td><td rowspan="9">砷（以总砷计）的允许量（毫克/千克）</td><td>石粉</td><td>≤2</td><td rowspan="9">GB/T13079</td><td rowspan="7">不包括国家主管部门批准使用的有机砷制剂中的砷含量</td></tr>
<tr><td>硫酸亚铁、硫酸镁</td><td>≤20</td></tr>
<tr><td>沸石粉、膨润土、麦饭石</td><td>≤10</td></tr>
<tr><td>硫酸铜、硫酸锰、硫酸锌、碘化钾、碘酸钙、氯化钴</td><td>≤5</td></tr>
<tr><td>氧化锌</td><td>≤10</td></tr>
<tr><td>鱼粉、肉粉、肉骨粉</td><td>≤10</td></tr>
<tr><td>家禽、猪配合饲料</td><td>≤2</td></tr>
<tr><td>猪、家禽浓缩料</td><td rowspan="2">≤10</td><td>以在配合饲料中 20% 的添加量计</td></tr>
<tr><td>猪、家禽添加剂预混合饲料</td><td>以在配合饲料中 1% 的添加量计</td></tr>
</table>

续表

序号	卫生指标项目	产品名称	指标	试验方法	备注
2	铅（以 Pb 计）的允许量（毫克/千克）	生长鹅、产蛋鹅、肉鹅配合饲料	≤5	GB/T13080	
		骨粉、肉骨粉、鱼粉、石粉	≤10		
		磷酸盐	≤30		
3	氟(以 DAF 计）的允许量（毫克/千克）	鱼粉	≤50	GB/T13083	高氟饲料用 HG2636—1994 中 4.4 条
		石粉	≤2 000		
		磷酸盐	≤1 800	HG 2636	
		骨粉、肉骨粉	≤1 800	GB/T13083	
		猪、禽添加剂预混料	≤1 000		以在配合饲料中 1% 的添加量计
4	霉菌的允许量（每千克产品中霉菌数 × 10^3 个）	玉米	<40	GB/T13092	限量饲用：40~100；禁用：>100
		小麦麸、米糠	<50		限量饲用：40~100；禁用：>80
		豆饼（粕）、棉籽饼（粕）	<20		限量饲用：50~100；禁用：>100
		菜籽饼（粕）	<35		
		鱼粉、肉骨粉、鹅配合饲料			限量饲用：20~50；禁用：>50

续表

序号	卫生指标项目	产品名称	指标	试验方法	备注
5	黄曲霉毒素 B_1 允许量（微克/千克）	玉米	≤50	GB/T17480 或 GB/T 8381	
		花生、棉籽饼、菜籽饼或粕			
		豆粕	≤30		
		肉用仔鹅前期、雏鸭配合饲料及浓缩饲料	≤10		
		肉用仔鹅后期、生长鹅、产蛋鹅配合饲料及浓缩饲料	≤15		
6	铬（以 Cr 计）的允许量（毫克/千克）	皮革蛋白粉	≤200	GB/T13088	
		鸡配合饲料、猪配合饲料	≤10		
7	汞（以 Hg 计）的允许量（毫克/千克）	鱼粉、石粉	≤0.5	GB/T13081	
		鸡配合饲料、猪配合饲料	≤0.1		
8	镉（以 Cd 计）的允许量（毫克/千克）	米糠	≤1.0	GB/T13082	
		鱼粉	≤2.0		
		石粉	≤0.75		
9	氰化物（以 HCN 计）的允许量（毫克/千克）	木薯干	≤100	GB/T13084	
		胡麻饼（粕）	≤350		
		鸡配合饲料、猪配合饲料	≤50		
10	亚硝酸盐（以 $NaNO_2$ 计）的允许量（毫克/千克）	鱼粉	≤60	GB/T13085	
		鸡配合饲料、猪配合饲料	≤15		

续表

序号	卫生指标项目	产品名称	指标	试验方法	备注
11	游离棉酚的允许量（毫克/千克）	棉籽饼（粕）	≤1 200	GB/T13086	
		肉用仔鸡、生长鸡配合饲料	≤100		
		产蛋鸡配合饲料	≤20		
12	异硫氰酸酯（以丙烯基异硫氰酸酯计）的允许量（毫克/千克）	菜籽饼（粕）	≤4 000	GB/T13087	
		鸡配合饲料	≤500		
13	噁唑烷硫铜的允许量	肉用仔鸡、生长鸡配合饲料	≤10 000	GB/Tl3089	
		产蛋鸡配合饲料	≤500		
14	六六六的允许量（毫克/千克）	米糠、小麦麸、大豆饼(粕)、鱼粉	≤0. 05	GB/T13090	
		肉用仔鸡、生长鸡配合饲料、产蛋鸡配合饲料	≤0. 3		
15	滴滴涕的允许量（毫克/千克）	米糠、小麦麸、大豆饼(粕)、鱼粉	≤0. 02	GB/T13090	
		鸡配合饲料、猪配合饲料	≤0. 2		
16	沙门杆菌	饲料	不得检出	GB/T13091	
17	细菌总数的允许量（每千克产品中细菌总数×10^{6}个）	鱼粉	<2	GB/T13093	限量饲用：2~5；禁用：>5

注：①所列允许量为以干物质含量为88%的饲料为基础计算；②浓缩饲料、添加剂预混合饲料添加比例与本标准备注不同时，其卫生指标允许量可进行折算。

（三）饲料的质量鉴定

饲料的质量鉴定见表5-28。

表5-28　饲料的质量鉴定

项目	方法
一般感官	（1）视觉。观察饲料的性状、色泽，有无霉变、结块、虫子、异物、夹杂物等
	（2）嗅觉。通过嗅觉鉴别有无霉臭、腐臭、氨臭、焦臭等异味
	（3）触觉。取于手中，指头捻动感觉粒度大小、硬度、黏稠度、有无夹杂物或水分多少等
物理鉴定	（1）筛分法。根据不同饲料，采用不同孔径的筛子，测定混入的异物或大致粒度，采用USA筛可以准确测定饲料的粒度
	（2）容重称量法。饲料有其固有的相对密度，测定饲料的容重，与标准容重比较，即可测出饲料中是否混有杂质或饲料的质量状况如何
	（3）相对密度法。将饲料倒入各种相对密度液中，查看样品的沉浮，判别有无沙土、稻壳、花生皮、锯末等
	（4）镜检法。用放大镜或解剖显微镜将试样放大10~50倍观察，或加入透明剂或药物更易处理
化学鉴定	饲料中的水分、蛋白质、粗纤维、钙、磷、铁、铜、锰、脲酶活性、黄曲霉毒素等需进行实验室测定，测定方法可按国家标准执行

第六章　生态养鹅鹅场的规划设计

鹅场规划设计的好坏直接影响场区的环境状况、生产效率及持续发展。鹅场建设要从场址选择、鹅舍建筑、设备与用具、场区环境保护及卫生防疫设施等方面进行综合考虑，做到完善合理。

第一节　鹅场场址选择和规划布局

一、鹅场场址选择

鹅场场址的选择，主要是对场地的地势、地形、土质、水陆运动场，以及周围环境、交通、电力、青绿饲料供应和放牧条件进行全面的考察。必须在养鹅之前制订周密计划，选择最合适的地点建场。

（一）地势和地形

鹅场的鹅舍及陆上运动场的地势应高燥，地面应有坡度。场地高燥，这样排水良好，地面干燥，阳光充足，不利于微生物和寄生虫的滋生繁殖；否则，易滋生蚊蝇等昆虫，冬季则阴冷。地形要开阔整齐，向阳避风，特别是要避开西北方向的山口和长形谷地，保持场区小气候状况相对稳定，减少冬季寒风的侵袭。场地不要过于狭长，也不要有太多边角，以减少防护设施的投资。

（二）土壤

鹅场内的土壤，应该是透气性强、毛细管作用弱、吸湿性和导热性小、质地均匀、抗压性强的土壤，以沙质土壤最适合，便于雨水迅速下渗。越是贫瘠的沙性土地，越适于建造鹅舍。这种土地渗水性强。如果找不到贫瘠的沙土地，至少要找排水良好、暴雨后不积水的土地，保证在多雨季节不会变得潮湿和泥泞，有利于保持鹅场和鹅舍干燥（表 6–1）。

表 6–1　土壤的生物学指标

污染情况	寄生虫卵数（个/千克土）	细菌总数（万个/千克土）	大肠杆菌值（个/克土）
清洁	0	1	1 000
轻度污染	1~10	—	—
中等污染	10~100	10	50
严重污染	>100	100	1~2

注：清洁和轻度污染的土壤适宜作场址。

（三）水源

鹅是水禽，当然宜在有水源的地方建场。在鹅场生产过程中，鹅的饮食、饲料的调制、鹅舍和用具的清洗，以及饲养管理人员的生活，都需要使用大量的水。同时，鹅的放牧、洗浴和交配等都离不开水源。鹅场必须有充足的水源。

水源应符合下列要求：一是水量要充足，既要满足鹅场内的人、鹅用水和其他生产、生活用水，还要满足鹅的放牧、洗浴等用水。二是水质要求良好，不经处理即能符合饮用标准的水最为理想。此外，在选择时要调查当地是否因水质而出现过某些地方性疾病等。三是水源要便于保护，以保证水源经常处于清洁状态，不受周围环境的污染。四是要求取用方便，设备投资少，处理技术简便易行。水质标准见表 6–2。

表 6-2　鹅场水质标准

指标	项目	畜（禽）标准
感官性状及一般化学指标	色度≤	30°
	混浊度≤	20°
	臭和味	不得有异臭异味
	肉眼可见物	不得含有
	总硬度（以 $CaCO_3$ 计，毫克/升）≤	1 500
	pH 值≤	5.5~9.0（6.5~8.5）
	溶解性总固体（毫克/升）≤	4 000（2 000）
	硫酸盐（以 SO_4^{2-} 计，毫克/升）≤	500（250）
细菌学指标	总大肠杆菌群数（个/100 毫升）≤	成畜 100；幼畜和禽 10
毒理学指标	氟化物（以 F^- 计毫克/升）≤	2.0
	氰化物（毫克/升）≤	0.2（0.05）
	总砷（毫克/升）≤	0.2
	总汞（毫克/升）≤	0.01（0.001）
	铅（毫克/升）≤	0.1
	铬（六价毫克/升）≤	0.1（0.05）
	镉（毫克/升）≤	0.05（0.01）
	硝酸盐（以 N 计，毫克/升）≤	10（3.0）

（四）场地面积

场地面积要根据饲养规模和以后的发展规划来确定。占地面积不宜过大，也不能过小，应满足饲养密度要求。

（五）青饲料的供应

鹅是草食家禽，不仅需要较多的精饲料，也需要大量的青饲料（每只种鹅每天需要青饲料 1.5~2.5 千克）。生态养鹅的场地选择要考虑草场的位置和青饲料的供应。

（六）其他方面

鹅场是污染源，也容易受到污染。鹅场生产大量产品的同时，也需要大量的饲料，所以鹅场场地要兼顾交通和隔离防疫，既要便于交通又要便于隔离防疫。鹅场距居民点或村庄、主要道路要有300~500米距离，大型鹅场要有1 000米距离。鹅场要远离屠宰场、畜产品加工厂、兽医院、医院、造纸厂、化工厂等污染源，远离噪声大的工矿企业，远离其他养殖企业；鹅场要有充足稳定的电源，周围环境要安全。

鹅场应充分利用自然的地形，如以树林、河流等作为场界的天然屏障。既要考虑鹅场避免受其他周围环境的污染，远离污染源（如化工厂、屠宰场等），又要注意鹅场是否污染周围环境（如对周围居民生活区的污染等）。

二、鹅场的规划布局

鹅场的规划布局就是根据拟建场地的环境条件，科学确定各区的位置，合理确定各类房舍、道路、供排水和供电等管线、绿化带等的相对位置及场内防疫卫生的安排。鹅场的规划布局是否合理，直接影响到鹅场的环境控制和卫生防疫。集约化、规模化程度越高，规划布局对其生产的影响越明显。场址选定以后，要进行合理的规划布局。因鹅场的性质、规模不同，建筑物的种类和数量亦不同，规划布局也不同。科学合理的规划布局可以有效地利用土地面积，减少建场投资，保持良好的环境条件和高效方便的管理。

鹅场规划布局应遵循的原则：一是便于管理，有利于提高工作效率；二是便于搞好防疫卫生工作；三是充分考虑饲养作业流程的合理性；四是节约基建投资。

（一）分区规划

鹅场通常根据生产功能，分为生产区、管理区或生活区和隔离区等，见图6-1。

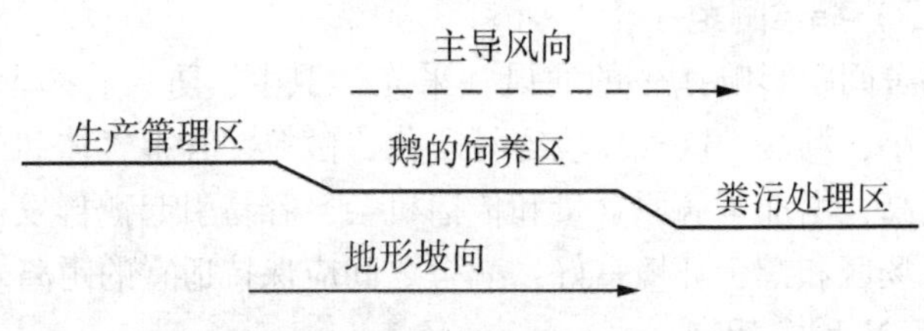

图 6-1　地势、风向分区规划示意

1. 生活区　生活区或管理区是鹅场的经营管理活动场所，与社会联系密切，易造成疫病的传播和流行，该区的位置应靠近大门，并与生产区分开，外来人员只能在管理区活动，不得进入生产区。场外运输车辆不能进入生产区。车棚、车库均应设在管理区，除饲料库外，其他仓库亦应设在管理区。职工生活区设在上风向和地势较高处，以免相互污染。

2. 生产区　生产区是鹅生活和生产的场所，该区的主要建筑为各种禽舍、生产辅助建筑物。生产区应位于全场中心地带，地势应低于管理区，并在其下风向，但要高于病禽管理区，并在其上风向；生产区内饲养着不同日龄的鹅等，因为日龄不同，其生理特点、环境要求和抗病力也不同，所以在生产区内要分小区规划，育雏区、育成区和成年区严格分开，并加以隔离，日龄小的鹅群放在安全地带（上风向、地势高的地方）；种鹅场、孵化场和商品场应各自分开，相距 300~500 米或更远；饲料库可以建在与生产区围墙同一平行线上，用饲料车直接将饲料送入料库。

3. 病畜隔离区　病鹅隔离区主要是用来治疗、隔离和处理病鹅的场所。为防止疫病传播和蔓延，该区应在生产区的下风向，并在地势最低处，而且应远离生产区。焚尸炉和粪污处理地设在最下风处。隔离鹅舍应尽可能与外界隔绝。该区四周应有自然的或人工的隔离屏障，设单独的道路与出入口。

（二）鹅舍间距

鹅舍间距影响鹅舍的通风、采光、卫生、防火。鹅舍密集，间距过小，场区的空气环境容易恶化，微粒、有害气体和微生物含量过高，增加了病原含量和传播机会，容易引起鹅群发病。为了保持场区和鹅舍环境良好，鹅舍之间应保持适宜的距离。

（三）鹅舍朝向

鹅舍朝向是指鹅舍长轴与地球经线是水平还是垂直的。鹅舍朝向的选择与通风换气、防暑降温、防寒保暖及鹅舍采光等环境因素有关。朝向选择应考虑当地的主导风向、地理位置、采光和通风排污等情况。鹅舍朝南，即鹅舍的纵轴方向为东西向，对我国大部分地区的开放舍来说是较为适宜的。这样的朝向，在冬季可以充分利用太阳辐射的温热效应和射入舍内的阳光防寒保温；夏季辐射面积较少，阳光不易直射舍内，有利于鹅舍防暑降温。

（四）道路

鹅场设置清洁道和污染道，清洁道供饲养管理人员、清洁的设备用具、饲料等使用，污染道供清粪、污浊的设备用具、病死和淘汰鹅使用。清洁道和污染道不交叉。

（五）储粪场

鹅场设置粪尿处理区。粪场靠近道路，有利于粪便的清理和运输。储粪场（池）设置注意以下问题：储粪场应设在生产区和鹅舍的下风处，与住宅、鹅舍之间保持有一定的卫生间距（30~50米），并应便于运往农田或其他处处理；储粪池的深度以不受地下水浸渍为宜，底部应较结实。储粪场和污水池要进行防渗处理，以防粪液渗漏流失污染水源和土壤；储粪场底部应有坡度，使粪水可流向一侧或集液井，以便取用；储粪池的大小应根据每天牧场家禽排粪量多少及储藏时间长短而定。

（六）绿化

绿化不仅有利于场区和鹅舍温热环境的维持和空气洁净，而

且可以美化环境，鹅场建设必须注重绿化。搞好道路绿化、鹅舍之间的绿化、场区周围及各小区之间的隔离林带，搞好场区北面防风林带和南面、西面的遮阳林带等。

第二节　鹅舍的建筑设计

一、鹅舍的类型及特点

对鹅舍的基本要求是冬暖夏凉，空气流通，光线充足，便于饲养管理，容易消毒和经济耐用。鹅舍可分为雏鹅舍、肉鹅舍、育肥舍、种鹅舍和孵化室等5种，它们的具体建筑要求和条件也不一样。

（一）雏鹅舍

雏鹅舍主要饲养3~4周龄以内的雏鹅。对雏鹅舍的要求：一是保温隔热。屋顶和墙壁选择导热性小的材料，并达到一定厚度。为增加保温性能可内设天花板。二是舍内干燥。为保持舍内干燥，地面应比舍外高25~30厘米，最好用水泥或砖铺成，以利于冲洗、消毒和防止鼠害。三是采光通风良好。窗与地面面积之比一般为1∶(10~15)。舍内空气流通良好而无贼风。

雏鹅舍按屋顶形式分类有双坡式、半坡式和平顶式等，生产中双坡式屋顶较为常见。另外，为降低基建投入，有的使用塑料大棚。

雏鹅舍的建筑面积根据育雏方式、饲养密度、饲养数量和饲养鹅的类型、周龄而确定。鹅舍内分割成多个小栏，每栏面积12~14平方米，可容纳雏鹅100只。每座雏鹅舍容纳500~1 000只雏鹅比较适宜，如果饲养1 000只雏鹅，则需要120~140平方米的雏鹅舍。

雏鹅舍的宽度一般为6~10米，长度根据雏鹅舍的面积和场

地情况确定，房檐高 2~2.5 米，如果还饲养中鹅，可适当加高，以利于通风换气。鹅舍正前面设置喂料槽和戏水池。雏鹅舍如图 6-2 所示。

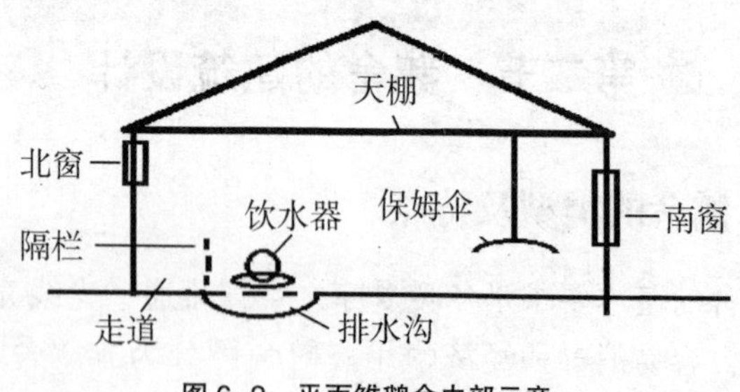

图 6-2 平面雏鹅舍内部示意

（二）后备鹅舍

后备鹅舍也称青年鹅舍。育雏结束后鹅的羽毛开始生长，对环境温度抵抗力增强，鹅舍的保温要求不高。因此，后备鹅舍的建筑结构简单，基本要求是能遮挡风雨、夏季通风、冬季保暖、室内干燥。规模较大的鹅场，建筑后备鹅舍时可参考雏鹅舍。在南方只要建简易的棚架或鹅舍就可以了。要求鹅舍能做到遮雨挡风，北方地区还要注意防寒。鹅舍下部能适当封闭，防止敌害。上部敞开，增加通风量，夏季特别要注意散热。南方至 40 日龄后，可半露宿饲养，因此鹅舍外应有舍外水陆运动场，鹅舍与陆地运动场面积的比例在 1∶2 以上。每栏鹅群可扩大到 200~300 只，舍内密度大型鹅 6~7 只/米^2，中小型鹅 8~10 只/米^2。

（三）种鹅舍

种鹅舍有单列式和双列式两种。双列式鹅舍中间设走道，两边都有陆上运动场和水上运动场，在冬天结冰的地区不宜采用双列式。单列式鹅舍冬暖夏凉，较少受季节和地区的限制，故大多采用这种方式。单列式鹅舍走道应设在北侧。种鹅舍要求防寒，隔热性能要好，有天花板或隔热装置更好。屋檐高 1.8~2.0 米。窗与地面面积

比要求为 1∶(10~12)。特别在南方地区南窗应尽可能大些，气温高的地区朝南方向可以无墙，也可不设窗户。舍内地面用水泥或砖铺成，并有适当坡度（高出舍外 10~15 厘米），饮水器置于较低处，并在其下面设置排水沟。较高处设置产蛋箱或在地面上铺垫较厚的垫料以供产蛋之用，鹅舍外有陆上运动场和水上运动场。每栋种鹅舍以养 400~500 只种鹅为宜。大型种鹅每平方米养 2~2.5 只，中型种鹅每平方米养 3 只，小型种鹅每平方米养 3~3.5 只。

种鹅舍也可用秸秆搭建的大棚。大棚坐北朝南，前墙高度 1 米左右，后墙高度以不碰头为宜。大棚四周可以使用玉米秸、高粱秸围起或挂上草帘，并保证不透风（用草泥抹糊或内衬塑料布）。冬季种鹅舍地面铺上 3~4 厘米厚的垫料，经常翻晒和更换补充垫料，保持垫料洁净。大棚饲养种鹅的饲养密度以 2~3 只/米^2 为宜。

塑料温室大棚式鹅舍坐北朝南建设，跨度一般为 6~10 米，四周围栏高 1.0~1.2 米，支撑大棚可用空心砖等材料砌成，棚高一般在 2.5~3 米。大棚可以采用半坡式（图 6-3），也可采用双坡式（图 6-4）。建设大棚的材料可选用钢筋、水泥等材料，顶部覆盖塑料薄膜、编织布、草帘等。大棚夏天拉开塑料薄膜卷帘、加盖遮阳网作为凉棚，冬季放下塑料薄膜卷帘加盖草帘就成为一个暖圈，冬暖夏凉，为鹅提供了一个良好的生长环境。

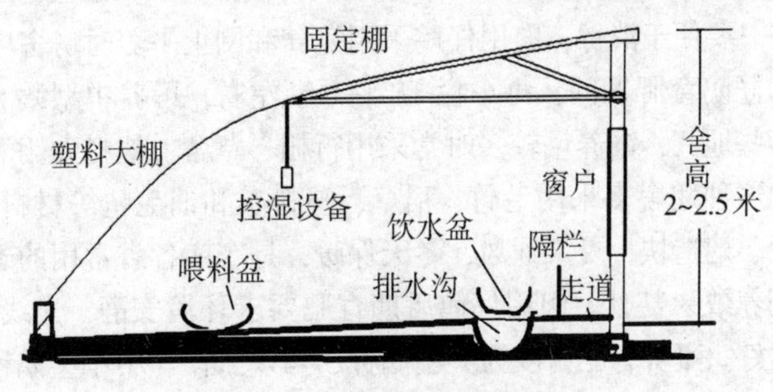

图 6-3　半坡式塑料大棚鹅舍

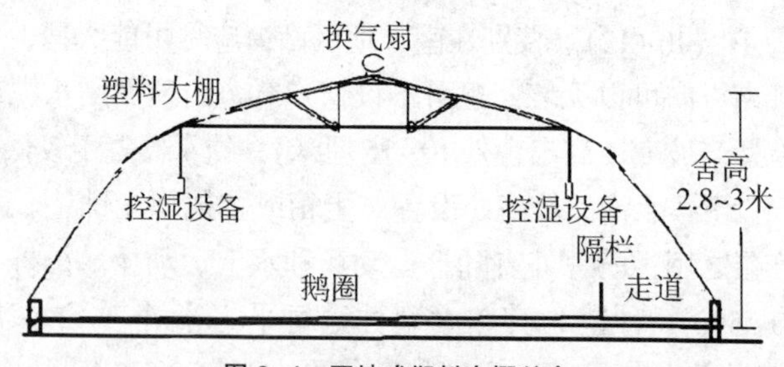

图 6-4 双坡式塑料大棚鹅舍

种鹅舍外须设陆上运动场和水上运动场。陆上运动场的面积应为鹅舍面积的 1.5~2 倍，周围要建围栏或围墙（花墙），一般高 80 厘米。周围种植树木，既可绿化环境又可在夏季作凉棚。在陆上运动场与水面连接处，需用块石砌好，用水泥做好斜坡，坡度为 25°~35°，斜坡要深入水中，与枯水期的最低水位持平。水上运动场的面积应大于陆上运动场，周围可用竹竿或渔网围住，围栏深入水下，高出水面 80~100 厘米（最高水位时）。

现在许多地方的鹅场没有水上运动场，但应当扩大陆上运动场的面积，并在运动场上设置洗澡池（可以用水泥抹底抹壁，也可以用塑料布铺设，避免水向下渗）。

（四）肉用鹅舍和填鹅舍

肉用鹅舍的要求与雏鹅舍基本相同，但窗户可以大些，通风量应大些。要便于消毒，肉用仔鹅采用笼养和网上平养时房舍应适当高些。仔鹅育肥期间，每小栏 15 平方米左右，可养中型鹅 80~90 只。有些地区，饲养量较多时常采用行栅、草舍、塑料大棚等简易鹅舍，这种鹅舍多采用毛竹、稻草、塑料布和油毛毡等材料制成，投资少、建造快，夏天通风，冬天保暖，是东南各省常用的建舍方法，饲养效果甚佳。肉用仔鹅后期育肥要求环境安静，光线暗淡，通风良好。平养育肥密度为大型鹅种 3~4 只/米^2，中小型鹅种 5~8 只/米^2。舍中栏圈单位应小些，一般以每群 20~50 只为宜，不应超

过100只。为提高育肥效率或特殊需要育肥（如肥肝生产填饲），最好选择离地育肥。离地育肥应保证通风、饮水供应充分。对肥肝生产还可实行单栏饲养。

二、鹅舍的配套及规格

1. 鹅舍的配套 鹅舍的配套就是根据不同阶段的占舍时间，确定各种鹅舍的配套比例或数量，以保证鹅群的正常周转和提高鹅舍的利用率。

（1）种鹅场。种鹅场的鹅舍主要有雏鹅舍、仔鹅舍和种鹅舍。种鹅的利用年限一般是3年，每年需要育成1/3的存栏种鹅。仔鹅舍年周转2次，则仔鹅舍和种鹅舍的配套比例是1∶6。即饲养6 000套种鹅，每栋存栏1 000套，则需要6栋种鹅舍和1栋后备鹅舍。

（2）商品肉鹅场。商品肉鹅场的鹅舍与饲养制度有关。一段制饲养，只需要雏鹅-仔鹅舍，年周转3次；二段制饲养，需要雏鹅舍和仔鹅舍（或肥育舍），其比例是1∶2（1栋雏鹅舍，2栋仔鹅舍），如雏鹅舍年周转10次，仔鹅舍周转5次。

2. 鹅舍规格的确定 鹅舍规格即是鹅舍的长、宽、高。鹅舍规格决定于饲养方式、设备和笼具的摆放形式及尺寸、鹅舍的容鹅数和内部设置。平养鹅舍因为不受笼具摆放形式和笼具尺寸影响，只要满足饲养密度要求，长、宽可以根据面积需要和场地情况灵活确定。

如一种鹅场的种鹅舍，每栋饲养种鹅1 000套，公母比例为1∶4，需要公鹅250只，则舍内共容纳1 250只鹅。采用地面平养，饲养密度为2.5只/米^2，则鹅舍的饲养面积为500平方米。鹅舍宽度确定为10米，则长度为50米。鹅舍南北向，内设1米的后走廊，东西贯通。舍内设置5个9米×10米的单元（鹅栏），每个单元的南北墙上各开一个门，门宽1米。鹅舍的入口可设值班室和饲料间。

鹅舍前檐高 2 米，后檐高 1.8 米，墙体根据气候特点设计。舍内地面为水泥地面，比运动场高 10~25 厘米，由北向南倾斜。前檐长 1.2 米，这样可以防止刮风下雨时雨水进入鹅舍，同时可以防止前檐下的饲料槽被日晒雨淋。舍内靠走廊处设置产蛋箱 90 个（每个 50 厘米宽，留门处不设置）。

运动场宽 10 米，运动场场上檐下靠墙设料槽一个，每个单元长 8 米。水泥地面与水池相连，内高外低向水池方向倾斜。水池宽 5~10 米，深 40~50 米，靠运动场一边设置 50 厘米的斜坡，坡度 30°，深入水池。运动场与水池结合处有一宽 50 厘米的明沟，上面用漏缝水泥板或塑料网覆盖，缝隙的方向应与明沟的流向一致，以利于污水等进入明沟。沟底有 10°的坡度，以利于污水排出。各鹅舍明沟均汇入鹅舍一端的总明沟，总明沟由南向北流入粪污处理池，总明沟宽 0.5 米，由南向北倾斜，坡度为 10°~15°。运动场靠水池一边植树遮阳或搭凉棚。

前一栋种鹅舍与后一栋鹅舍的水池间有 30 米间距，以利防火、防疫。期间可以植树、种植牧草和苗圃。在每栋鹅舍入口处即走廊的东（或西）端建一个消毒池，宽 1.5 米左右，进出鹅舍必须经该处消毒。

第三节　鹅场常用的设备用具

一、育雏保温设备

这就是我国农村群众常用的育雏方法，就是利用塑料薄膜、箩筐或芦席作挡风保温设备，依靠鹅自身的热量相互取暖，通过覆盖物的开合来进行调温。

1. 自温设备

（1）草窝。用稻草编织而成，一般口径 60 厘米，高 35 厘米

左右，每窝关初生雏 15~20 只。草窝可以另外作盖，也可以用麻袋覆盖。草窝既保温又通气（空气可以缓慢地流通），是理想的自温育雏用具。

（2）箩筐。分两层套筐和单层竹筐两种。两层套筐用竹篾编织而成，由筐盖、小筐和大筐拼合为套筐。筐盖直径 60 厘米，高 20 厘米，用作保温和喂料用。大筐直径 50~55 厘米，高 40~43 厘米。小筐的直径略小于大筐，高 18~20 厘米，套在大筐的上半部。两筐底均铺垫草，筐壁四周用棉絮等保温材料，每层可关初生雏鹅 10 只左右。单层竹筐筐底及四周用垫草等做保温材料，上面覆盖筐盖或其他保温材料。

（3）栈条。长 15~20 米，高 60~70 厘米，用竹子编成，供围鹅用。栈条一般在春末夏初至秋分这段时间作鹅自温育雏用具。

2. 加温设备　育雏期间需要人工加温，加温主要有如下设备可供选择。

（1）煤炉供温。它指在育雏室内设置煤炉和排烟通道，燃料用炭块、煤球、煤块均可，保温良好的房舍每 15~25 平方米设置一个煤炉。为了防止舍内空气污染，可以紧挨墙边砌煤炉，把煤炉的进风口和掏灰碴口留在墙外。这种方法优点是省燃料，温度容易上升；缺点是费人力，温度不稳定。适用于专业户、小规模鹅场的各种育雏方式（图 6–5）。

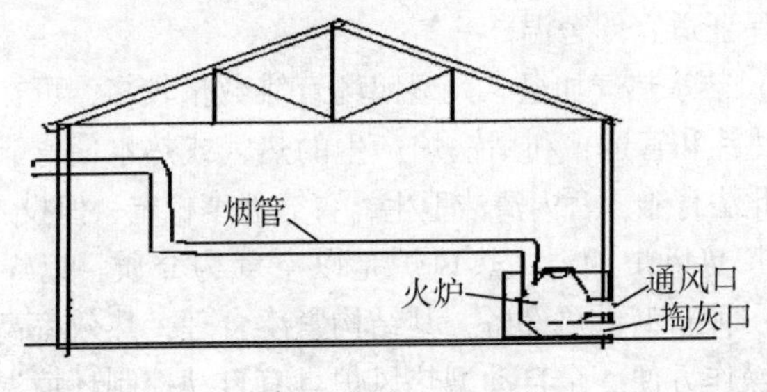

图 6–5　煤炉供温示意

（2）保姆伞加温。形状像伞样，撑开吊起，伞内侧安装有加温和控温装置（如电热丝、电热管、温度控制器等），使伞下一定区域温度升高，达到育雏温度。雏鹅在伞下活动、采食和饮水。伞的直径大小不同，养育的雏鹅数量也不等。目前保姆伞的材料多是耐高温的尼龙，可以折叠，使用比较方便。其优点是育雏数量多，雏鹅可以在伞下选择适宜的温度带，换气良好；不足是育雏舍内还需要保持一定的舍内温度。适用于地面平养和网上平养。

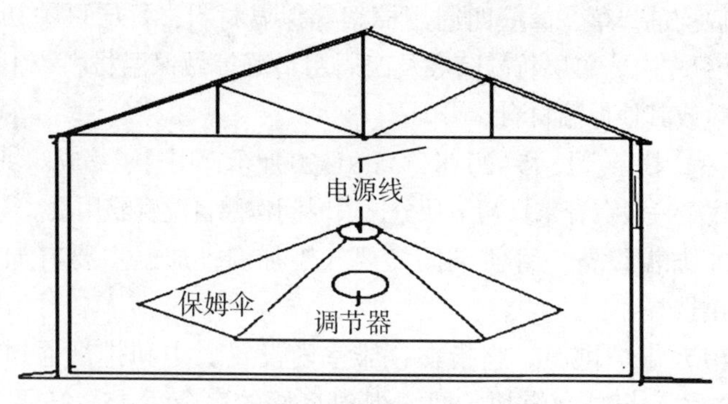

图 6-6　保姆伞加温示意

（3）烟道加温。可在舍内地面上方架设烟道，雏鹅活动在烟道下，为了保温需在烟道上设置护板；雏鹅也可饲养在烟道上面的网面上。这种烟道可使用任何燃料，也根据舍温调整烧火次数，以保证适宜的舍温。

（4）热水热气加温。大型鹅场育雏数量较多，可在育雏舍内安装散热片和管道，利用锅炉产生的热气或热水使育雏舍内温度升高。此法育雏，舍内清洁卫生，育雏温度稳定，但投入较大。

（5）热风炉加温。热风炉是以空气为介质，以煤炭或油为燃料的一种新型供热设备，其结构紧凑合理，热效率高，运行成本低，操作方便。全自动型热风炉具有自动控制环境温度、进煤数量、空气进入、热风输出，自动保火、报警、高效除尘等性能特点。

二、通风设备

鹅舍的通风方式有自然通风和机械通风。

（一）自然通风

自然通风主要利用舍内外温度差和自然风力进行舍内外空气交换，适用于开放舍和有窗舍。利用门窗开启的大小来控制禽舍通风情况。一般通过禽舍屋顶上的通风口进行。通风效果取决于舍内外的温差，通风口和风力的大小。炎热夏季舍内外温差小，通风效果差；冬季禽舍内外温差大，通风效果好（图 6-7）。

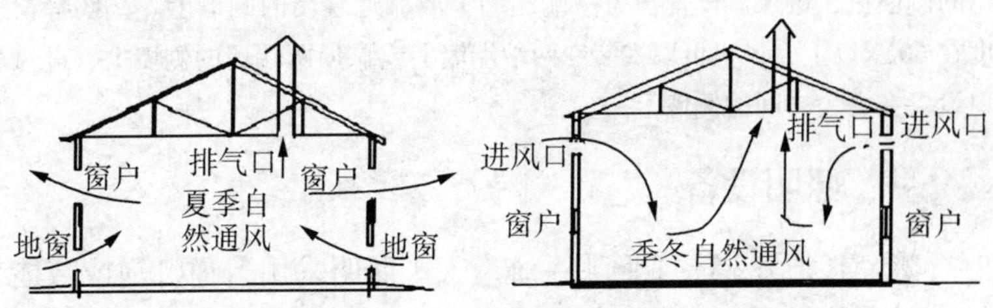

图 6-7　自然通风示意

（二）机械通风

机械通风是利用风机进行强制的送风（正压通风）和排风（负压通风）。常用的风机是轴流式风机。风机由外壳、叶片和电机组成，有的叶片直接安装在电机的转轴上，有的是叶片轴与电机轴分离，由传送带连接。风机和进气口的位置如图 6-8 所示。

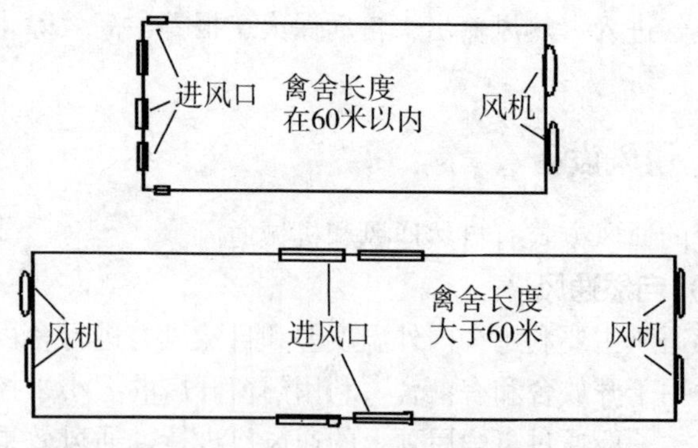

图 6-8　风机和进气口位置布局图

注：①鹅舍长度在 60 米以内，风机可以安装在一端端墙上或靠近端墙的侧墙上，进风口设置在另一端端墙上或靠近端墙的侧墙上。②鹅舍长度在 60 米以上，风机可以安装在两端端墙上或靠近两端墙的侧墙上，进风口设置在禽舍中间的侧墙上。

三、照明设备

鹅舍必须安装人工照明系统。人工照明采用普通灯泡或节能灯泡，安装灯罩，以防尘和最大限度地利用灯光。根据饲养阶段采用不同功率的灯泡。如育雏舍用 40～60 瓦的灯泡，育成舍用 15～25 瓦的灯泡，产蛋舍用 25～45 瓦的灯泡。灯距为 2～3 米。鹅舍的光源布置要均匀。

四、饲喂和饮水设备

应根据鹅的品种类型和日龄配置大小、高度适当的喂料器和饮水器，要求所用喂料器和饮水器适合鹅采食、饮水特点，能使鹅头颈舒适地伸入容器内采食和饮水，但最好不要使鹅任意进入喂料器、饮水器内，以免将其弄脏。其规格和形式可因地而异，既可购置专用喂料器、饮水器，也可自行制作，还可以用木盆或

瓦盆代替，周围用竹条编织构成。现将大型鹅雏鹅用的喂料器和饮水器大小规格列于表6-3，供参考。

表6-3　大型鹅雏鹅用喂料器、饮水器尺寸

日龄	盆直径/厘米	盆高/厘米	竹条间距离/厘米	饲喂鹅只数/（只/个）
1~10	17	5	2.5~3.0	13~15
11~20	24	7~8	3.5~4.0	13~15
21~40	30	9	4.5~5.0	12~14

注：鹅40日龄以上饲料盆和饮水盆可不用竹围，盆直径45厘米，盆高12厘米，盆面离地15~20厘米；种鹅所用的饲料器多为木制，圆形如盆，直径55~60厘米，盆高15~20厘米，盆边离地高28~38厘米；也可用瓦盆或水泥饲槽，水泥饲槽长120厘米，上宽43厘米，底宽35厘米，槽高8厘米；育肥鹅用木制饲槽，上宽30厘米，底宽24厘米，长50厘米，高23厘米。

五、清洗消毒设备

鹅场常用的场内清洗消毒设施有高压冲洗机（图6-9）、喷雾器（图6-10）和火焰消毒器。

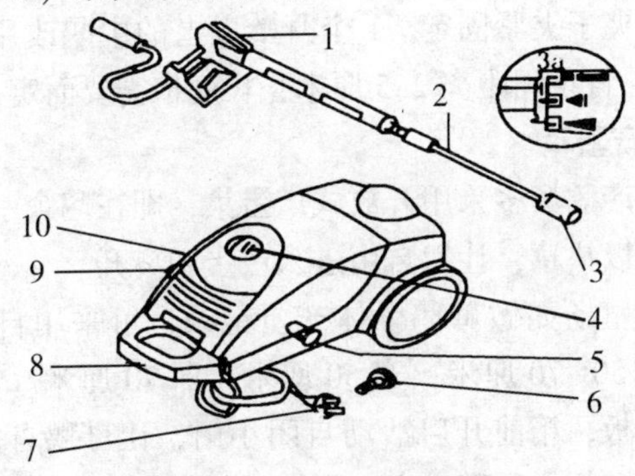

图6-9　高压清洗机结构示意

1. 机器主开关（开/关）　2. 进水过滤器　3. 连接器　4. 带安全棘齿（防止倒转）的喷枪杆　5. 高压管　6. 喷枪杆（带压力控制）　7. 电源连接插头　8. 手柄　9. 带计量阀的洗涤剂吸管　10. 高压出口

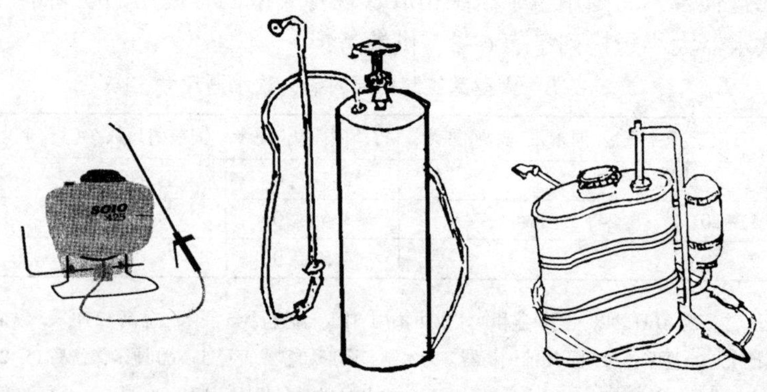

图 6-10　常见的背负式手动喷雾器

六、其他用具

（一）围栏

软竹围可圈围 1 月龄以下的雏鹅，竹围高 40~60 厘米，圈围时可用竹夹子夹紧固定。1 个月龄以上的中鹅改用围栏，围栏高 60 厘米，竹条间距离 2.5 厘米，长度依需要而定。

（二）产蛋箱

一般生产鹅场多采用开放式产蛋巢，即在鹅舍一角用围栏隔开，地上铺以垫草，让鹅自由进入产蛋和离开。

良种繁殖场如做母鹅个体产蛋记录，可采用自动关闭产蛋箱。此箱高 50~70 厘米，宽 50 厘米，深 70 厘米。箱放在地上，箱底不必钉板，箱前开启活动自闭小门，让母鹅自由入箱产蛋，箱上面安装盖板，母鹅进入产蛋箱后不能自由离开，需集蛋者记录后将母鹅捉出或打开门放出鹅。

（三）运输笼

用作育肥鹅的运输，铁笼或竹笼均可，每只笼可容 8~10

只；笼顶开一小盖，盖的直径为35厘米，笼的直径为75厘米，高40厘米。

（四）孵蛋巢（筐）

有些鹅就巢性很强，每产完一窝蛋即就巢孵化。有些农户利用就巢性设计孵蛋巢进行天然孵化。常见的孵蛋巢有两种规格：一种为高型孵巢，上径40~43厘米，下径20~25厘米，高40厘米，适用于中小型品种鹅；另一种为低型孵巢，上、下径均为50~55厘米，高30~35厘米，适用于大型鹅。一般每100只母鹅应备有25~30只孵巢。孵巢内围和底部用稻草或麦秸作垫物。在孵化舍内将若干个孵巢连接排列在一起，用砖和木板或竹条垫高，离地面7~10厘米，并加以固定，以防止翻倒。每个孵巢之间可用竹片编成的隔围隔开，使就巢母鹅不互相干扰打架。孵巢排列方式视孵化舍的形状大小而定，力求充分利用，操作方便。

设计和建造巢箱或巢筐时必须注意以下几点：一是用材省、造价低；二是便于打扫、清洗和消毒；三是结构坚固耐用；四是大小适中；五是能和鹅舍的建筑协调起来，充分利用鹅舍面积来安排巢和箱；六是必须方便日常操作；七是母鹅居住在里面感到舒适；八是能减少母鹅间的相互侵扰；九是有利于充分发挥种鹅的生产性能。

第七章 生态养鹅的饲养管理

第一节 雏鹅的饲养管理

雏鹅是指孵化出壳后到4周龄或1个月内的小鹅。雏鹅饲养管理的好坏不仅直接影响到雏鹅成活率和生长发育，而且影响其以后的种用价值。只有加强雏鹅的饲养管理，才能提高鹅群成活率，保证鹅群均匀整齐，体质健壮，发育良好，为种鹅繁殖和肉鹅生产打下良好基础。

一、雏鹅的特点

（一）生长发育快，新陈代谢旺盛，但消化道容积小

雏鹅生长发育快，长到20日龄时，小型鹅体重比出壳时增长6~7倍，中型鹅增长9~10倍，大型鹅可增长11~12倍；雏鹅体温高，呼吸快，体内新陈代谢旺盛，需水较多。但雏鹅消化道容积小，消化能力差，而且吃下的食物通过消化道的速度快(雏鹅平均保留1.3小时，雏鸡为4小时)。因此，为保证雏鹅快速生长发育的营养需要，在饲养管理中要及时饮水；饲料的营养浓度要高，各种营养素要全面均衡，适当添加优质的、易消化的青饲料；在给饲时要少喂多餐，以利于雏鹅的生长发育。

（二）体温调节能力差

雏鹅出壳后，全身仅被覆稀薄的绒毛，保温性能差，消化吸

收能力又弱，加之体温调节能力差，因此对外界温度的变化适应力弱，特别是对冷的适应性较差。随着日龄的增加，这种自我调节能力虽有所提高，但仍较弱，必须采用人工保温。在培育工作中，为雏鹅创造适宜的温度环境是保证雏鹅生长发育和成活的基础。否则，会出现生长发育不良、成活率低，甚至造成大批死亡的情况。特别是20日龄以内的雏鹅，当温度稍低时就易发生打堆现象，常出现受捂压伤，甚至大批死亡。受捂小鹅即使不死，生长发育也慢，易成“小老鹅”，故民间养鹅户常说“小鹅要睡单，就怕睡成山（打堆）；小鹅受了捂，活像小老鼠（小老鹅）”。为防止打堆及对雏鹅的危害，在育雏时应控制好育雏的温度，还要保持适当的饲养密度，避免拥挤。

（三）抵抗力差

雏鹅体小质弱，抵抗力和抗病力较差，加上密集饲养，容易感染各种疾病，一旦发病则损失严重。因此要加强管理，建立严格的卫生防疫制度，减少疾病危害。

（四）公、母雏鹅生长速度不同

公、母雏鹅生长速度不同，同样饲养管理条件下，公雏比母雏增重快5%~25%，单位增重耗料也少。据国外试验研究，公、母雏鹅分开饲养，60日龄时的成活率要比公、母雏鹅混养高1.8%，每千克增重少耗料0.26千克，每只鹅活重增加0.251千克。所以，在条件许可的情况下，育雏时应尽可能做到公、母雏鹅分群饲养，以便获得更高的经济效益。

二、育雏条件

根据雏鹅生长发育特点为雏鹅提供适宜的环境条件，可以保证雏鹅正常地生活和生长。

（一）适宜的温度

雏鹅体温调节机能不健全，御寒能力差，所以育雏期需要人工给予适宜的环境温度。温度不仅影响雏鹅的体温调节、运动、采食、饮水及饲料营养消化吸收和休息等生理环节，还影响机体的代谢、抗体产生、体质状况等。温度关系到育雏成败，温度适宜则有利于提高雏鹅的成活率，促进雏鹅的生长发育。育雏温度随着日龄增加而逐渐降低，直至脱温。适宜温度见表 7-1。

表 7-1 各类鹅舍主要环境参数

	温度/℃	相对湿度/%	噪声允许强度/分贝	尘埃允许量/（毫克/米³）	有害气体/（毫克/米³）		
					NH_3	H_2S	CO_2
成年鹅舍	10~15	60~70	90	2~5	12	15	2 950
1~30 日龄笼养	20	65~75	90	2~5	8	15	2 950
1~30 日龄平养	22~20	65~75	90	2~5	8	15	2 950
30~65 日龄	20~18	65~75	90	2~5	8	15	2 950
66~240 日龄	16~14	70~80	90	2~5	12	15	2 950

温度计的位置直接影响到育雏温度的准确性和育雏效果。保姆伞育雏，温度计悬挂在距伞边缘 15 厘米，高度与鹅背相平（距地面 8~10 厘米处）；暖房式加温，温度计挂在距地面、网面或笼底面 8~10 厘米处。室内温度测定，温度计挂在育雏室内两窗之间距地面 1. 5~2 米处。

育雏过程中，应根据幼雏的体质、时间、群体任务给予调整，使温度适宜均衡，变化小。调整原则：出壳后温度稍高，以后逐渐降低，直至 20 天以上根据外界气温情况逐渐脱温；白天雏鹅活动时，温度可稍低，夜晚雏鹅休息时，温度可稍高；周初比周末温度可稍高；健雏稍低，病弱雏稍高；大群稍低，小群稍高；晴朗天稍低，阴雨天稍高。雏鹅对温度变化较为敏感，可以根据雏鹅的行为表现适当调整育雏温度，即“看雏施温”：温度适宜时，雏鹅分布均匀，食欲良好，饮水适度，采食量每天增

加，精神活泼，行动自如，叫声轻快，羽毛光洁整齐，粪便正常。饱食后休息，均匀地分布在热源周围的地面或网面上，头颈伸直，睡姿安详；幼雏拥挤叠堆，尽量靠近热源时则说明温度偏低；远离热源，向四周散开，饮水多时则说明温度偏高。

（二）适宜的湿度

鹅虽属于水禽，但怕圈舍潮湿，30 日龄以内的雏鹅更怕潮湿。潮湿对雏鹅健康和生长影响很大，若湿度高、温度低，体热散发而受寒，易引起感冒和下痢。若湿度高、温度也高，则体热散发受抑制，体热积累造成物质代谢与食欲下降，抵抗力减弱，发病率增加。因此，育雏室应选择在地势较高、排水良好的沙质土壤。育雏室的门窗不宜密封，要注意通风透光。室内相对湿度的具体要求见表 7-1。室内不宜放置湿物，喂水时切勿外溢，要注意保持地面干燥。尤其是育雏笼，每次喂料后要增添一点湿料。自温育雏在保温与防湿上存在一定矛盾，如在加覆盖物时温度便上升，湿度也增加，加上雏鹅日龄增大，采食与排粪量增加，湿度将更大。因此，在加覆盖物保温时不能密闭，应留一通气孔。此外，育雏室与育雏笼内温度、湿度相差较大，当揭开覆盖物喂饲时，易感冒，尤其在寒冷季节更为严重。育雏室内最好有保温设备，特别在大规模育雏时，这不但方便管理，而且可提高劳动效率和育雏成绩。

（三）营养充足、全面、均衡的日粮

雏鹅生长迅速，代谢旺盛，要保证雏鹅正常的生长发育，必须供给充足的营养。雏鹅消化道容积小，消化系统发育差，选用的饲料要易于消化吸收，应选用优质的饲料原料（如玉米、豆粕）和优质的青饲料（洁净的青菜、鲜嫩的青草）等。

（四）新鲜的空气

雏鹅生长发育较快，新陈代谢非常旺盛，会排出大量的二氧化碳和水蒸气；粪便中大量的有机物发酵分解产生的氨气和硫化

氢等有害气体，以及人工供温使用的燃料不完全燃烧产生的一氧化碳，这些都会使舍内空气污浊，影响雏鹅的生长发育。因此，育雏室必须进行适宜的通风换气来驱除污浊气体，减少舍内的水汽、尘埃和微生物。

育雏舍既要保温又要注意通风换气，保温与通风换气是矛盾的，应在保温的前提下适量通风换气。育雏前期，注意保温，适量通风；育雏后期，舍内空气容易污浊，应增加通风量。通风换气时，不能让进入室内的风吹到雏鹅身上，防止雏鹅因受凉而感冒。同时，自温育雏的覆盖物要留有气孔，不能盖严。

（五）适宜的饲养密度

饲养密度过大，鹅群拥挤，生长发育缓慢，发育不均匀，并出现相互啄羽、啄趾、啄肛等现象，导致死亡淘汰率高；饲养密度过小，造成浪费，所以要保持适宜的饲养密度。不同饲养方式的饲养密度见表 7–2。

表 7–2　不同饲养方式的饲养密度

周龄	地面平养/（只/米^2）	网上平养/（只/米^2）	立体笼养/（只/米^2 笼底面积）
1	20～25	25～30	40～50
2	15～20	18～25	30～40
3	12～15	14～18	20～30
4	8～12	10～14	15～20

（六）合理的光照

光照会影响雏鹅的生长发育和性成熟时间，应制定严格的光照程序。育雏 1～3 天，每天 23～24 小时光照，光照强度 30～40 勒克斯，使雏鹅尽快适应和熟悉环境，尽早学会饮水、采食。以后每两天减少 1 小时，至 4 周龄时采用自然光照。

（七）卫生

雏鹅体小质弱，对环境的适应力和抗病力都很差，容易发

病，特别是传染病。所以要加强育雏舍进雏前的消毒，加强环境和出入人员、用具的消毒，经常带鹅消毒，并封闭育雏，做好隔离。

三、育雏方式

鹅的育雏方式有平面育雏、立体育雏和自温育雏。

（一）平面育雏

1. 地面平育　在鹅舍地面上铺5~10厘米厚垫料，雏鹅在上面自由活动，育雏前期可在垫料上铺上黄纸，以利于饲喂和雏鹅活动。垫料经常松动和更换，把潮湿污浊的垫料拿到室外晒干后再用，但发生传染病后，垫料要焚烧处理。对垫料的要求：重量轻、吸湿性好、易干燥、柔软有弹性、廉价、适于作肥料。常用的垫料有稻壳、花生壳、松木刨花、锯屑、玉米芯、秸秆等。

2. 网上育雏　它即是将雏鹅养在离地面80~100厘米高的网上饲养。网面的构成材料种类较多，有钢制的（钢板网、钢编网）、木制的和竹制的，现在常用的是竹制的，将多个竹片串起来，制成竹片间距为1.5~2厘米竹排，将多个竹排组合形成育雏网面，育雏前期再在上面铺上塑料网。保温可用电热保温伞或煤炉作为热源对育雏室保温。网上育雏的优点是粪便直接落入网下，雏鹅不与粪便接触，减少了病原感染的机会，饲养密度高，减少投资。

（二）立体育雏

立体育雏也是笼育，就是把雏鹅养在多层笼内。笼育可增加饲养密度，节约建筑面积，便于机械化饲养，管理定额高。育雏笼由笼架、笼体、料槽、水槽和托粪盘构成，根据笼的摆放形式分为重叠式和阶梯式。如重叠式一般笼架长100厘米，宽60~80厘米，高150厘米。从离地30厘米起，每40厘米为一层，可设三层或四层，笼底与托粪盘相距10厘米。这一饲养方法，目前在河南省农村尚未广泛推广使用，但随着养鹅技术的提高，规模的扩大，将会逐渐推广应用到生产中。

（三）自温育雏

华东或华南一带气候较温暖，多采用自温育雏，即利用鹅自身散发的热量，采取保温措施以获得较好的温度条件来育雏。一般是将鹅放在铺有干燥、清洁垫草的箩筐、木桶、纸箱、草围内，加盖保温物品，通过增减覆盖物、垫草厚度或调整雏鹅密度等措施来调节温度。保温用具最好是圆形，因为有棱角的地方容易挤死雏鹅。这种育雏方法，设备简单、经济，但管理麻烦，卫生条件差，适于小群育雏和气候较暖和的地方。

四、育雏准备

根据育雏数量和育雏方式准备好育雏舍，并进行彻底的清洁消毒（鹅舍消毒见第九章消毒部分）；配备好饲喂、饮水和消毒防疫用具；准备好饲料（饲料在雏鹅入舍前1天进入育雏舍，准备的饲料可饲喂5~7天，太多饲料易变质或损失营养；准备适宜的青饲料）、药品（疫苗等生物制品，土霉素、庆大霉素、恩诺沙星等抗菌药，球痢灵、杜球、三字球虫粉等抗球虫药物，酸类、醛类、氯制剂等消毒药，糖类、奶粉、多维电解质等营养剂和维生素C、速溶多维等抗应激剂）和安排好工作人员（育雏人员在育雏前1周左右到位并着手工作）。

安装好供温设备后要调试，观察温度能否达到要求，需要多长时间才能上升到要求的温度。如果达不到要求，要采取措施尽早解决。雏鹅入舍前2天，要使温度上升到育雏温度且保持稳定。

五、饲养管理

（一）雏鹅的饲养

1. 饮水　雏鹅入舍休息一会儿，应开水（开料之前的初次

饮水叫“潮口”）。由于出壳时雏鹅腹内带有的卵黄可为出壳后的雏鹅提供营养（维持约90小时），在吸收卵黄的过程中，需消耗较多的水分，所以进入育雏室后应先饮水。如果不能及时饮水，容易引起雏鹅体内缺水和脱水。有的虽然喂给雏鹅一些浸湿的碎米和青饲料，但这些水分是远远不能满足需要的。缺水一方面会严重影响雏鹅的生长发育，甚至引起死亡；另一方面如突然供水或将其放到水池里，会引起“呛水”暴饮，造成生理上酸碱平衡失调，即所谓的“水中毒”。

雏鹅入舍后3~4天，饮5%~10%的葡萄糖和0.05%速溶多维水溶液，有利于缓解应激和疲劳，以后饮用普通清洁饮水。“潮口”时诱导雏鹅饮水，即将雏鹅（逐只或一部分）的嘴在饮水器里轻轻按1~2次，使之与水接触，训练一部分雏鹅先学会饮水，其他的雏鹅通过模仿也会陆续来饮水。也有的地方采用把雏鹅放在竹筐里，再把竹筐放在水盆里或者河水里，让雏鹅隔筐站在水中（3~4厘米深），使之接触水、喝水。但这种方法易使雏鹅弄湿绒毛而受凉，必须谨慎从事。

育雏舍内饮水器要摆放均匀，位置要固定，切忌随便移动。饮水器中经常有洁净的水，保证雏鹅随时都可以喝到水，避免长时间断水而引起“暴饮”。如果雏鹅较长时间缺水，为防止因骤然供水引起“暴饮”造成的损失，宜在饮水中按0.9%的比例加入食盐，调制成生理盐水浓度，这样的饮水即使“暴饮”也不会影响血液中正负离子的浓度，而无须担心“暴饮”造成的“水中毒”。天气寒冷时应用温水。每次换水时要清洗、消毒饮水器。

2. 采食

（1）适时开食。雏鹅开食过晚，不利于雏鹅的生长发育。开食必须在第一次饮水后，在雏鹅开始“起身”（站起来活动）并表现有啄食行为时进行，一般是在出壳后24~36小时内（雏鹅的第一次饲喂叫“开食”）。

开食的精料可用细小的谷实类或全价饲料。碎米和小米经清水浸泡2小时后，喂前沥干水。开食的青饲料要求新鲜、易消化，以幼嫩、多汁的为好。青饲料喂前要剔除黄叶、烂叶和泥土，去除粗硬的叶脉茎秆，并切成1~2毫米宽的细丝状。饲喂时把加工好的青饲料放在手上晃动，并均匀地撒在草席或塑料布上，引诱雏鹅采食。个别反应迟钝、不会采食的雏鹅，可将青饲料送到其嘴边，或将其头轻轻拉入饲料盆中。开食可以先青后精，也可以先精后青，还可以青精混合，如把育雏料拌入少量青菜，均匀地撒在塑料布上。第一次喂食不求雏鹅吃饱，吃七八分成饱后，即收起塑料布。过2~3小时再用同样方法调教，几次以后雏鹅就会自己吃食了，2~3天后逐步改用饲槽。青饲料在切细时不可挤压。切碎的青料不可存放过久。雏鹅对脂肪的利用能力很差，饲料中忌油腻，不要用带油腻的刀切青饲料，更不要加喂含脂肪较多的动物性饲料。

（2）雏鹅的饲喂。雏鹅学会采食后，可使用营养全面的配合饲料与青饲料拌喂。饲喂方法是“先饮后喂、定时定量、少给勤添、防止暴食”。10日龄以内，一般白天可喂6~7次，每次间隔3小时左右；夜间应加喂2~3次。每次饲喂时间25~30分钟。随日龄增加，饲喂次数可递减。育雏期饲喂全价饲料时，全天供料，自由采食。育雏前期精料和青饲料比例约为1∶2，以后逐渐提高青饲料的含量，10天后比例为1∶4。

（3）饲喂沙砾。因鹅没有牙齿，完成机械消化的器官主要是肌胃，除胃壁可磨碎食物外，还必须有沙砾协助，以提高消化率，防止消化不良症。雏鹅3天后料中可掺些沙砾。10日龄以内沙砾直径为1~1.5毫米，10日龄以后为2.5~3毫米。每周喂量4~5克。也可设沙砾槽，雏鹅可根据自己的需要觅食。放牧鹅可不喂沙砾。

（二）雏鹅的一般管理

除了做好温度、湿度、通风、光照、密度、卫生等方面的管理工作外，还要注意如下方面的管理。

1. 适时分群　由于种蛋、孵化技术等多种因素的影响，同期出壳的雏鹅个体差异较大，育雏过程中的多种因素会加剧个体差异。育雏中要定期进行强弱分群、大小分群，及时挑出病弱的雏鹅进行隔离，并加强饲养管理。否则，健康强壮的雏鹅欺负弱雏鹅，易引起挤死、压死、饿死弱雏鹅的事故，将导致鹅群的生长发育和均匀程度越来越差。群体不易过大，每群以 100～150 只为宜。保持合理的密度，既有利于雏鹅的生长发育，又能提高育雏室的利用效率，还可以防止打堆时压伤压死雏鹅。

2. 适时脱温　一般雏鹅的保温期为 20～30 日龄，适时脱温有利于增强鹅的体质。过早脱温，雏鹅容易受凉而影响发育；保温太长，则雏鹅体弱，抗病力差，容易患病。雏鹅在 4～5 日龄时，体温调节能力逐渐增强。因此，当外界气温高时，雏鹅在 3～7日龄可以结合放牧与放水的活动，逐步外出放牧，开始逐步脱温。但在夜间，尤其在凌晨 2～3 时气温较低时，应注意适时加温，以免受凉。寒冷天气在 10～20 日龄，可外出放牧活动。一般到 20 日龄左右时可以完全脱温，如果冬季育雏，可推迟到 30 日龄脱温。脱温要根据气温的变化逐渐进行，若外界气温突然下降，可适当加温，待气温回升后再完全脱温。

3. 注意观察　整个育雏过程中，注意观察雏鹅的各种行为表现、精神状态和采食饮水及排泄情况是否正常，以便及时发现问题，并及早解决。不论采取何种育雏方式，都要防止鹅群打堆。雏鹅怕冷，休息时常相互挤在一起，严重时可堆集 3～4 层之多，导致压在下面的雏鹅窒息死伤。自开食以后，每 4 小时让鹅“起身”1 次，夜间和气温较低时，尤其要注意经常检查。“起身”即是用手轻拨，拨散挤在一起的雏鹅，使之活动，以调

节温度，蒸发水汽。随着日龄的增长，起身间隔延长、次数减少，同时通过合理分群、控制饲养密度和温度来避免打堆及其伤害。

4. 防止应激 5日龄以内的雏鹅，每次喂料后，除了给予10~15分钟在室内活动外，其余时间都应让其休息睡眠。所以，育雏室内环境应安静，严禁粗暴操作、大声喧哗以免引起惊群，光线不宜亮，灯泡额定功率不要超过40瓦而且要悬高，只要能让雏鹅看到饮水吃料就行，夜晚点灯以驱避老鼠、黄鼠狼等。电灯泡以有颜色的特别是蓝色比较好，它可减少雏鹅彼此间啄羽的发生，而且对雏鹅眼睛刺激较为温和。30日龄后逐渐减少照明时间，直到停止照明使用自然光照为止。如果采用红外线灯泡作保温源时，悬挂高度离垫料应不少于30厘米，否则易引起火灾。在放牧过程中，不要让犬及其他兽类突然接近鹅群，同时注意避开火车、汽车的高声鸣叫。

5. 卫生防疫 雏鹅的抵抗力比较弱，一定要做好清洁卫生工作。饲料要新鲜卫生，饮水清洁，勤打扫场地，保持清洁干燥，饲槽和饮水器每天清洗，在育雏室内的卫生用具要固定，工作人员的衣服和鞋子要专用，无关人员不要进入育雏室。必须从外地购入雏鹅时，需事先进行调查了解，从无疫情的单位购入，购入后必须经20天以上隔离观察，确认健康后，方可合群，对未经小鹅瘟免疫的雏鹅应补做免疫。在饲料中可添加抗生素类药物防病，对病弱雏鹅应及时剔出隔离治疗，加强饲养管理，同时要防止鼠、蛇等动物的伤害。

购进的雏鹅，一定要确认种鹅是否进行过小鹅瘟活疫苗免疫，若没有免疫应尽快进行小鹅瘟活疫苗接种，以免造成重大经济损失。饲料中添加药物防病，一般用土霉素片，每片（50万单位）拌料500克，每天喂2次，可防治一般细菌性疾病。添加钙片可防止骨软症。发现少数雏鹅拉稀，可使用硫酸庆大霉素片

剂或针剂，口服或注射，每只1万~2万单位，每天2次。患流行性感冒时应及时治疗，用青霉素3万~5万单位肌内注射，每天2次，连用2~3天。磺胺嘧啶片，首次口服1/2片（0.25克），以后1/4片，连用2~4天。总之，要以防为主，发现疾病立即隔离治疗，以保证雏鹅健康生长。

（三）弱雏鹅的康复

鹅蛋孵化后会出现弱雏，接雏时虽然把明显的弱雏挑出，但在饲养过程中仍会有弱雏出现。对于患病没有治疗价值的要及时淘汰，对营养不良、体质较差的弱雏，通过加强饲养管理，大部分可以赶上或达到健康雏鹅的生长水平。

1. 产生弱雏鹅的原因

（1）雏鹅质量问题。种蛋质量差，孵化条件不适宜，孵化的雏鹅质量差；出壳后在出雏器、孵化场停留或运输时间过长，导致雏鹅推迟饮水开食时间，使机体缺水、脱水，进而影响雏鹅的生命力。

（2）饲养管理问题。饲料配合不合理、饮水开食不好、育雏舍温度不均、密度过大、通风不良、潮湿、卫生条件差时等都可能产生弱雏。

（3）病原菌感染。病原菌从母体内进入种蛋，如沙门菌、大肠杆菌、葡萄球菌等，出壳后雏鹅抵抗力较弱，有的鹅胚在孵化过程中由于母源抗体的存在而暂时不发生感染，出壳后在病菌继续存在时很快受到威胁而降低雏鹅的抵抗力成为弱雏。

（4）季节因素。育雏季节不同，初生雏的生命力有差别。在同样条件下，一般春天出的雏，强壮雏鹅多；而伏天湿度大、温度高，出的雏就差，弱雏就多。

2. 弱雏鹅的康复方法

（1）及时挑出弱雏。将挑出的弱雏放在具有保温性能的箱、筐内，单独饲养，头3天育雏舍内温度在30℃，湿度70%左右，

防止脱水，促进卵黄吸收。脱水严重的可喂给口服补液盐，不能自饮者，可用滴管向口内滴 2~3 毫升。

(2) 尽快开水与开食。出壳后 24 小时内开始初饮，在饮水中加 0.02%的环丙沙星，并用 5%葡萄糖（或白糖）温开水饮用，连饮 7 天，3 天后每天早晨加饮一次酸牛奶，以促进雏鹅的消化吸收。饮水后 2 小时左右即可开食，喂给八成熟的小米或碎米，每 10 只雏鹅加喂煮熟的鸡蛋黄 1 个和酵母片 5 片，研碎后均匀地拌在饲料里，每天喂 1 次，连续喂 3~5 天。

(3) 预防肠道和呼吸道疾病。在饲料中添加 0.03%的多西环素或左旋氧氟沙星，每天 1 次，连用 3 天。同时，在饮水中添加电解多维和维生素 C。

(4) 饲喂青料。开食的第二天就可喂给经洗净切成细丝的青料，如小白菜、苦荬菜、嫩草等，饲喂量逐渐增加。为了调节胃肠功能、迅速增加体重，可在饲料中添加微生态制剂（如益生素、益康肽、复合酶等），连用 1 周以上，以增加雏鹅胃肠的有益菌群，抑制有害菌，增加食欲，增强抵抗力，使弱雏康复。

(四) 雏鹅的放牧与放水

春季育雏，5 日龄起就可开始放牧锻炼，选择晴朗无风的日子，待饲喂后赶到育雏室附近平坦避风的嫩草地上活动，让其自由采食青草。放牧时间要短，约 1 小时就够了，以后慢慢延长。阴雨天或烈日暴晒时不可放牧，放牧赶鹅时要走得慢些。1 周龄后，在气温适宜放牧时，可以结合放牧把雏鹅赶到浅水处让其自由下水、游泳，但切不可强迫赶入水中，以防风寒感冒。开始放牧的日龄应视气温情况，夏季可提前几天，冬季可推迟几天。放牧时间和距离随日龄的增长而增加，以增强雏鹅体质，培养觅食能力，逐渐过渡到以放牧为主，减少精料的补饲，节约成本。

放牧就是让雏鹅到大自然中去采食青草，饮水嬉戏，运动与休息。通过放牧，可以促进雏鹅新陈代谢，增强体质，提高适应

性和抵抗力。雏鹅身上仅长有绒毛，对外界环境的适应性不强。雏鹅从舍饲转为放牧，是生活条件的一个重大改变，必须掌握好关键节点，循序渐进。雏鹅初次放牧的时间可根据气候而定，最好是在外界与育雏温度接近、风和日丽时进行，通常热天是在出壳后 3~7 天，冷天是在出壳后 15~20 天进行初次放牧。放牧前喂饲少量饲料后，将雏鹅缓慢赶到附近的草地上活动，让其采食青草约 30 分钟，然后赶到清洁的浅水池塘中，任其自由下水几分钟后再赶上岸让其梳理绒毛，待毛干后赶回育雏室。初次放牧以后，只要天气好，就要坚持每天放牧，并随日龄的增加而逐渐延长放牧时间，增加放牧距离，相应减少青饲料饲喂次数。为了使放牧取得良好效果，要掌握牧鹅技术。

1. 加强训练　从雏鹅开始训练，让鹅群熟悉“指挥信号”和“语言信号”，选择好“头鹅”（带头的鹅）。如用小红旗或彩棒作指挥信号，在雏鹅出壳时就应让其看到，并在以后日常饲养管理中都用小红旗或彩棒来指挥，如喂食、放牧、收牧、下水行为等逐步形成固定的条件反射。头鹅身上要涂上红色标志，以便于寻找。放牧只要综合运用“指挥信号”和“语言信号”，充分发挥头鹅的作用，就能做到招之即来，挥之即去。

2. 选好场地　对雏鹅放牧场地的要求是“近”（离雏鹅舍距离近）、“平”（道路平坦）、“嫩”（青草鲜嫩）、“水”（有水源，可以喝水、洗澡）、“净”（水草洁净，没有疫情和农药、废水、废渣、废气或其他有害物质污染场地）。在远离公路和噪声较大的地方放牧，以免鹅群受惊吓。

3. 合理组织　同一放牧鹅群的年龄应相同，否则大的跑得快，小的走得慢，难以合群。放牧的鹅群以 300~500 只为宜，不应超过 600 只。鹅群太大不好控制，在小块旧牧地上放牧常造成走在前面的鹅吃得多，落在后面的鹅吃不饱，影响鹅群的均匀度。

4. 妥善安排放牧时间 雏鹅的放牧应该“迟放早收”。上午第一次放鹅的时间要晚一些，以草上的露水干了以后放牧为好，下午收鹅的时间要早一些。如果露水未干就放牧，雏鹅的绒毛会被露水沾湿，尤其是腿部和腹下部的绒毛湿后不易干燥，早晨气温又偏低，易使鹅受凉，因而易引起腹泻或感冒。初期放牧每天上、下午各一次，每次约 30 分钟，以后逐渐增加次数，延长时间，到 20 日龄后，雏鹅已开始长大毛时，即可全天放牧，只需夜晚补饲一次。

5. 严格管理 放牧员要固定，不宜随便更换。放牧前要仔细观察鹅群，把病弱的和精神不振的雏鹅留下，出牧时点清鹅数。放牧雏鹅要缓赶慢行，禁止大声吆喝和紧追猛赶，防止惊鹅和跑场。阴雨天气应停止放牧。雨后要等泥地干到不黏脚时才能出牧。平时要注意天气变化，避免鹅群受烈日暴晒和风吹雨淋。放牧时要观察鹅群动态，待大部分鹅吃饱后，让鹅下水活动，活动一段时间后赶上岸蹲地休息，休息到大部分雏鹅因饥饿而躁动时，再继续放牧，如此重复。所谓吃饱，是指鹅采食青草后，食道膨大部逐渐增大、突出，当发粗发胀部位达到喉头下方时，即为一个饱。随着日龄的增长，先要让鹅初步达到放牧能吃饱，再往后争取达到一天多吃几个饱。雏鹅蹲地休息时，要定时驱动鹅群，以免睡着受凉。收牧时要让鹅群洗好澡，清点鹅数后，再返回育雏室。对没有吃饱的雏鹅，要及时给予补饲。

第二节 仔鹅的特点与饲养管理

仔鹅（生长鹅、青年鹅或育成鹅）是指从 4 周龄以上至 8 周龄左右选入种用或转入肥育前的鹅。留作种用的称为后备种鹅，不能作种用的转入育肥群，经短期育肥供食用。仔鹅生长发育的好坏，与上市肉用仔鹅的体重、未来种鹅的质量有密切的关系。

一、仔鹅的特点

仔鹅的消化道容积增大，消化力和对外界环境的适应性及抵抗力增强，能大量利用青绿饲料的消化道容积增大，在饲养过程中以青饲料为主，有牧地的尽量多进行放牧或舍饲多喂青饲料；仔鹅阶段是骨骼、肌肉和羽毛生长最快的阶段。为了保证鹅的骨骼发育良好，培育出优质的种用鹅，要提供充足的活动空间和良好的空气环境。

二、仔鹅的饲养管理

放牧饲养时鹅群在草地和水面上，不仅能采食到含维生素和蛋白质营养丰富的青绿饲料，而且阳光充足，活动空间大，能促进鹅机体新陈代谢，增强对外界环境的适应性和抵抗力，为选留种鹅或转入育肥鹅打下良好基础。

1. 放牧场地和牧草选择　优良的放牧场地应具备四个条件：一要有鹅喜食的优良牧草；二要有清洁的水源；三要有树荫或其他荫蔽物，可供鹅群遮阳或避雨；四是道路比较平坦。放牧场应划分若干小区，有计划地轮牧，以保证每天都有牧草采食。此外，农作物收割后的茬地也是极好的放牧场地。

2. 放牧时间　在放牧初期要适当控制放牧时间，一般上、下午各 1 次，中午赶鹅回舍休息 2 小时。天热时上午要早出早归，下午要晚出晚归，中午在凉棚或树荫下休息；天冷时则上午晚出晚归，下午早出早归。随着日龄的增长，慢慢延长放牧时间，中间不回鹅棚，就地在阴凉处休息、饮水。鹅的采食高峰在早晨和傍晚，因此放牧要尽量做到早出晚归，即所谓的“早上踏露水，晚上顶星星”。同时把青草茂盛的地方安排在早晚采食高峰时放牧，使鹅群能尽量多地采食青草。

3. 放牧群的大小　放牧群的大小要根据放牧地情况及放牧

人员经验的丰富程度而定，一般以250~300只作一个放牧群为宜，由两人负责放牧。如果放牧地开阔平坦，对整个鹅群可以一目了然，则每群可以增加到500只，甚至可高达1 000只，放牧人员则适当增加1~2人。如果鹅群过大，不易管理，特别是在林下或青草茂密的地方，则可能小群体走散，少则十来只，多则上百只，同时鹅群过大，个体小、体质弱的鹅吃不饱或吃不到好草，导致大小不一、强弱不匀。

4. 放牧养鹅时注意事项

（1）防中暑雨淋。热天放牧应早晚多放，中午在树荫下休息，或者赶回鹅棚，不可在烈日暴晒下长久放牧，同时要多放水，防止中暑。雷雨、大雨时不能放牧（毛毛细雨时可放牧）。牧地离鹅舍要近，在雨下大时可以及时赶回。

（2）防止惊群。鹅对环境比较敏感，放牧时将竹竿举起或者雨天打伞（可以穿雨衣），都易使鹅群不敢接近，甚至骚动逃离。不要让狗及其他兽类突然接近鹅群，以防惊吓。鹅群经过公路时，要注意防止汽车高音喇叭的干扰而引起惊群。

（3）防跑伤。放牧需要逐步锻炼，距离由近渐远，慢慢增加，将鹅群赶往放牧地时，速度要慢，切不可强驱蛮赶，以致聚集成堆，前后践踏受伤，特别是吃饱时更要赶得慢些。每天放牧的距离大致相等，以免累伤鹅群。尽量选平坦的路线。在上、下水，坡度大，雨道窄，或有乱石、树桩等情况时如赶得过快，鹅群会争先恐后，飞跃冲撞，很易受伤。一定要注意收牧时要点清鹅数，并注意观察鹅的采食和健康状况。如发现体弱或有病的鹅掉队，捉回后应立即隔离饲喂或治疗。

（4）防中毒。对于施过农药的地方，管理人员应作详细了解，不能作为放牧地，以免造成不必要的损失。施过农药后至少要经过一次大雨淋透，并经过一定时间后才能安全放牧。对于放牧不慎已造成农药中毒时，要及时问清农药名称，采取相应的解

毒措施。

5. 合理补饲　刚进入仔鹅期的鹅群（对长时间放牧和完全依靠青料还很不适应）或牧地草数量少、质量差时，则需要补饲精料。刚进入仔鹅期的鹅群，晚上牧归后适当补饲，补饲的次数和数量可以逐步减少；放牧场地条件好，有丰富的牧草或落地谷实可吃，可以少补饲或不补饲。补饲时将精饲料（补饲料配方：玉米粉46%、小麦次粉19%、鱼粉2%、豆粕粉9%、统糠10%、草粉11.5%、骨粉0.5%、石粉1%、微量元素和生长素1%）与青料以1∶4的比例配给成半干湿状喂给，补饲的数量根据鹅的膘情和牧地草情而定。

6. 卫生防疫　放牧前应注射小鹅瘟活免疫血清、禽霍乱疫苗。在放牧中，如发现邻区或上游放牧的鹅群或分散养鹅户发生传染病时，应立即转移鹅群到安全地点放牧，以防被传染疫病。不要到工业排放污水的沟渠放牧，对喷洒过农药、施过化肥的草地、果园、农田，应经过10~15天后再放牧，以防中毒。每天要清洗饲料槽、饮水盆，定期更换垫草，随时搞好内外场区的清洁卫生。另外，中鹅缺乏自卫能力，鹅棚舍要装防鼠、防兽害的设施。

7. 及时转群　根据仔鹅的日龄，结合有利的饲养季节充分利用草地，在较少补饲的条件下，仔鹅可以较好地生长发育，一般长至70~80日龄时，就可以达到选留种鹅的体重要求。选留的合格仔鹅可转入后备种鹅群继续进行培育。不合格的仔鹅及时转入育肥群，进行肉用鹅育肥。

第三节　育肥仔鹅的饲养管理

仔鹅饲养到8周龄左右，转入育肥期。仔鹅架子大，但胸部肌肉不丰满，膘度不够，出肉率低，稍带有青草味。经过短期育

肥后（肥育的时间以15~30天为宜），鹅摄取的过量碳水化合物和部分蛋白质，进入体内经消化吸收后，产生大量的能量，过多的能量便大量转化为脂肪，在体内储存起来，使鹅肥胖；充裕的蛋白质可使肌纤维（肌肉细胞）尽量分裂繁殖，使鹅体内各部位的肌肉，特别是胸肌充盈丰满起来，使整个鹅变得肥大而结实。育肥后的仔鹅膘肥肉嫩，胸肌丰厚，味道鲜美，屠宰率高，可食部分比重增大。因此，经过育肥后的鹅更受消费者的欢迎，同时可增加饲养户的经济收益。由于育肥仔鹅饲养管理的状况直接影响上市肉用仔鹅的体重、膘度、屠宰率、饲料报酬以及养鹅的生产效率和经济效益。所以，必须加强对育肥鹅的饲养管理。

一、育肥鹅选择

仔鹅饲养期过后，首先从鹅群中选留种鹅，送至种鹅场或定为种鹅群。剩下的鹅为育肥鹅群。要选精神活泼，羽毛光亮，两眼有神，叫声洪亮，机警敏捷，善于觅食，挣扎有力，肛门清洁，健壮无病的8周龄以上的仔鹅作肥育鹅。新从市场买回的肉鹅还需在清洁水源放养2~3天，用500毫克/千克高锰酸钾溶液进行脚部消毒，确认其健康无病后再予以育肥。

二、分群饲养

为了使育肥鹅群生长整齐、同步增膘，需将大群分为若干小群。分群原则是根据体形大小，采食能力分成强群、中群和弱群三等，在饲养管理中根据各群实际情况采取相应的技术措施，缩小群体之间的差异，使全群达到高生产性能，一次性出栏。

三、驱虫

鹅体内的寄生虫较多，如蛔虫、绦虫、泄殖吸虫等，育肥前应进行彻底驱虫，这对提高饲料报酬和肥育效果极有好处。驱虫

药应选择广谱、高效、低毒的药物。

四、育肥方法

育肥鹅群确定后，移至新的鹅舍，这是一种新环境应激，鹅会感到不习惯，有不安表现，采食减少。育肥前一般有1周左右的育肥过渡期，使鹅逐渐适应即将开始的育肥饲养。

（一）放牧加补饲育肥法

放牧加补饲是较经济的育肥方法。根据育肥季节的不同，白天利用人工栽培草地放牧或在麦茬地、稻田地及沟旁路边采食收割后遗留在田里的粒穗或野草草籽等，边放牧边休息、定时饮水，晚上和夜间补饲全价饲料或压制成的颗粒料（可减少饲料浪费），能吃多少就喂多少，吃饱的鹅颈的右侧可出现一假颈（味囊膨起），有压食动作，摆脖子下咽，嘴、头不停地往下点。补饲的鹅必须饮足水，尤其是夜间不能缺水。

（二）舍饲自由采食育肥法

舍饲育肥法将鹅群用围栏围起来，每平方米5~6只，要求栏舍干燥，通风良好，光线暗，环境安静，每天进食3~5次，从早5时到晚10时。由于限制鹅的运动，喂给含有丰富碳水化合物的谷实或块根饲料，每天喂3~4次，使体内脂肪迅速沉积，同时供给充足的饮水，增进食欲，帮助消化，经过半个月左右即可宰杀。

1. 饲养方式　饲养方式有栅上育肥和地面育肥两种方式，可用竹竿或木条隔成小区，食槽和水槽设在围栏外，鹅伸出头来自由采食和饮水。

（1）围栏栅上育肥。距地面60~70厘米高处搭起栅架，栅条之间距离3~4厘米，鹅粪可通过栅条间隙漏到地面上，栅面上可保持干燥、清洁的环境，有利于鹅的育肥。育肥结束后一次性清理。

（2）地面育肥。在地面上铺上垫料，用木条围成栅栏，鹅在栏内活动，栏外伸头采食和饮水，每天都要清理垫料或加新垫料，劳动强度相对大，卫生较差，但投资少，育肥效果也很好。

2. 饲喂方法 采用自由采食育肥，饲喂方法有以下几种。

（1）草浆饲料养鹅。将收割的青料或采集到的水葫芦、水浮莲、槐叶、杂草等打浆，再用配合粉料搅拌成牛粪状，每天饲喂6餐，最后一餐在晚上10时。选用的青饲料要避免有毒植物如高粱苗、夹竹桃叶、苦楝树叶等。

（2）青饲料拌粉料养鹅。将收割的青饲料剁碎，拌上配合粉料，每天饲喂6餐，晚上还要喂1餐。

（3）青饲料颗粒饲料养鹅。颗粒饲料置于料桶上，任由肉鹅采食。将青饲料（种植的青饲料如黑麦草、象草等，蔬菜产区的大量蔬菜老叶及大量农副产品如萝卜樱、甘薯藤）置于木架、板台、盆子或水面上，让鹅自由采食。一般每只每天只饲喂2~4千克。

（4）草粉全价颗粒饲料养鹅。将草粉（豆科牧草和禾本科牧草、松针、刺槐叶、花生藤等晒干或烘干，制成青绿色粉末）跟豆饼、玉米等配制成全价颗粒饲料。可用料盘每天分4餐饲喂，也可用自动料槽或料桶终日饲喂。另外，要保证有充足的清洁饮水。这种方式有利于规模化、集约化养鹅。

3. 管理 加强对鹅群的观察和日常管理，搞好卫生和消毒，保持鹅舍洁净；饲料更换有一定的过渡期，特别注意防治消化系统疾病。可大量应用促菌生、益生素、EM菌、酵母菌、乳酸菌等饲料添加剂调节鹅肠道的微生态环境，保持菌群平衡，减少腹泻、肠炎的发生。另外，有意识地应用一些既是饲料又是中草药的植物如杂交酸模、马齿苋、大蒜、香桃叶、山姜等。

（三）舍饲填饲育肥法

采用填鸭式肥育技术，俗称“填鹅”，即在短期内强制性地

让鹅来食大量的富含碳水化合物的饲料，促进育肥。如可按玉米、碎米、甘薯面60%，米糠、新皮30%，豆饼（粕）粉8%，生长素1%，食盐1%配成全价混合饲料，加水拌成糊状，用特制的填饲机填饲。具体操作方法是：由两人完成，一人抓鹅，一人握鹅头，左手撑开鹅嘴，右手将胶皮管插入鹅食道内，脚踏厌食开关，一次性注满食道。一只一只慢慢进行。如没有填饲机，可将混合料制成粗1~1.5厘米、长6厘米左右的食条，待阴干后，人工一次性填入食道中，效果也很好，但费人工，适于小批量育肥。其操作方法：填饲人员坐在凳子上，用膝关节和大腿夹住鹅身，背朝人，左手把嘴撑开。右手拿食条，先蘸一下水，用食指将食条填入食道内，每填一次用手顺着食道轻轻地向下推压，协助食条下移，每次填3~4条，以后增加直至填饱为限。开始3天内，不宜填得太饱，每天填3~4次。以后要填饱，每天填5次，从早6时到晚10时，平均每4小时填一次。填后供足饮水。每天傍晚应放水一次，时间约30分钟，将鹅群赶到水塘内，可促进新陈代谢，有利于消化，清洁羽毛，防止生虱和其他皮肤病。

每天清理圈舍一次，如使用褥草垫栏，则每天要用干草兑换，湿垫料晒干、去污后仍可使用。若用土垫，每天须添加新干土，每周要彻底清除一次，堆积起来发酵，不但可防止环境污染，还可提高肥效。

五、选择最佳出栏期

选择最佳出栏期能够提高肉鹅的养殖效益。选择最佳出栏期，主要是考虑饲料利用效果和市场价格。

肉鹅4~8周龄出现增重的高峰期，9周龄后增重减慢，饲料利用率降低，这时可将鹅群由放牧转为舍饲育肥，待达到出栏体重时即可上市。一般认为，在正常的饲养管理条件下，中小型鹅

70~90 日龄活重达 3.0~4.0 千克，大型鹅 80 日龄活重达 4.0~5.0 千克，就应出栏。利用优良品种配套杂交生产的商品鹅，60 日龄可达 3.5~4.5 千克，90 日龄出栏时平均体重可达 5.0 千克，其生长速度快且羽绒含量高（30%左右），缩短了饲养周期，提高了经济效益。

养鹅的经济效益受市场因素制约较大，应根据市场变化，结合鹅自身的生长状况选择最佳时机出售。一般农户多在 5 月中旬至 7 月进雏，出栏时间大多在 9~10 月，由于出栏时间集中，相互竞争，造成价格较低，经济效益差。如饲养优良商品雏鹅就可分期上市，避免了集中上市的诸多弊端。如 4~5 月进雏，6~7 月出栏，或 6 月进雏，8 月出栏，也可延迟上市，中间进行活体拔毛，增加收入，提高了养鹅生产的整体效益。

此外，选择最佳出栏期，还要受饲养管理等多种相关因素的影响。在生产过程中，一定要根据自己的实际情况适时出栏，以达到最大的经济效益。

第四节　后备种鹅的饲养管理

中鹅养到 70 日龄左右，对混群鹅要进行选择，按照各品种体貌要求，选出体躯匀称、体重相似的整齐鹅群作为产蛋鹅的后备群，称后备种鹅，也就是 70 日龄或 10 周龄以后到产蛋或配种之前准备作种鹅的仔鹅。后备种鹅饲养管理的目的是提高种用价值，为产蛋或配种做准备。依据后备种鹅生长发育的特点，将后备种鹅饲养期分为前期、中期和后期三个阶段，分别采取不同的饲养管理措施。

一、前期调教合群

70~90（或 100）日龄为前期，晚熟品种还要长一些。后备种鹅是从中鹅群中挑选出来的优良个体，往往不是来自同一鹅群，把它们合并成后备种鹅的新群后，由于彼此不熟悉，常常不合群，甚至有“欺生”现象，必须先通过调教让它们合群。这是管理上的一个重点。此时期的中鹅处于生长发育时期，而且还要经过第二次换羽，需要较多的营养物质，不宜过早进行粗放饲养，应根据放牧场地草质的好坏，逐渐减少补饲的次数，并逐步降低补饲日粮的营养水平，使青年鹅机体得到充分发育，以便顺利地进入限制饲养阶段。

如果是舍内（关棚）饲养，则要求饲料充足，定时定量，每天喂3次。生长阶段要求日粮中的粗蛋白质为12%~14%，每千克含代谢能2 400~2 600千卡（1千卡=4.2千焦）。日粮中各类饲料所占比例分别为谷物饲料占40%~50%，糠麸类饲料占10%~20%，蛋白质饲料占10%~15%，填充料（统糠等粗料）占5%~10%，青饲料占15%~20%。

二、中期限制饲养

中期一般从100~120日龄开始至开产前50~60天结束。后备种鹅经第二次换羽后，如供给足够的饲料，经50~60天便可开始产蛋。但此时由于种鹅的生长发育尚不完全，个体间生长发育不整齐，开产时间参差不齐，导致饲养管理十分不方便。过早开产，母鹅产的蛋小，种蛋的受精率低，达不到种蛋的标准。因此，这一阶段应对种鹅采取限制饲养，适时开产，使其比较整齐一致地进入产蛋期。

限制饲养一般从100~120日龄开始，至开产前50~60天结束。控料阶段分前、后两期。前期约30天，在此期内应逐渐降低饲料营养，每天由给食3次改为2次。尽量增加青饲料喂量和鹅的运动，或增加放牧时间，逐步减少每次给食的饲料量。控料阶段母鹅的日平均饲料用量一般比生长阶段减少50%~60%。饲

料中可加入较多的填充粗料（如统糠），目的是锻炼消化能力，扩大食道容量。粗蛋白质水平可下降至8%左右，饲料配合中谷物类占50%~60%，糠麸类占20%~30%，填充料占10%~20%。经前期30天的控料饲养，后备种鹅的体重比控料前下降约15%，羽毛光泽逐渐减退，但外表体态应无明显变化，青饲料消耗明显增加。此时，如后备母鹅健康状况正常，可转入控料阶段后期。后备母鹅经控料阶段前期饲养的锻炼，采食青草的能力增强，可完全采食青饲料（每天每只鹅可采食1~2千克青草），不喂或少喂精料。在南方，控制饲养阶段如遇盛夏，为使鹅在中午能安静休息和避暑，可在中午喂1次精料（饲料配比为谷物类占40%~50%，糠麸类占20%~30%，填充料占20%~30%）。控料阶段后期为30~40天。经控制饲养（包括前后期）的后备母鹅体重允许下降20%~25%，羽毛失去光泽，体质略为虚弱，但无病态，食欲和消化能力正常。限制饲养阶段，放牧饲养，无论给食次数多少，补料应在放牧前2小时左右，以防止鹅因放牧前饱食而不采食青草；或在放牧后2小时补饲，以免养成收牧后有精料采食便急于回巢而不大量采食青草的坏习惯。

后备公鹅在控制饲养阶段应与母鹅分群饲养，为了保持公鹅有一定的体重和健康的体质，饲料配比应全期保持在母鹅控料阶段前期的水平，每天补饲两次以上。但必须防止因饲料营养水平过高而提早换羽。限制饲养阶段要注意如以下几方面。

1. 注意观察鹅群动态 在限制饲养阶段，随时观察鹅群的精神状态、采食情况等，发现弱鹅（表现出行动呆滞，两翅下垂，食草没劲，两脚无力，体重轻）、伤残鹅等要及时剔除或进行单独的饲喂和护理。可喂以质量较好且容易消化的饲料，到完全恢复后再放牧。

2. 放牧场地选择 应选择水草丰富的草滩、湖畔、河滩、丘陵及收割后的稻田、麦地等。放牧前，先调查牧地附近是否喷

洒过有毒药物；如有，则必须经1周以后或下大雨后才能放牧。

3. 注意防暑 育成期种鹅往往处于5~8月，气温高。放牧时应早出晚归，避开中午酷暑，早上天微亮就应出牧，上午10时左右将鹅群赶回圈舍，或赶到阴凉的树林下让鹅休息，到下午3时左右再继续放牧，待日落后收牧，休息的场地最好有水源，以便于饮水、戏水、洗浴。放牧时应防止雷阵雨的袭击，如躲避不及可将鹅赶入水中。晚上可让鹅在运动场过夜，将鹅舍和运动场的门敞开，既有利于通风降温又便于鹅自由进出。运动场上应点灯防止兽害。

4. 搞好鹅舍的清洁卫生 每天清洗食槽、水槽及更换垫料，保持垫草和舍内干燥。

三、后期加料促产

经限制饲养的种鹅，应在开产前50~60天进入恢复饲养阶段。此时种鹅的体质较弱，应逐步提高补饲日粮的营养水平，并增加喂料量和饲喂次数。如在9月开产的母鹅应从7月起逐步改变饲料和管理方法，逐步提高饲料质量，营养水平由原来的粗蛋白质含量在8%左右提高到10%~12%，每天早晚各给食1次，让鹅在傍晚时仍能采食大量的牧草。饲料配比可按谷物类占50%~60%，糠麸类占20%~30%，蛋白质饲料占5%~10%，填充料占10%~15%。用这种饲料经20天左右饲养，后备母鹅的体质便可恢复到控料阶段前期的水平。此时再用同一饲料每天早、中、晚给食3次，逐渐增加喂量。做到饲料多样化、不定量，青饲料充足，增喂矿物质饲料促进母鹅进入“小变”，即体态逐步丰满。然后增加精料用量，让其自由采食，争取及早进入“大变”，即母鹅进入临产状态。初产母鹅全身羽毛紧贴，光洁鲜明，尤其颈羽显得光滑紧凑，尾羽与背羽平伸，后腹下垂，耻骨开张达3指以上，肛门平整呈菊花状，行动迟缓，食欲大增，喜食矿物质饲料，有求偶表现，想窝念巢。后备公鹅的精料补充应提前进行，促进其提早换羽，以便在母鹅开产前有充沛的体力、旺盛的食欲。后备种鹅后期的用料要精。在舍饲的条件下，最好给后备种鹅喂配合饲料。

后备公鹅应比母鹅提前两周进入恢复期，由于公鹅在控料阶段的饲料营养水平较高，进入恢复期可用增加料量来调控，每天给食由两次增至三次，使公鹅较早恢复。进入恢复期的种鹅，有的开始陆续换羽。为了换羽整齐，节省饲料，应进行人工拔羽。拔羽时间应选择在种鹅体质恢复后而羽毛未开始掉落前。人工拔羽应在晴天进行，拔羽时把主副翼羽及尾羽全部拔光。拔羽后应加强饲养管理，提高饲料质量，饲料中含粗蛋白质12%～14%。公鹅的拔羽期可比母鹅早两周左右进行，使后备种鹅能整齐一致地进入产蛋期。

这一阶段在管理上的重要工作之一是进行防疫接种，注射小鹅瘟活疫苗。对种鹅接种疫苗，一般都在产蛋前注射，如在产蛋时注射，势必因对疫苗有反应而影响产蛋。母鹅在注射疫苗15天后所产的蛋都可留着孵化，其含有母源抗体，孵出的雏鹅已获得了被动免疫力。

第五节　种鹅的饲养管理

所谓种鹅，一般是指母鹅开始产蛋、公鹅开始配种，用以繁殖后代的鹅。饲养种鹅的目的在于获取较多的种蛋，为肉鹅业提供生产性能高、体质健壮的雏鹅。由于饲养措施不同，种鹅生产成绩常有较大的差异。因此，如何制订合理的饲养管理模式，充分发挥种鹅的生产潜力，是养鹅生产的关键环节之一。

种鹅的特点是生长发育已经大体完成，对各种饲料的消化能力很强，第二次换羽也已完成，生殖器官发育成熟并进行繁殖。

在这一阶段，能量和养分的消耗主要用在繁殖上。因此，饲养管理必须与产蛋或留种相适应。

一、种鹅的饲养方式

种鹅饲养以舍饲为主、放牧为辅，既可降低饲料成本又利于提高母鹅的产蛋率。南方饲养的鹅种，一般每只母鹅产蛋30~40枚，高产者达50~80枚；而北方饲养的鹅种，一般每只母鹅产蛋70~80枚，高产者达100枚以上。为发挥母鹅的产蛋潜力，必须实行科学饲养，以满足产蛋母鹅的营养需要。

（一）地面平养

种鹅饲养在地面上，舍外设置运动场和洗浴池，目前在生产中较为常用。

（二）网上平养

种鹅网上平养时，网板占鹅舍面积的20%~25%，网上放饮水器和食槽，鹅舍前有洗浴沟和硬地面的日光浴场。洗浴沟加水20~30厘米，每周换水和清沟1~2次。为防止水中出现浮游生物，可按每100升水加1克硫酸铜进行处理。种鹅网上平养时，板条地面是用上宽2厘米，底宽1.5厘米，高2.5厘米的梯形木条组成，木条之间的距离为1.5厘米。

（三）笼养

将鹅养在金属笼内，通常分为两层，饲养密度比垫料平养高75%。鹅粪通过笼底的网眼落到地上，可以机械清粪，自动喂料和饮水。但是生产工艺复杂，成本偏高。笼养种鹅笼，宽100厘米，深70厘米，高90厘米（母鹅）或100厘米（公鹅）。每笼放种鹅2~3只，笼底用直径5毫米的钢丝做成。母鹅笼底的坡度为12°，以便于鹅蛋自动滚到集蛋槽上。槽式饮水器深6厘米，上沿宽8厘米。食槽位于饮水器同侧，槽深10厘米，宽18厘米，上沿有宽1.2厘米的槽沿，防止鹅抛撒饲料。

二、鹅群结构

合理的鹅群结构不但是组织生产的需要，也是提高繁殖力的需要。在生产中要及时淘汰过老的公、母鹅，补充新的鹅群。母鹅头三年的产蛋量最高，以后开始下降。所以，一般母鹅利用年限不超过三年。公鹅利用年限也不宜超过三年。种鹅群的组成一般为：1岁母鹅为30%，2岁母鹅为25%，3岁母鹅为20%，4岁母鹅为15%，5岁母鹅为10%。

三、种母鹅的饲养管理

（一）产蛋期的饲养管理

母鹅经过产蛋准备期的饲养，换羽完毕，体重逐渐恢复，陆续转入产蛋期。临产前母鹅表现为羽毛紧凑有光泽，尾羽平直，肛门平整，周围有一个呈菊花状的羽毛圈，腹部饱满，松软而有弹性，耻骨间距离增宽，采食量增加，喜食无机盐饲料，有经常点头寻求配种的姿态，母鹅之间互相爬踏。开产母鹅有衔草做窝现象，说明即将开始产蛋。

1. 饲养

（1）饲料饲养。营养是决定母鹅产蛋率高低的重要因素。种鹅在产蛋配种前20天左右开始喂给产蛋饲料。对于产蛋鹅的日粮，要充分考虑母鹅产蛋所需的营养，尽可能按饲养标准配制。在以舍饲为主的条件下，建议产蛋母鹅日粮营养水平为：代谢能10.88~12.3兆焦/千克，粗蛋白14%~16%，粗纤维5%~8%（不高于10%），赖氨酸0.8%，蛋氨酸0.35%，胱氨酸0.27%，钙2.25%，有效磷0.3%，食盐0.5%。维生素对鹅的繁殖有着非常重要的影响，维生素E、维生素A、维生素D_3、维生素B_1、维生素B_2、维生素B_6必须满足需求。使用分装维生素时，考虑到效价等问题，须按说明书供给量的3~4倍进行添加。

另外，在产蛋高峰期饲料中添加 0.1%的蛋氨酸，可提高种鹅产蛋率。种鹅精料以配合饲料效果较好。据试验，采用按玉米 50%、豆饼 12%、米糠 25%、菜籽饼 5%、骨粉 1%、贝壳粉 7%的比例制成的配合饲料饲喂种鹅，平均产蛋量、受精蛋、种蛋受精率分别比饲喂单一稻谷提高 3.1 个百分点、3.5 个百分点和 2 个百分点。由于配合饲料营养较全，含有较高的蛋白质、钙、磷及微量元素，能够满足种鹅产蛋对营养的需要，所以产蛋多、种蛋受精率高。

精饲料的喂量要逐渐增加，开始饲喂量小型鹅 90 克/天，大型鹅 125 克/天，以后每周增加 25 克，用 4 周时间逐渐过渡到自由采食，但喂料量不能超过 200 克。喂料时先粗后精，定时定量，每天 2~3 次。如果白天放牧，晚上还应补饲 1 次，任其自由采食。种鹅喂青绿多汁饲料可大大提高产蛋率、种蛋受精率和孵化率。有条件的地方应于繁殖期多喂些青饲料。每只种鹅每天能采食 2.5 千克的青饲料。精料喂量是否适合，可以由鹅的粪便来确定，如鹅粪粗大、松散、轻拨能分成几段，则表明精粗适宜；如鹅粪细小硬实，则是精料多、青饲料少，补饲量过多，消化吸收不正常，应增加青饲料；如果粪便色浅而不成形，排出即散开，说明补料量过少，营养物质跟不上，应增加精料补给。

开产前 10 天，应提高日粮中钙的含量，还应在运动场或牧地放置补饲粗颗粒贝壳粉或石粉及沙子的饲槽或料盘，任鹅自由采食。开产后的鹅要适当控制精料喂量，每只 125 克。如果喂料过多引起母鹅过肥，则会影响产蛋。但也不能过瘦，过瘦要加料促蛋；进入产蛋旺期，增加精料（饲料中可以添加 1%的蛋氨酸），吃到七分饱，结合放牧或饲喂青饲料；产蛋后期，精饲料要喂到八分饱，以料促蛋，不使产蛋率下降。当产蛋率下降幅度大时，应让鹅自由采食精料，吃饱吃好，夜间还要加喂 1 次，以控制产蛋率的下降。

（2）饮水。鹅蛋含有大量水分，鹅体新陈代谢也需水分，所以供给产蛋鹅充足的饮水是非常必要的。鹅舍内应经常保持有清洁的饮水。产蛋鹅夜间饮水与白天一样多，所以夜间也要给足饮水，以满足鹅体对水的需求。我国北方早春气候寒冷，饮水容易结冰，产蛋母鹅饮用冰水时则对产蛋有影响，应给予 12 ℃的温水，并在夜间换一次温水，防止饮水结冰。

2. 环境管理 精心管理，为鹅群创造一个良好的生活环境，是保证鹅群高产、稳产的基本条件。

（1）产蛋鹅的适宜温度。鹅的生理特点：羽绒丰满，绒羽含量较多；皮下有脂肪而无皮脂腺，只有发达的尾脂腺，散热困难，所以耐寒而不耐热，对高温反应敏感。夏季气温高，鹅停产，公鹅精子无活力；春节过后气温比较低，鹅只陆续开产，公鹅精子活力较强，受精率也较高。母鹅产蛋的适宜温度是 8～25 ℃，公鹅产壮精的适宜温度是 10～25 ℃。在管理产蛋鹅的过程中，应注意环境温度。

（2）产蛋鹅的适宜光照时间。鹅对光照反应敏感，一定的光照时间对产蛋有影响。种鹅的饲养大多采用开放式鹅舍、自然光照制度，如未采用人工补充光照，则会对产蛋有一定的影响。如 10 月开始产蛋的种鹅，按自然光照每天只有 10 个小时，必须在晚上开电灯补充光照，使每天实际光照达到 13 小时左右，此后每隔 1 周增加 0.5 小时，逐渐延长，直至达到每昼夜光照 15 小时为止，并将这一光照时数保持到产蛋期结束。由于采用人工补充光照，弥补了自然光照的不足，促使母鹅在冬季增加产蛋量。但对于鹅的光照，目前还有不同的看法，有人提出不同品种对光照的要求也不同，认为南方的鹅种属短光照品种，缩短光照（每昼夜 10 小时左右）可增加产蛋量，这些问题尚待进一步深入研究。

（3）鹅舍的通风换气。鹅舍封闭较严，鹅群长期生活在舍内，

会使舍内空气污浊，氧气减少，既影响鹅体健康又使产蛋下降。为保持鹅舍内空气新鲜，除控制饲养密度（舍饲1.3~1.6只/米^2，放牧条件下2只/米^2）外，还要注意鹅舍通风换气，及时清除粪便、垫草。要经常打开门窗换气。冬季为了保温取暖，舍内要有换气孔，经常打开换气孔换气，始终保持舍内空气的新鲜。

3. 配种管理 为了提高种蛋的受精率，除考虑种鹅的营养需要外，还必须注意公鹅的健康状况和公母比例。鹅的自然交配多在水上进行，掌握鹅的下水规律，使鹅能得到交配的机会，这是提高受精率的关键。要求种鹅每天有规律地下水3~4次。第一次下水交配在早上，从栏舍内放出后即将鹅赶入水中，早上公、母鹅的性欲旺盛，要求交配者较多，应注意观察鹅群的交配情况，防止公鹅因争配打架而影响受精率。第二次下水时间在放牧后2~3小时，可把鹅群赶至水边让其自由在水中交配。第三次在下午放牧前，方法如第一次。第四次可在入圈前让鹅自由下水。如舍饲，主要抓好早晚两次配种。配种环境的好坏，对受精率有一定影响，在设计水面运动场时面积不宜过大，过大则导致鹅群分散，配种机会少；过小，鹅群又过于集中，致使公鹅相互争配而影响受精率。人工辅助配种可以提高受精率，但比较麻烦，公鹅需经一段时间的调教，只适合在农家散养及小群饲养情况下进行。

在自然支配条件下，合理的性比例和繁殖小群能提高鹅的受精率。一般大型鹅种公母配比为1∶（3~4），中型为1∶（4~6），小型为1∶（6~7）。繁殖配种群不宜过大，一般以50~150只为宜。鹅属水禽，喜欢在水中配种，有条件的应该每天给予一定的放水时间，多创造配种机会，以提高种蛋受精率。

在大、小型品种间杂交时，公、母鹅体格相差悬殊，自然配种困难，受精率低，可采用人工辅助配种方法，这也属于自然配种。方法如下：先把公、母鹅放在一起，使之相互熟悉，经过反复的配种训练建立条件反射，当把母鹅按在地上、尾部朝向公鹅时，公鹅即可跑过来配种。

人工授精是提高鹅受精率最有效的方法，还可大大缩小公母比例，提高优良公鹅利用率，减少经性途径传播的疾病。采用人工授精，1 只公鹅的精液可供 12 只以上母鹅输精。一般情况下，公鹅 1~3 天采精一次，母鹅每 5~6 天输精一次。

4. 产蛋管理 鹅的繁殖有明显的季节性，鹅 1 年只有一个繁殖季节，南方为 10 月至翌年的 5 月，北方一般在 3~7 月。

母鹅的产蛋时间大多数在下半夜至上午 10 时以前。因此，产蛋母鹅上午不要外出放牧，可在舍前运动场上自由活动，待产蛋结束后再放牧。产蛋鹅的放牧地点应选择在鹅舍附近，便于母鹅产蛋时及时回舍，以免在野外产蛋。鹅的产蛋有择窝习性，形成习惯后不易改变。为便于管理，提高种蛋质量，必须训练母鹅在种鹅舍内的固定地方产蛋，不可放任自流任其随处产蛋，以免养成随处产蛋的坏习惯，致使漏捡种蛋及种蛋被污染等情况发生，从而造成不必要的经济损失。初产母鹅还不会回窝产蛋，如发现其在牧地产蛋时，就应将母鹅和蛋一起带回产蛋间，放在产蛋巢内，用竹箩盖住，逐步教会它回巢产蛋。在放牧时如发现有母鹅出现神态不安，急于找窝的现象，如匆忙向草丛或较为掩蔽的场所走去时，应注意检查，如腹中有蛋，就把该母鹅抱回产蛋间产蛋。早上放牧前要检查鹅群，如发现有鸣叫不安、腹部饱满、尾羽平伸、泄殖腔膨大、行动迟缓、有觅窝产蛋表现的母鹅，应捉住检查，如触摸有蛋，应送回产蛋间，让其产蛋，而不要随大群放牧。

训练母鹅在窝内产蛋并及时收集种蛋。地面饲养的母鹅，大约有 60%的母鹅习惯于在窝外地面产蛋，有少数母鹅产蛋后有用草遮蛋的习惯，蛋往往被踩坏，造成损失。因此，在母鹅临产前 15 天左右应在鹅舍内墙周围安放产蛋箱。产蛋箱的规格：宽 40 厘米，长 60 厘米，高 50 厘米，门槛高 8 厘米，箱底铺柔软的

垫草。每 2~3 只母鹅设一个蛋箱。母鹅一般是定窝产蛋，第一次在哪个窝里产蛋，以后就一直在这个窝产蛋。母鹅在产蛋前，一般不爱活动，东张西望，不断鸣叫，这是要产蛋的行为。发现这样的母鹅，要捉入产蛋箱内产蛋，以后鹅便会主动找窝产蛋。

母鹅产蛋以前要做好产蛋箱。产蛋箱内垫草要经常更换，保持清洁卫生，种蛋要随下随捡，一定要避免污染种蛋。被污染蛋表面致病菌数量要比正常种蛋高出几十倍，孵化率、雏鹅成活率都非常低。每天应捡蛋 4~6 次，可从凌晨 2 时以后，每隔 1 小时用蓝色灯光（因鹅的眼睛看不清蓝光）照明收集种蛋一次。这样既可防止种蛋被弄脏，而且在冬季还可防止种蛋受冻而降低孵化率。收集种蛋后，先进行熏蒸消毒，然后放入蛋库保存。

人工孵化方法已经普及，需要做好就巢鹅的处理工作。发现就巢母鹅，应予立即隔离，把母鹅迁离鹅舍，放在无垫草而较冷的围栏内，停止喂料，给足饮水。在晴朗天气可把就巢鹅放在露天的围栏内，经 2~3 天后，每天可喂食粗糠、甘薯等粗料，使母鹅的体质不过于下降，醒巢后能迅速恢复产蛋。此外，也可采用药物醒巢。

5. 注意观察　每天详细观察种鹅的采食、产蛋、粪便和各种行为表现，及时发现问题，把隐患消灭在萌芽状态，可以减少损失。

6. 减弱应激　生活环境中存在着无数致应激因素，如恐惧、惊吓、斗殴、兴奋、拥挤、驱赶、气候变化、设备变换、停电、照明和饲料改变、大声吆喝、粗暴操作、随意捕捉等。所有这些应激都会影响鹅的生长发育和产蛋量。有经验的养鹅生产者很忌讳养鹅环境的突然变化。饲料中添加维生素 C 和维生素 E 有缓解应激的作用。

7. 卫生管理　经常注意舍内外卫生，防止病害。舍内垫草须勤换，使饮水器和垫草隔开，使垫草保持良好的卫生状况。垫草一定要洁净，以防发生曲霉菌病。污染的垫草和粪便要经常清除。舍内要定期消毒，特别是春、秋两季结合预防注射，对饲槽、饮水器和运动场围栏、墙壁等鹅经常接触的场内环境进行一次大消毒，以防疾病的发生。

8. 放牧管理 产蛋期的母鹅应以舍饲为主，放牧为辅。由于产蛋母鹅腹部饱满，行动迟缓，要选择路近而平坦的牧地，放牧时应慢慢驱赶，上下坡时不可使鹅争先拥挤，防止践踏或跌伤，以免引起蛋破裂、内出血和腹膜炎等难于治愈的病症。

9. 疾病控制 制定定期消毒制度。种鹅场要实行封闭式饲养管理，专人负责。在鹅场进出口建好消毒池，人员进出要进行消毒。定期对鹅舍、食槽和其他用具进行消毒。病死鹅要进行深埋，做无害化处理，不要随意乱丢乱抛。到哺坊卖掉种蛋回来后，要对蛋框、人员鞋帽、衣服和运输工具等进行彻底消毒，防止将致病源带入种鹅场。常用的消毒药物有氯毒杀、消特灵、消毒威、烧碱、漂白粉等，这些药物交替使用，浓度要控制好，按照说明书正确使用。

（二）停产期的饲养管理

母鹅每年的产蛋期，除品种之外，因各地区气候不同而异。我国南方多集中于冬、春两季，北方多在2~6月初。种鹅的利用年限一般为3~5年。一般情况下，当种鹅在经过1个冬春繁殖期后，必将进入夏季高温休产期。为了做到既降低休产期的饲养成本，又保证下一个繁殖周期的生产性能，必须根据成年种鹅耐粗饲、抗病力强等特点进行饲养管理。

1. 休产前期的饲养管理 这一时期的工作要点是逐渐减少精料用量、人工拔羽、种群选择淘汰与新鹅补充。停产鹅的口粮由精改为粗，即转入以放牧为主的粗饲期，目的是使母鹅消耗体内的脂肪，导致羽毛干枯，容易脱落。此期喂料次数逐渐减少到每天1次或隔天1次，然后改为3~4天喂1次。在停喂精饲料期，要保证鹅群有充足的饮水。经过12~13天，鹅体消瘦，体

重减轻，主翼羽和主尾羽出现干枯现象时，则可恢复喂料。待体重逐渐回升，放牧饲养 1 个月之后，就可进行人工拔羽。人工拔羽就是人工拔掉主翼羽、副主翼羽和主尾羽。处于休产期的母鹅的羽毛比较容易拔下，如拔羽困难或拔出的羽根带血时，可停喂几天饲料（青饲料也不喂），只喂水，直至鹅体消瘦、容易拔下主翼羽为止。拔羽后必须加强饲养管理，拔羽需选择在温暖的晴天，切忌在寒冷的雨天进行，拔羽后 2 天内应将鹅圈养在运动场内喂料、喂水、休息，不能让鹅下水，以防毛孔感染而引起炎症。3 天后就可放牧与放水，但要避免烈日暴晒和雨淋。目前由于活鹅拔毛技术比较成熟，可在种鹅休产期进行 2~3 次人工拔羽，第一次在 6 月上旬进行，约 40 天后进行第二次拔羽，如果计划安排得好，可拔羽 3 次。每只种鹅在休产期可增加经济收入 8~10 元；种群选择与淘汰，主要是根据前次繁殖周期的生产记录和观察情况，对繁殖性能低，如产蛋量少、种蛋受精率低、公鹅配种能力差、后代生活力弱的种鹅个体进行淘汰。为保持种群数量的稳定和生产计划的连续性，还要及时培育、补充后备优良种鹅。一般情况下，种鹅每年更新淘汰率在 25%~30%。

2. 休产中期的饲养管理　这一时期主要是做好防暑降温、放牧管理和保障鹅群健康安全的工作。要充分利用野生牧草、水草等，以减少饲料成本投入。夏季野生牧草丰富，但天气变化剧烈，因此在饲养上要充分利用种鹅耐粗饲的特点，全天放牧，让其采食野生牧草。农作物收获后的青绿茎叶也可以用作鹅的青饲料。只要青饲料充足，全天可以不补充精料。管理上，放牧时应避开中午高温和暴风雨等恶劣天气。放牧过程中要适时放水洗浴、饮水，尤其要时刻关注放牧场地及周围农药施用情况，尽量减少不必要的鹅群损害。这一时期结束前，还要对一些残次鹅进行 1 次选择淘汰。

3. 休产后期的饲养管理　这一时期的主要任务是种鹅的驱

虫防疫、提膘复壮，为下一个产蛋繁殖期做好准备。为保障鹅群及下一代的健康安全，前10天要选用安全、高效广谱的驱虫药进行1次鹅体驱虫，驱虫1周内的鹅舍粪便、垫料要每天清扫，在堆积发酵后再作农田肥料，以防寄生虫的重复感染。驱虫7~10天后，根据当地周边地区的疫情动态，及时做好小鹅瘟、禽流感等一些重大疫病的免疫接种工作。夏季过后，进入秋冬枯草期，种鹅的饲养管理上要抓好青饲料的供应和逐步增加精料补充量。人工种植牧草，如适宜秋季播种的多花黑麦草等，或将夏季过剩的青饲料经过青贮保存后留作冬季供应。精料尽量使用配合料，并逐渐增加喂料量，以便尽快地恢复种鹅体膘，适时进入下一个繁殖生产期。管理上，还要做好种鹅舍的修缮、产蛋窝棚的准备等工作。必要时晚间增加2~3小时的普通灯泡光照，以促进产蛋繁殖期的早日到来。

四、种公鹅的饲养管理

种公鹅饲养管理好坏直接关系到种蛋的受精率和孵化率。在种鹅群的饲养过程中，始终应注意种公鹅的日粮营养水平和种公鹅的体重、健康等状况。在鹅群的繁殖期，公鹅由于多次与母鹅交配，排出大量精液，体力消耗很大，体重有时明显下降，从而影响种蛋的受精率和孵化率。为了使种公鹅保持良好的配种体况，种公鹅的饲养，除了和母鹅群一起采食外，从组群开始便对种公鹅补饲配合饲料。配合饲料中应含有动物性蛋白质饲料，以利于提高公鹅的精液品质。补喂的方法，一般是在一个固定时间将母鹅赶到运动场，把公鹅留在舍内补喂饲料，任其自由采食。这样，经过一定时间（12天左右），公鹅就习惯于自行留在舍内等候补喂饲料。开始补喂饲料时，为便于分别公、母鹅，可对公鹅作标记，以便管理和分群。公鹅的补饲可持续到母鹅配种结束。

如是人工授精，在种用期开始前1.5个月左右可供给全价配合饲料，特别是蛋白质饲料更要保证。日粮中要求含粗蛋白质16%~18%，每千克含代谢能11 124千焦。在饲料配制时，可添加3%~5%的动物性饲料（鱼粉、蚕蛹等），另加一定量的维生素（以每100千克精料中加入维生素E 400毫克），可有效地提高精液的品质。为提高种蛋受精率，公、母鹅在秋、冬、春季节繁殖期内，每只每天喂谷物发芽饲料100克，胡萝卜、甜菜250~300克，优质青干草35~50克或供给足够的青饲料。

种公鹅要多放少关，加强运动，防止过肥，以保持公鹅体质强健。公鹅群体不宜过大，以小群饲养为佳，一般每群15~20只。如公鹅群体太大，会引起互相爬跨、斗殴，影响公鹅的性欲。

第六节　鹅肥肝生产和鹅绒采集

一、鹅肥肝生产

鹅肥肝是对体成熟基本完成的鹅，用人工强制育肥的方法饲以超额的高能量饲料，让多余的养分转化为脂肪，并在短时间内积储于肝脏中而形成比正常的鹅肝脏（50~100克）大几倍至十几倍的特大脂肪肝（一般重300~900克，大者可达到1 000克）。肥肝中不饱和脂肪酸的含量占整个脂肪酸含量的65%~68%（不饱和脂肪酸能降低人体血液中胆固醇的含量，减少胆固醇类物质在血管壁上的沉积，减轻与延缓动脉粥样硬化的形成，对健康极为有益），含有多种维生素，营养丰富，能滋补身体，加之肥肝质地细嫩，口味鲜美，已成为高档新型营养食品，畅销于国际市场。

（一）填肥的品种、年龄和季节选择

品种对肥肝的大小影响很明显。一般体形越大，生产的肥肝也较大，因此应尽可能选择大型品种填饲。我国的狮头鹅和法国的朗德鹅都是肝用性能较好的品种，平均肥肝重可达 700 克左右，高的可以达到 1 350～1 400 克；应选择颈粗而短的鹅填饲，便于操作，不易使食道报伤，如朗德鹅；填鹅的体躯要长，胸腹部大而深，使肝脏增长时体内有足够的空间。在实践中，为了提高肥肝的生产能力，通常采用肥肝生产性能好的大型品种作父本，用繁殖率高的品种作母本，进行杂交，利用杂种一代生产肥肝。如以产肥肝性能优秀的狮头鹅为父本，分别与产蛋较高的太湖鹅、四川白鹅、五龙鹅杂交，其杂种的平均肥肝重明显提高。

年龄对鹅生产肥肝也有较大的影响。一般情况下，用于生产肥肝的鹅应在体成熟后进行。就我国鹅品种或杂交种来看，大、中型品种在 4 月龄，小型品种或杂交种在 3 月龄时开始填饲。

鹅是季节性产蛋的，多数鹅从当年的 9～10 月开始产蛋到翌年的 4～5 月结束，也有全年分 3～4 期产蛋孵化，这就导致了填鹅的季节性生产。仔鹅填饲的最适宜温度为 10～15 ℃，20～25 ℃尚可进行填饲，但不能超过 25 ℃，因为填饲的是高能量饲料，使仔鹅皮下积贮着大量脂肪，不利于体内热量的散发。相反，填饲的仔鹅对低温的适应性较强，但如果室温低于 0 ℃时，则一定要做好防冻工作。因此，在我国部分养鹅地区，除盛夏和严寒季节外，其余季节均可填饲，生产肥肝。公鹅的绝对肝重比母鹅大，用公鹅生产肥肝较有利。

（二）填喂饲料的选择与调制方法

1. 饲料选择　生产肥肝的填喂饲料，以玉米效果最佳，大米次之，其他各种饲料效果极差。因为玉米所含能量高，容易转化为脂肪积贮；如果是陈玉米则效果更好，这是因为陈玉米的水分少，胆碱含量低，含磷量也低，每千克玉米含胆碱 441 毫克，

而燕麦为958毫克，大麦为991毫克，小麦为1 205毫克。胆碱能促进脂肪转移，保护肝脏不让脂肪大量积贮，但不利于肥肝的形成。目前，各地都采用玉米一种饲料作为主料，添加肉禽微量元素和维生素添加剂，再按饲料总量加1%~1.5%食盐和1%~2%油脂（食用的植物油和动物油均可）。

2. 饲料调制方法

（1）水煮法。将玉米倒入开水锅内，使水面浸没玉米5~10厘米，煮沸3~5分钟，捞出沥干，趁热拌入1%~2%的油脂（气温高时用动物油，如猪油；气温低时用植物油），再加入0.3%~1%的食盐。为减少应激，每100千克饲料中加入10~20克多种维生素（不含胆碱）和适量的微量元素，与玉米充分拌匀填饲。

（2）干炒法。将玉米倒入铁锅内，用文火不断翻炒，切忌炒焦，一般炒至八成熟，炒完后装袋待用。填饲前用温水将玉米粒浸泡1~1.5小时，以玉米粒表皮泡软为度。沥干水分，加入0.5%~1%的食盐和其他辅料，充分拌匀后填饲。

（3）浸泡法。将玉米在水中浸泡8~12小时，沥干水分，加入0.5%~1%的食盐和1%~2%的动（植）物油后即可填饲。

（三）填饲

1. 填饲方法　目前都普遍采用电动填肥器填饲。一般由两人一组，其中一人抓鹅、保定，另一人填喂。填喂者坐在填肥器的座凳上，右手抓住鹅的头部，用拇指和食指紧压鹅的喙角，打开口腔，左手用食指压住舌根并向外拉出，同时将口腔套进填肥器的填料管中后徐徐向上拉，直至将填料管插入食道深部（膨大部），然后脚踩开关，电动机带动螺旋推进器，把饲料送入食道中。与此同时，左手在颈下部（填料管口的出料处）不断向下推抚，把饲料推向食道基部，随着饲料的填入，同时右手将鹅颈徐徐往下滑，这时，保定鹅的助手与之配合，相应地将鹅向下拉，待填到食道4/5处（距咽喉处4~5厘米）时，即放松开关，电动机停止转动，同时将鹅颈从填料管中拉出，填饲结束。整个过程需20~30秒。

2. 填饲次数和填饲量 填饲次数和填饲量要从少到多，逐步增加，开始时不可填饲过多过猛，适应后要尽量多填，但要根据不同个体状况，灵活掌握。一般开始3天，每天填两次，这叫适应性填饲，待鹅习惯后，每天增加到3次，填10天后，再增加到4~6次，每次间隔的时间最好相等。为照顾饲养员休息，夜间两次间隔的时间可以稍长些。如果人力允许，填两周以后，可以实行3班制，改成昼夜填饲，即每隔4小时填1次（0时、4时、8时、12时、16时、20时）。增加次数的目的是增加填料量，只要填得下、能消化，就应尽量多填，这是生产大肥肝的关键技术之一。填饲量，每次每只填50~100克，每天填200克左右，适应以后逐渐增加填料量，每天每只可填600~800克。

3. 填饲期 因品种和方法而稍有不同，大型品种填饲期稍长些，小型品种填饲期稍短些，但个体之间也有很大差异。过去每天填3次，填饲期长达4周，现在增加次数和加大填量后，一般填3周就可以生产出大肥肝。同样的品种、同样的填法，在个体之间也有很大的差异，早熟的个体，填16~18天就出大肥肝，晚熟的个体要填30天以上。当加大填料量后，体重迅速增加，皮下和腹腔内积满脂肪，腹部下垂；行动迟缓，步态蹒跚，精神萎靡，眼睛无神，常半开半闭；呼吸急促，羽毛潮湿而零乱，行走的姿势也出现变化，体躯与地面的角度从45°变成平行状态；食欲减退，出现积食或消化不良症状，这是肝已成熟的表现，应立即停填，及时屠宰。否则，由于进食少、消化不良，已经肥大的肝脏又会因营养消耗而变小。有的鹅体重增加不快，食欲尚好，精神亢奋，行动灵活，这说明还不到屠宰适期，应当继续填饲。

4. 填鹅的选择 填鹅必须是80日龄左右、体格生长已基本

完成的育成鹅，尚未充分生长的嫩鹅经不起强制填饲，容易伤残；选择颈粗短、体形大的健壮个体，生长不良的弱鹅绝不能填饲。肥肝鹅在育成期内，最好放牧饲养，多吃青饲料，以扩大食道容积。填喂前先进行1次体内外驱虫。

5. 填鹅的管理

（1）保持适宜环境。鹅舍要围成小栏，每栏养鹅5~10只，以每平方米养2~3只为宜；圈舍要求冬暖夏凉，通气良好，空气新鲜，地面平坦，地上无石块等硬物，地面适当铺垫草，以保持干燥；保持清洁卫生，每次填完后应及时清扫。

（2）保证充足饮水。供应充足的饮水，水盆或水槽放在围栏外，让鹅伸出头饮水。

（3）减少填鹅的活动。为使鹅得到充分的休息，减少能量消耗，利于肥肝生长，鹅舍光线宜暗，保持环境安静，禁止鹅下水洗浴，减少对鹅的干扰。驱赶鹅应缓慢，防止挤压和碰撞，捕捉时应格外小心，轻提轻放。

（4）注意观察。平时仔细观察鹅群的精神状况，特别是填饲10天后，根据具体情况决定是否紧急屠宰，以减少损失。

6. 填鹅的运输 填饲结束后的鹅要送往食品加工厂集中屠宰取肝。屠宰前12小时应停止填饲。填饲成熟后的鹅，由于较长时间超额供给营养，新陈代谢不正常，肥肝压迫，影响呼吸系统的功能，体质很弱，生活力很差，装运时必须小心谨慎，以免在装运过程中使肥肝瘀血或鹅死亡。装运的笼子垫草应铺厚些，运输要平稳，防止颠簸，装卸时应双手捧住两翅，轻提轻放。

（四）填鹅群的疾病控制

填饲是一种违反鹅生理需要的强制性饲喂手段，不仅对鹅造成严重应激，而且可能造成机械性损伤。同时，随着脂肪的迅速沉积、鹅体重的不断增加和肥肝的形成，鹅的抗病力显著减弱，极易发病。填鹅常见的疾病及控制措施见表7-3。

表 7-3　填鹅常见的疾病及控制措施

疾病和特征		控制措施
喙角溃疡	喙角有炎症、糜烂、结痂等	避免喙角破损、发炎
咽喉炎	咽喉黏膜及其深层组织的炎症。特征是周围组织充血、肿胀和疼痛	避免机械损伤
食管炎	食管黏膜受摩擦造成局部损伤而引起的炎症	避免机械损伤
食管破裂	填鹅的食管破裂，使玉米在填饲时由食管伤口进入颈部皮下	填饲管口要圆滑；插入时动作要轻，插入方向与鹅的食管应一致
积食	包括胃积食和食管积食。这是由于消化功能紊乱引起的以腹泻和排出含大量整粒的、未消化玉米粪便为特征的疾病	注意填饲料的加工调制和适宜的填饲量
跛行与骨折	填饲后期，鹅活重增加近一倍，其腿足往往支撑不住体重，出现歪脚、跛行，这是正常现象	操作人员在捉鹅时必须小心细致，轻捉轻放，否则容易造成翅膀和腿部骨折
气管异物	异物从喉头落入气管所致，严重者会因窒息而死亡	填饲料时避免饲料由喉头落入气管
禽霍乱	填饲期鹅的抵抗力弱，如果卫生管理不好，消毒不力，很容易诱发禽霍乱	一般在填饲前预防接种，同时加强卫生管理，适当补充多种维生素

（五）屠宰取肝

肥肝鹅一般只绝食 6 小时就宰杀，即前一天 22 时填喂后，第二天早晨就可屠宰。肥肝鹅宰前不能强烈驱赶，捉鹅要十分小心，一般用双手抱鹅，轻抱轻放，以免肝脏破裂变为次品或出血致死。尽量避免长途运输。

1. 宰杀　宰杀时将鹅倒悬挂在吊架上。从颈部用刀割断血管放血。放血必须干净，使屠体白净，肥肝色泽好，切不可瘀血。

2. 浸烫　放血干净后立即浸烫，水温 63~65 ℃，浸烫时间 3~5 分钟，根据季节气温高低酌情调整时间。浸烫水必须保持干

净清洁，未死透或放血不净的鹅不能进水池褪毛。

3. 预冷　屠体拔毛完毕、洗净后，将鹅体排放平整（胸部朝上），进入冷库预冷，经18~24小时当鹅体中心温度达2~4℃（不结冻）即可出预冷库。

4. 开膛取肝　从龙骨末端开始，沿着腹部中线向下切割，切至泄殖腔前缘，把皮肤和皮下脂肪切开（不得损伤肥肝和肠管），使腹腔的内脏暴露，并使内脏与腹腔脱离，只有上端和胸腔连着，然后头朝上把鹅挂起，使肥肝垂落到腹部，这时取肝人一手托住肥肝，另一手伸入腹腔内把肥肝轻轻向下做钝性剥离，这时胆囊也随之剥离。取肝时万一胆囊破裂，应立即把肥肝上的胆汁冲洗干净。

5. 整修、检验、称量　肝取下后，放在操作台上，去除肥肝上的结缔组织、脂肪，并把胆囊部位的绿色渗出物清除，随后整形、检验、称重，把合格和不合格的、不同等级的分别包装。称量后的肥肝，应立即进入预冷间（0℃左右），存放8~12小时（以肥肝略有硬度、压痕能在较短时间内复原为标准）。鲜肥肝预冷后，应立即盛放在有冰块的塑料保温箱内，打包发运。冻肥肝称量后立即转入结冻间进行速冻，并标明生产日期，分级包装，然后送冷库存放。

（六）包装、储藏及运输

1. 包装

（1）包装条件：包装室温度在4℃左右，包装材料应干净，未受污染。按鲜肝等级用不同规格的复合塑料薄膜袋真空包装。复合塑料薄膜要求为3层以上聚酯、聚丙烯或改性聚丙烯。

（2）包装箱要求：内箱用聚乙烯泡沫塑料箱，厚度应不小于40毫米，盖与箱体应能严密卡合。外箱为瓦楞纸板箱。包装箱上应印有或贴有下列内容的标志：品名、等级、毛重与净重、生产日期和生产者名称。

（3）包装方法：工作人员须戴乳胶手套装肝，装肝入袋时要防止肥肝与袋口接触，袋口理平后放入真空包装机内进行真空包装。其真空度要求在680~760毫米汞柱之间。

（4）装箱要求：将内箱底层撒一层最大直径小于或等于20毫米的碎冰，厚30~40毫米，然后将肥肝一层层平码箱内。在肝的表面层再撒上一层碎冰，其直径和厚度与底层相同。

2. 储藏

（1）储藏条件：鲜肥肝须放于4℃左右冷库或冷藏柜中。如果生产的肝需要长期保存或只能以冻肝的形式出售，则鲜肝需经速冻处理后冷藏。

（2）速冻处理：速冻可以在包装后带箱进行，也可以用塑料袋包装后在悬挂状态下在流水线上速冻。速冻温度为-35℃，相对湿度为85%~95%。经5~7小时，肥肝中心温度降至-16℃。速冻后的鹅肥肝，要继续做长时间储藏，应及时送入冷藏库，冷藏库温度要求-20~-18℃，相对湿度95%左右，一般可以保存10~12个月。

3. 运输 鲜肥肝需放于冷藏车中运输或空运。保存期限：鲜肥肝保存加运输时间最长不超过5天。

二、羽绒采集

（一）羽绒的采集方法

1. 一次性宰杀取毛法

（1）湿拔法。宰杀放血后，放入65~70℃的热水中浸烫2~3分钟，使体表组织松弛，羽毛容易拔下。注意水温不能过高，浸烫时间不能过长，否则绒毛出现收缩卷曲，色泽暗淡，同时在拔毛时鹅体皮肤容易受到损伤。此外，绒朵往往分散到水中，要尽量捞取，因这是鹅毛中最重要的部分。

此种取毛方法要经过65~70℃的热水浸烫和日晒干燥等过

程，破坏了部分绒朵结构，导致绒羽蓬松度下降、弹性减弱，绒羽丢失严重，且容易混入泥沙等杂质，如遇阴雨天，还容易造成毛绒结块、成团、发霉变质、虫蛀等。

（2）干拔法。鹅宰杀放血后，在鹅体还保持一定的体温时，应立即进行人工拔毛。对于难拔的翅羽和尾羽，最后用热水浸烫后拔取。干拔法拔下的鹅毛保持了原有的毛形，色泽光洁，杂质较少，但花费的人工较多。

2. 活体多次拔毛法（鹅活体拔毛）　鹅活体拔毛指利用人工技术拔取成年活体鹅的羽绒。鹅活体拔绒利用休产期的种鹅、后备种鹅和肉用仔鹅，活拔 3~4 次鹅羽绒，在不影响鹅健康和不增加鹅饲养量的情况下，能增产优质的鹅羽绒 0.3~0.4 千克；活拔鹅羽绒的弹性足，蓬松度好，柔软干净，色泽一致，含绒率高（22%以上），其余的羽片也都可利用，而且活拔鹅的羽绒制品的使用时间较长。所以鹅活体拔绒能提高养鹅的综合经济效益，值得推广。

活体拔羽的时机。不是所有的鹅都可以用来活体拔羽，不是什么时候都可以活体拔羽，也不是任何部位的羽绒都有必要活体拔羽，否则会影响到鹅的健康和生产。所以要掌握好活体拔羽的时机。

夏、秋两季青草旺盛是活体拔毛的最佳时期。特别注意的是，种鹅在产蛋繁殖季节和严重缺乏青饲料时期，以及肉用仔鹅和后备种鹅的羽绒还没有长齐的时候，不能随意进行活体拔毛。活拔鹅羽绒一定要和当地的气候、养鹅的季节、鹅的类型相结合，尽可能做到不影响产蛋、配种、健康，尽可能不影响或者少影响鹅的生长发育，这是必要的前提。

（1）后备种鹅。从中鹅中选出后备种鹅养到 90~100 日龄时即可进行第 1 次拔毛。以后每相隔 42 天左右拔毛 1 次，到开产前 1 个月左右停止拔毛，一般可拔毛 3~4 次，后备种鹅通过活体拔毛，每只鹅可增收 16~20 元。

（2）种鹅。种鹅必须在夏季停产后还没有换好毛之前，抓紧进行活体拔毛。到下一次开产之前 1 个月左右，可连续拔毛 3~4 次。种鹅体形大，羽绒多，对种鹅进行活体拔毛是降低种鹅饲养成本、增产增收的有效途径。

（3）肥肝鹅。肉用仔鹅的羽毛刚长齐，体重较轻，不能用于填饲生产肥肝，需要再饲养一段时间。在这个阶段可适时拔毛 1 次，等新毛长齐后再填饲。若天气炎热，则不能填饲，还可以拔毛 1~2 次，至天气凉爽后新毛长齐再进行填饲生产肥肝，这是增收的好办法。

（4）肉用鹅。肉用仔鹅饲养到 80~90 日龄，羽齐肉足，即可上市，一般此时不宜进行活体拔毛。因为这时产毛量少，含绒量低，而且还会影响仔鹅屠体的外观品质；但是如果当地的饲养条件好，仔鹅上市集中，价格又不高，可养到 90~100 日龄可开始拔毛，第 1 次拔毛可获得含绒率达 20% 的羽绒 80 克左右。拔毛后再养 40 天，新毛长齐，可再进行拔毛。让仔鹅继续生长，延迟至价格较高时再出售，这样既有活拔羽绒的收入，又有价格升高的增收额，总体上可能超过延长饲养时间增加的成本。

（5）专用拔毛鹅。这种鹅不论公母，也不论季节，一年可连续拔毛 6~7 次。

（二）拔毛前的准备

为了保证活拔鹅羽绒的顺利进行，提高工作效益和羽绒质量，在拔取之前要做好有关的准备工作。

1. 人员准备　活拔鹅毛对鹅是一种较大应激，为了减弱应激，操作人员要熟练掌握活体拔毛的操作要领。

2. 鹅的准备　初次拔毛的鹅在拔毛前几天，要进行抽样检查。用手在鹅的胸部将羽毛翻起来，看毛根是否已经干枯，看有无未成熟的血管毛。如果羽毛根部已干枯，皮肤中的一些血管毛

刚刚显露，说明此鹅羽毛成熟，并将开始换毛，正是活拔羽绒的适宜时机。如果大部分毛根已干枯，一部分血管毛已经长出皮肤，说明这只鹅正在换毛，此时虽可拔毛，但产毛量与含绒率将有所下降。如果大部分羽毛为血管毛，说明旧毛已大部分脱落，新毛尚未长齐、成熟，不能拔毛；剔除发育不良、体弱消瘦的鹅。另外，在拔毛前一天要停止喂食，只供给饮水。在拔毛的当天饮水也停止，以免在拔毛时鹅因受机械刺激而不时地排出粪便，进而污染拔下的毛绒及操作者的劳动服。对羽毛不洁的鹅，在拔毛的前一天要让其在水内洗澡，或人工刷湿羽毛，去掉泥沙及污物，以获得更为干净、漂亮、高质的毛绒。为了有利于拔毛，可在拔毛前 10 分钟左右，给每只鹅灌服中度白酒 10~12 毫升，使毛囊扩张，皮肤松弛。

3. 场地和设备　选择天气晴朗、温度适中的天气拔羽绒。拔羽绒场地要避风向阳，以免鹅绒随风飘散；地面打扫干净后，可铺上一层干净的塑料薄膜，以免羽绒被污染。准备好围栏及放鹅羽绒的容器，可以用硬的纸板箱或塑料桶。同时再准备好一些布口袋，把箱中拔下的羽绒集中到口袋中储存。另外，还要配备一些凳子、秤，消毒用的红药水、药棉。拔毛坏境内的有关器物总的要求是：光滑细腻、清洁卫生、不勾毛带毛、不污染羽绒。

（三）拔羽绒的部位

活拔的鹅羽绒主要用作羽绒服装或卧具的填充物，需要的是含“绒朵”量最高的羽绒和一部分长度在 6 厘米以下的“片绒”。所以拔羽绒的主要部位应集中在胸部、腹部、体侧和尾根等。

（四）鹅体的保定

1. 双腿保定　操作者坐在凳子上，用绳捆住鹅的双脚，将鹅头朝向操作者，背置于操作者腿上，用双腿夹住鹅，然后开始拔羽绒。此法容易掌握，较为常用。

2. 半站立式保定 操作者坐在凳子上，用手抓住鹅颈上部，使鹅呈站立姿势，用双脚踩在鹅两脚的趾和蹼上面（也可踩鹅的两翅），使鹅体向操作者前倾，然后开始拔羽绒。此法比较省力、安全。

3. 卧地式保定 操作者坐在凳子上，右手抓鹅颈，左手抓住鹅的两腿，将鹅伏着横放在操作者前面的地面上，左脚踩在鹅颈肩交界处，然后活拔羽绒。此法保定牢靠，但掌握不好，易使鹅受伤。

4. 专人保定 1人专做保定，1人拔羽绒。此法操作最为方便，但需较多的人力。

（五）拔羽绒操作

1. 毛绒齐拔法 拔时先从颈的下部、胸的上部开始拔起，从左到右，从脑至腹，一排排紧挨着用拇指、食指和中指捏住羽绒的根部往下拔。拔时不要贪多，特别是第一次拔羽绒的鹅，拔片羽时一次以2~3根为宜，不可垂直往下拔或东拉西扯，以防撕裂皮肤；拔级羽时，手指紧贴皮肤，捏住绒朵基部，以免拔断而成为飞丝，降低绒羽的质量。胸腹部的羽绒拔完后，再拔体侧、腿侧和尾根旁的羽绒，拔光后把鹅从人的两腿下拉到腿上面，左手抓住鹅颈下部，右手再拔颈下部的羽绒，接下来拔翅膀下的羽绒。拔下的羽绒要轻轻放入身旁的容器中，放满后再及时装入布袋中，装满装实后用细绳子将袋口扎紧储存。

2. 毛绒分拔法 先用三指将鹅体表的毛片轻轻地由上而下全部拔光，装入专用容器。然后再用拇指和食指平放紧贴鹅的皮肤，由上而下将留在皮肤上的绒朵轻轻地拔下，放在另外一只专用容器中。

在操作过程中，拔羽方向倾拔和逆拔均可，但背部和颈部最好是顺毛拔。因为鹅的毛绝大部分是倾斜生长的，顺毛方向拔不会损伤毛囊组织，有利于毛的再生。第一次拔毛时，鹅的毛孔较

紧，比较费劲，需要的时间多些，但以后再拔毛孔就松弛了，拔起来也容易了。如果不慎将鹅的皮肤拔破，可用红药水（或紫药水、0.2%高锰酸钾溶液）涂抹消毒，并注意改进手法，尽量避免损伤鹅体，鹅的抗病能力和羽毛的再生能力都比较强，在皮肤有点破损时对其正常生长无不良影响。刚刚拔完绒的鹅，应立即轻轻放下，让其自行放牧、采食和饮水，但在鹅舍内应尽量多铺干净的垫草，保持温暖干燥，以免鹅的腹部受潮受冻。另外，拔光羽绒的鹅不要急于放入未拔羽绒的鹅群中，以免发生“欺生”现象。

（六）药物脱毛法

采用活鹅拔毛，有时鹅的皮肤被扯破，容易造成感染。采用活鹅药物脱毛，则可避免上述情况的发生，每只成年鹅每年至少可药物脱毛 3 次，肉食鹅平均饲养期在 6~10 个月，在出生后 3 个月到屠宰前 1 个月，可以药物脱毛 2~4 次，产蛋鹅可利用体产期进行药物脱毛。

1. 脱毛药品名称及用药剂量 活体药物脱毛所用的药品叫复方脱毛灵，又称复方环磷酰胺，每千克体重用药剂量为 45~50 毫克。

2. 投药方法 一人固定鹅并将鹅嘴掰开，另一个人将计算好的药物投入鹅舌部，再准备 25~30 毫升清水送下。服药后让鹅多次饮水。投药时，用胃管将药直接送到胃内更好。鹅服药后 1~2 天食欲减退，个别鹅排绿色稀便，3 天后即可恢复正常。

3. 脱毛原理 复方环磷酰胺是一种潜化型氮芥类药物，本身无活性，进入机体后经肝微粒体的氧化酶代谢后，生成活性代谢物，抑制细胞生长繁殖，经一定时间后毛根变细，易于脱落。据测定，用药后 1 小时血浆中药物浓度达到高峰，半衰期为 5~6 小时，48 小时后药物排出为 99%以上，肉中无残留，只是在肝、肾、脾、膀胱中有微量残毒，对鹅无危害。

4. 拔毛方法 服药后13~15天拔毛绒。拔毛前，鹅要停食1天，拔毛前1天让鹅下水进行洗浴，使其身体干净，保证绒毛质量。拔毛前不必用酒灌醉。拔毛方法：操作者坐在小凳上，双腿夹住鹅体，用一只手抓住头将颈拉往后背，使鹅的胸腹部朝上；另一只手的拇指、食指和中指抓住毛片顺茬往下拔，先拔毛片，后拔毛绒，分别存放。拔毛的顺序为：下部、胸、腹、两肋、腿、肩和背部。翎毛一般不拔，如需要时可用钳子夹住翎毛根用力一次拔出，不能损坏羽面。拔毛时不慎拔破皮肤要消炎，防止发炎。

【注意】 鹅药物脱毛的关键是掌握好药物的剂量；药品保管时要避免受潮，勿使其氧化失效；鹅服药后要注意观察，不要让鹅把药片吐出来；弱、病、老鹅（5岁以上的）及将要出口的鹅，不宜药物脱毛。

（七）拔毛中出现的问题及处理方法

1. 毛片大、难拔 拔毛时，遇到有较大的毛片不好拔时，可以采用以下办法：一是对能避开的毛片，可避开不拔，只拔绒朵；当毛片不好避开时，可先将其剪断，然后再拔，剪毛片时一次只能剪去一根，用剪尖从毛片根部皮肤处剪断，注意不要剪破皮肤和剪断绒朵。

2. 毛绒根部带肉 健康的鹅拔毛时羽绒根部是不会带肉质的，如遇到少许毛绒根部带肉质的，拔取时动作可以稍慢一些，每次抓拔的根数要少些，耐心细致地拔。如果大部分毛绒都带肉质，表明这只鹅营养不良，此时应该暂停拔毛，待喂养育肥后再拔。

3. 脱肛 由于拔毛绒操作的强烈刺激，有的鹅会出现脱肛现象。一般不需任何处理，过1~2天就能自然收缩恢复正常。也可采用0.2%高锰酸钾液冲洗肛门，以防肛门溃烂。

4. 精神不振 拔毛后鹅常出现不食不饮、走路提腿、摇摇

晃晃、喜站不伏等情况，均属正常，一般经 1~2 天自然消失。至于有个别鹅打蔫不喜食，是因拔毛时受刺激较重，体温升高，过 2~3 天就能恢复正常。

5. 伤度和出血 在拔毛过程中，如果不小心把皮肤拔破，用紫药水涂抹一下即可。流一点血不要紧，等拔完所有的毛绒后，在伤口上涂少许紫药水可照常饲养。如果皮肤拔破严重，为防止感染，涂药水后先在室内饲养一段时间再放牧。由于鹅抗病能力和羽绒再生能力都比较强，一般破点皮对其正常生长没有不良影响。如果伤口大，则要缝合和做抗菌处理，并在室内养一段时间才可放牧。鹅体温较高，通常在 41~42 ℃，所以拔毛后体表一般不易被细菌感染。

（八）鹅活拔羽绒后的饲养管理

活体拔毛对鹅来说是一个比较大的外界刺激，鹅的精神状态、适应力和抵抗力都会受到影响，为确保鹅群的健康，使其尽早恢复羽毛生长，必须加强饲养管理。

最初 1~2 次进行鹅活拔羽绒时，大多数鹅会出现不适应，表现出精神不佳、步态不稳、食欲减退、愿站不愿睡、胆小怕人等现象，经 2~3 天就可恢复。拔羽绒后，机体新陈代谢加强，维持需要增加，在新羽生长过程中需要补充更多的蛋白质。因此，在拔羽后 1 周内的日粮中应多加入一些蛋白质饲料，以促进新羽的生长。

鹅在活拔羽绒后皮肤裸露，3 天以内鹅不能放牧、下水，切忌暴晒和雨淋；1 周以后即可进行放牧。如皮肤裂开，应待伤口愈合后再下水。活拔羽绒后的成年公母鹅应分开饲养，以防交配时公鹅踩伤母鹅；皮肤有伤的鹅也应分群饲养。

圈舍地面的垫料应铺厚些，夏季要防止蚊虫叮咬，冬季要注意防寒保暖，以免拔羽后的鹅感冒。

第八章　生态养鹅鹅场的经营管理

第一节　经营管理的概念、意义、内容及步骤

一、经营管理的概念

经营是经营者在国家各项法律法规、政策方针的规范指导下，利用自身资金、设备、技术等条件，在追求用最少的人财物消耗取得最多的物质产出和最大的经济效益的前提下，合理确定生产方向与经营目标，有效地组织生产、销售等活动。管理是经营者为实现经营目标，合理组织的各项经济活动，这里不仅包括生产力和生产关系两方面的问题，还包括经营生产方向、生产计划、生产目标如何落实，以及人财物的组织协调等方面的具体问题。经营和管理之间有着密切的联系，有了经营才需要管理；经营目标需要借助于管理才能实现，离开了管理，经营活动就会混乱，甚至中断。经营的使命在于宏观决策，管理的使命在于如何实现经营目标，是为实现经营目标服务的，两者相辅相成，不能分开。

二、经营管理的意义

（一）有利于实现决策的科学化

通过对市场调研及信息的综合分析与预测，可以正确地把握

经营方向、规模、鹅群结构、生产数量，使产品既符合市场需要又获得最高的价格，取得最大的利润。把握不好市场，遇上市场价格低谷，即使生产水平再高，生产手段再先进，也可能出现亏损。

（二）有利于有效组织产品生产

根据市场和鹅场情况，合理地制订生产计划，并组织生产计划的落实。根据生产计划科学安排人力、物力、财力和鹅群结构、周转、出栏等，不断提高产品的产量和质量。

（三）有利于充分调动劳动者的积极性

人是第一生产要素。任何优良品种、先进的设备和生产技术都要靠人来饲养、操作和实施。在经营管理上，通过明确责任，制定合理的产品标准和劳动定额，建立合理的奖惩制度和竞争机制并进行严格考核，可以充分调动鹅场员工的积极性，使鹅场员工的聪明才智得以最大限度地发挥。

（四）有利于提高生产效益

通过正确的预测、决策和计划，有效地组织产品生产，可以在一定的资源投入基础上生产出最多的适销对路的产品；加强记录管理，不断地总结分析，探索、掌握生产和市场规律，提高生产技术水平；根据记录资料，注重成本核算和盈利核算，找出影响成本的主要因素，采取措施降低生产成本。产品产量的增加和成本的降低，必然会显著提高鹅场的生产水平和养殖效益。

三、经营管理的内容

鹅场经营管理的内容比较广泛，包括生产经营活动的全过程。其主要内容有市场调查、分析和营销、经营预测和决策、生产计划的制订和落实、生产技术管理、产品成本和经营成效的分析。

第二节　经营预测和经营决策

一、经营预测

预测是决策的前提，要做好产前预测，必须进行市场调查，即运用适当的方法，有目的、有计划、有系统地收集、整理和分析市场情况，取得经济信息。调查的内容包括市场需求量、消费群体、产品结构、销售渠道、竞争形式等。调查的方法常用的有访问法、观察法和实践法三种。搞好市场调查是进行市场预测、决策和制订计划的基础，也是搞好生产经营和产品销售的前提条件。

经营预测就是对未来事件做出的符合客观实际的判断。如市场预测（销售预测）就是在市场调查的基础上，在未来一定时期和一定范围内，对产品的市场供求变化趋势做出估计和判断。市场预测的主要内容包括市场需求预测、销售量预测、产品寿命预测、市场占有率预测等。预测期分为短期和长期两种。预测方法有判断性预测法和数学模型分析预测法。

二、经营决策

经营决策就是鹅场为了确定远期和近期的经营目标和实现这些目标有关的一些重大问题而做出最优选择的决断过程。鹅场经营决策的内容很多，大至鹅场的生产经营方向、经营目标、远景规划，小到规章制度的制定、生产活动的具体安排等，鹅场饲养管理人员每时每刻都在决策。决策的正确与否，直接影响到经营效果。正确的决策是建立在科学预测的基础上的，通过收集大量的有关的经济信息，进行科学预测后才能进行决策。正确的决策必须遵循一定的决策程序，采用科学的方法。

（一）决策的程序

1. 提出问题　提出问题即确定决策的对象或事件，也就是要决策什么或对什么进行决策。如确定经营方向、饲料配方、饲养方式、治疗什么疾病等。

2. 确定决策目标　决策目标是指对事件做出决策并付诸行动之后所要达到的预期结果。如经营项目和经营规模的决策目标是一定时期内使销售收入和利润达到多少，鹅饲料配方的决策目标是使单位产品的饲料成本降低到多少，产蛋率和产品品质达到何种水平。发生疾病时的决策目标是治愈率多高，有了目标，拟定和选择方案就有了依据。

3. 拟订多种可行方案　多谋才能善断，只有设计出多种方案，才可能选出最优的方案。拟订方案时，要紧紧围绕决策目标，充分发扬民主，大胆设想，尽可能把所有的方案包括无遗，以免漏掉好的方案。如对鹅场经营方向决策的方案有办种鹅场、商品鹅场、孵化场等；对饲料配方决策的方案有甲、乙、丙、丁等多个配方；对饲养方式决策方案有笼养、散养、网上平养等；对鹅场防治大肠杆菌病决策的方案有用药防治（可选用药物也有多种，如阿米卡星、庆大霉素、喹乙醇及复合配方）、疫苗防治等。对于复杂问题的决策，方案的拟订通常分两步进行。

（1）轮廓设想。可向有关专家和职工群众分别征集意见。也可采用头脑风暴法（座谈会法），即组织有关人士座谈，让大家发表各自的见解，但不允许对别人的意见加以评论，以便使大家畅所欲言。

（2）可行性论证和精心设计。在轮廓设想的基础上，可召开讨论会或采用特尔斐法，对各种方案进行可行性论证，弃掉不可行的方案。如果确认所有的方案都不可行或只有一种方案可行，就要重新进行设想，或审查调整决策目标。然后对剩下的各种可行方案进行详细设计，确定细节，估算实施结果。

4. 选择方案 根据决策目标的要求，运用科学的方法，对各种可行方案进行分析比较，从中选出最优方案。如治疗大肠杆菌病，通过药敏试验，阿米卡星高敏，就可以选用阿米卡星。

5. 贯彻实施与信息反馈 最优方案选出之后，贯彻落实、组织实施，并在实施过程中进行跟踪检查，发现问题，查明原因，采取措施，加以解决。如果发现客观条件发生了变化，或原方案不完善甚至不正确，就要启用备用方案，或对原方案进行修改。如治疗大肠杆菌病按选择的用药方案用药，观察效果，良好可继续使用；如果使用效果不好，可另选其他方案。

（二）常用的决策方法

经营决策的方法较多，生产中常用的决策方法有下面几种。

1. 比较分析法 比较分析法是将不同的方案所反映的经营目标实现程度的指标数值进行对比，从中选出最优方案的一种方法。如对不同品种的饲养结果分析，可以选出一个能获得较好经济效益的品种。

2. 综合评分法 综合评分法就是通过选择对不同的决策方案影响都比较大的经济技术指标，根据它们在整个方案中所处的地位和重要性，确定各个指标的权重，对各个方案的指标进行评分，并依据权重进行加权得出总分，以总分的高低选择决策方案的方法。例如在鹅场决策中，选择建设鹅舍时，往往既要投资效果好，又要设计合理、便于饲养管理，还要有利于防疫等。这类决策，称为多目标决策。但这些目标（即指标）对不同方案的反映有的是一致的，有的是不一致的，采用对比法往往难以提出一个综合的数量概念。为求得一个综合的结果，需要采用综合评分法。

3. 盈亏平衡分析法 这种方法又叫量本利分析法，是通过揭示产品的产量、成本和盈利之间的数量关系而进行决策的一种方法。产品的成本划分为固定成本和变动成本。固定成本如鹅

场的管理费、固定职工的基本工资、折旧费等，不随产品产量的变化而变化；变动成本是随着产销量的变化而变化的，如饲料费、燃料费和其他费用。利用成本、价格、产量之间的关系列出总成本的计算公式：

$$PQ=F+QV+PQX$$

$$Q=F/[P(1-X)-V]$$

式中，F 代表某种产品的固定成本，X 代表单位销售额的税金，V 代表单位产品的变动成本，P 代表单位产品的价格，Q 代表盈亏平衡时的产销量。

如企业计划获利 R 时的产销量 Q_R 为

$$Q_R=(F+R)/[P(1-X)-V]$$

盈亏平衡公式可以解决如下问题：

（1）规模决策。当产量达不到保本产量，产品销售收入小于产品总成本，就会发生亏损，只有在产量大于保本点条件下才能盈利，因此保本点是企业生产的临界规模。

（2）价格决策。产品的单位生产成本与产品产量之间存在下列关系：

CA（单位产品生产成本）$=F/(Q+V)$

即随着产量增加，单位产品的生产成本会下降。可依据销售量做出价格决策。

1）在保证利润总额（R）不减少的情况下，可依据产量来确定价格。由 $PQ=F+VQ+R$

可知，$P=(F+R)/Q+V$

2）在保证单位产品利润（r）不变时，如何依据产销量来确定价格水平。

$$由\ PQ=F+VQ+R \qquad (R=rQ)$$

$$则\ P=F/Q+V+r$$

4. 决策树法 利用树形决策图进行决策的基本步骤：绘制

树形决策图，然后计算期望值，最后剪枝，确定决策方案。如某养殖场可以养肉鸭和肉鹅，只知道其年盈利额如表 8-1 所示，请做出决策选择。

表 8-1　不同方案在不同状态下的年盈利额

（单位：万元）

	概率	肉鹅		肉鸭	
		畅销 0.9	滞销 0.1	畅销 0.8	滞销 0.2
饲料涨价 A	0.3	15	−20	20	−5
饲料持平 B	0.5	30	−10	25	10
饲料降价 C	0.2	45	5	40	20

（1）绘制决策树形示意图。□表示决策点，由它引出的分枝叫决策方案枝；○表示状态点，由它引出的分枝叫状态分枝，上面标明了这种状态发生的概率；△表示结果点，它后面的数字是某种方案在某状态下的收益值。

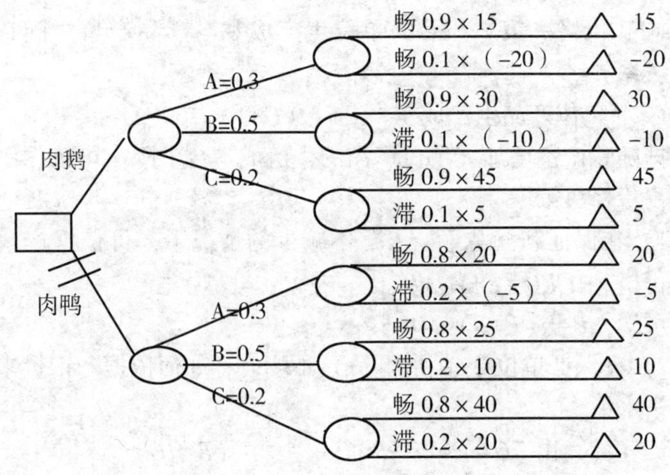

图 8-1　决策树形

（2）计算期望值。

1）肉鹅 $=\left\{0.9\times15+0.1\times(-20)\right\}\times0.3+\left\{0.9\times30+0.1\times(-10)\right\}\times0.5+[0.9\times45+0.1\times5]\times0.2=24.7$

2）肉鸭 $=\left\{0.8\times20+0.2\times(-5)\right\}\times0.3+[0.8\times25+0.2\times10]\times0.5+[0.8\times40+0.2\times20]\times0.2=22.7$

（3）剪枝。由于肉鹅的期望值是 24.7，大于肉鸭的期望值，剪掉肉鸭项目，留下的肉鹅项目就是较好的项目。

第三节 计划管理

计划是决策的具体化，计划管理是经营管理的重要职能。计划管理就是根据鹅场确定的目标，制订各种计划，用以组织协调全部的生产经营活动，达到预期的目的和效果。鹅场的计划主要包括鹅群周转计划、产品生产计划、饲料消耗计划、孵化计划和其他计划。鹅群周转计划是制订其他各项计划的基础，只有制订好周转计划，才能制订饲料计划、产品计划和引种计划。

一、鹅群的周转计划

鹅群周转计划表见表 8-2。

表 8-2 鹅群周转计划表

类型	年初结构		月份												总计	年末结构	备注
			1	2	3	4	5	6	7	8	9	10	11	12			
种母鹅		转入															
		转出															
		出售															
		淘汰															
		死亡															

续表

类型	年初结构		月份												总计	年末结构	备注
			1	2	3	4	5	6	7	8	9	10	11	12			
种公鹅		转入															
		转出															
		出售															
		淘汰															
		死亡															
雏鹅		转入															
		转出															
		出售															
		淘汰															
		死亡															
青年鹅		转入															
		转出															
		出售															
		淘汰															
		死亡															
肉用仔鹅		转入															
		转出															
		出售															
		淘汰															
		死亡															

二、产品生产计划

产品生产计划表见表8-3。

表 8-3 产品生产计划表

产品名称	年内各月产品量												总计	肉鹅活重/千克	备注
	1	2	3	4	5	6	7	8	9	10	11	12			
种蛋数/枚															
雏鹅数/只															
商品蛋数/千克															
商品肉鹅/千克															
鹅毛（绒）/千克															

三、孵化计划

孵化计划表见表 8-4。

表 8-4 孵化计划表

项目		月份												总计	备注
		1	2	3	4	5	6	7	8	9	10	11	12		
种蛋	数量/枚														
	合格率/%														
入孵	数量/枚														
	头照检出/枚														
	二照检出/枚														
	毛蛋检出/枚														
出雏	雏禽数/只														
	孵化率/%														

四、饲料使用计划

饲料使用计划表见表 8-5。

表 8-5　饲料使用计划表

项目		只数	饲料消耗总量/千克	能量饲料量/千克	蛋白质饲料量/千克	矿物质饲料量/千克	添加剂饲料量/千克	饲料支出/元
1月(31天)	种母鹅							
	种公鹅							
	育雏鹅							
	育成鹅							
	肉用仔鹅							
2月(28天)	种母鹅							
	种公鹅							
	育雏鹅							
	育成鹅							
	肉用仔鹅							
3月(31天)								
全年各类饲料合计								

五、年财务收支计划

年财务收支计划表见表 8-6。

表 8-6　年财务收支计划表

收入		支出		备注
项目	金额/元	项目	金额/元	
淘汰鹅		种（苗）鹅费		
肉鹅		饲料费		
种蛋		折旧费（建筑、设备）		
商品蛋		燃料、药品费		

续表

收入		支出		备注
项目	金额/元	项目	金额/元	
鹅毛（绒）		基建费		
其他		设备购置维修费		
		水电费		
		管理费		
		其他		
合计				

第四节　生产运行过程的管理

一、制定技术操作规程

技术操作规程是鹅场生产中按照科学原理制定的日常作业的技术规范。鹅群管理中的各项技术措施和操作等均通过技术操作规程加以贯彻。同时，它也是检验生产的依据。不同饲养阶段的鹅群，按其生产周期制定不同的技术操作规程。如育雏（育成鹅、种鹅、肉鹅）技术操作规程。

技术操作规程的主要内容包括对饲养任务提出生产指标，使饲养人员有明确的目标；指出不同饲养阶段鹅群的特点及饲养管理要点；按不同的操作内容分段列条、提出切合实际的要求等。技术操作规程的指标要切合实际，条文要简明具体，易于落实执行。

二、制定日工作程序

规定鹅场每天从早到晚的各个时间段内的常规操作，使饲养管理人员有规律地完成各项任务。

三、制定综合防疫制度

为了保证鹅群的健康和安全生产，场内必须制定严格的防疫措施，规定对场内外人员、车辆、场内环境、装蛋放鹅的容器进行及时或定期的消毒，鹅舍在空出后的冲洗、消毒，各类鹅群的免疫，种鹅群的检疫等。

四、劳动组织

1. 生产组织精简高效　生产组织与鹅场规模大小有密切关系，规模越大，生产组织就越重要。规模化鹅场一般设置有行政、生产技术、供销财务和生产班组等组织部门，部门设置和人员安排尽量精简，提高直接从事养鹅生产人员的比例，最大限度地降低生产成本。

2. 人员的合理安排　养鹅是一项脏、苦而又专业性强的工作，所以必须根据工作性质来合理地安排人员，知人善用，充分调动饲养管理人员的劳动积极性和提高专业人员的技术水平。

3. 建立健全岗位责任制　岗位责任制规定了鹅场每一个人员的工作任务、工作目标和标准。完成者奖励，完不成者受罚，不仅可以保证鹅场各项工作顺利完成，而且能够充分调动劳动者的积极性，使生产任务完成得更好，生产的产品更多，各种消耗更少。

五、记录管理

记录管理就是将鹅场生产经营活动中的人财物等消耗情况及有关事情记录在册，并进行规范、计算和分析。鹅场缺乏记录资料，导致管理者和饲养者对生产经营情况都不清楚，不利于成本核算和提高经济效益。

1. 记录管理的作用

（1）鹅场记录反映了鹅场生产经营活动的状况。完善的记录可将整个鹅场的动态与静态状况记录无遗。管理者和饲养者通过记录不仅可以了解现阶段鹅场的生产经营状况，而且可以了解过去鹅场的生产经营情况，有利于对比分析和进行正确的预测和决策。

（2）鹅场记录是经济核算的基础。详细的鹅场记录包括各种消耗、鹅群的周转及死亡淘汰等变动情况、产品的产出和销售情况、财务的支出和收入情况及饲养管理情况等，这些都是进行经济核算的基本材料。

（3）鹅场记录是提高管理水平和效益的保证。通过详细的鹅场记录，并对记录进行整理、分析和必要的计算，可以不断地发现生产和管理中的问题，并采取有效的措施，不断地提高管理水平和经济效益。

2. 鹅场记录的原则

（1）及时准确。及时是根据不同记录要求，在第一时间认真填写，不拖延、不积压，避免出现遗忘和虚假；准确是按照鹅场当时的实际情况进行记录，不夸大，也不缩小，实实在在。数据要真实，不能虚构。如果记录不精确，将失去记录的真实可靠性，这样的记录也是毫无价值的。

（2）简洁完整。记录工作烦琐，不易持之以恒地去执行。所以设置的各种记录簿（册）和表格力求简明扼要，通俗易懂，便于记录；完整是记录要全面系统，最好设计成不同的记录册和表格，并且填写完全、工整，易于辨认。

（3）便于分析。记录是为了分析鹅场生产经营活动的情况，因此在设计表格时要考虑记录下来的资料便于整理、归类和统计，为了与其他鹅场的横向比较和本鹅场过去情况的纵向比较，还应注意记录内容的可比性和稳定性。

3. 鹅场记录的内容 鹅场记录的内容因鹅场的经营方式与所需的资料而有所不同，一般应包括以下内容。

（1）生产记录：

1）鹅群生产情况。记录鹅的品种、饲养数量、饲养日期、死亡淘汰、产品产量等。

2）饲料记录。将每天不同鹅群（或以每栋或栏或群为单位）所消耗的饲料按其种类、数量及单价等记录下来。

3）劳动记录。记录每天出勤情况、工作时数、工作类别及完成的工作量、劳动报酬等。

（2）财务记录。

1）收支记录。包括出售产品的时间、数量、价格、去向及各项支出情况。

2）资产记录。固定资产类，包括土地、建筑物、机器设备等的占用和消耗；库存物资类，包括饲料、兽药、在产品、产成品、易耗品、办公用品等的消耗数、库存数量及价值；现金及信用类，包括现金、存款、债券、股票、应付款、应收款等。

（3）饲养管理记录。

1）饲养管理程序及操作记录。饲喂程序、光照程序、鹅群的周转、环境控制等。

2）疾病防治记录。包括隔离消毒情况、免疫情况、发病情况、诊断及治疗情况、用药情况、驱虫情况等。

4. 鹅场生产记录表格

（1）育雏育成鹅记录表格见表 8–7。

表 8–7 育雏育成鹅周报表

周龄 ___1___ 批次　　品种　　数量　　鹅舍栋号　　填表人

日期	日龄	鹅数	死淘数	喂料量	温度	湿度	通风	光照	其他
	1								
	2								

续表

日期	日龄	鹅数	死淘数	喂料量	温度	湿度	通风	光照	其他
	3								
	4								
	5								
	6								
	7								

标准体重　　　　平均体重　　　　平均体重均匀度

（2）产蛋和饲料消耗记录表格见表8-8。

表8-8　产蛋和饲料消耗记录

品种　　　　鹅舍栋号　　　　填表人

日期	日龄	鹅数/只	死亡淘汰/只	饲料消耗/千克		种蛋				饲养管理情况	其他情况
				总耗量	只耗量	产蛋数量/枚	破蛋率/%	合格数/枚	不合格数/枚		

（3）收支记录表格见表8-9。

表8-9　鹅场收支记录表格

收入		支出		备注
项目	金额/元	项目	金额/元	
合计				

5. 鹅场记录的分析　通过对鹅场的记录进行整理、归类、分析。分析是通过对一系列分析指标的计算来实现的。利用成活率、母鹅存活率、产蛋数、种蛋数、饲料转化率等技术效果指标来分析生产资源的投入和产出产品数量的关系及分析各种技术的

有效性和先进性。利用经济效果指标分析生产单位的经营效果和盈利情况，为鹅场的生产提供依据。

六、产品销售管理

（一）销售预测

规模鹅场的销售预测是在市场调查的基础上，对产品的趋势做出估正确的计。产品市场是销售预测的基础，市场调查的对象是已经存在的市场情况，而销售预测的对象是尚未形成的市场情况。产品销售预测分为长期预测、中期预测和短期预测。长期预测指5~10年的预测；中期预测一般指2~3年的预测；短期预测一般为每年内各季度月份的预测，主要用于指导短期生产活动。进行预测时可采用定性预测和定量预测两种方法，定性预测是指对对象未来发展的性质方向进行判断性、经验性的预测，定量预测是通过定量分析对预测对象及其影响因素之间的密切程度进行的预测。两种方法各有所长，应从当前实际情况出发，结合使用。鹅场的产品虽然只有肉鹅和淘汰鹅，但其产品可以有多种定位，要根据市场需要和销售价格，结合本场情况有目的地进行生产，以获得更好的效益。

（二）销售决策

影响企业销售规模的因素有两个：一是市场需求，二是鹅场的销售能力。市场需求是外因，是鹅场外部环境对企业产品销售提供的机会；销售能力是内因，是鹅场内部自身可控制的因素。对具有较高市场开发潜力但目前在市场上占有率低的产品，应加强产品的销售推广宣传工作，尽量扩大市场占有率；对具有较高的市场开发潜力且在市场有较高占有率的产品，应有足够的投资维持其市场占有率。对那些市场开发潜力小，市场占有率低的产品，应考虑调整企业产品组合。

（三）销售计划

鹅产品的销售计划是鹅场经营计划的重要组成部分，科学地制订产品销售计划是做好销售工作的必要条件，也是科学地制订鹅场生产经营计划的前提。主要内容包括销售量、销售额、销售费用、销售利润等。制订销售计划的中心问题是要完成企业的销售管理任务，能够在最短的时间内销售产品，争取到理想的价格，及时收回贷款，取得较好的经济效益。

（四）销售形式

销售形式指产品从生产领域进入消费领域，由生产单位传送到消费者手中所经过的途径和采取的购销形式。依据不同服务领域和收购部门经销范围的不同而各有不同，主要包括国家预购、国家订购、外贸流通、鹅场自行销售、联合销售、合同销售 6 种形式。合理的销售形式可以加速产品的传送过程，节约流通费用，减少流通过程的消耗，更好地提高产品的价值。目前，鹅场自行销售已经成为主要的渠道，自行销售可直销，销售价格高，但销量有限；也可以选择一些大型的商场或大的消费单位进行销售。

（五）销售管理

鹅场销售管理包括销售市场调查、营销策略及计划的制订、促销措施的落实、市场的开拓、产品售后服务等。市场营销需要研究消费者的需求状况及其变化趋势。在保证产品质量不断提高的前提下，利用各种机会、各种渠道刺激消费、推销产品，应做好以下三个方面工作。

1. 加强宣传、树立品牌 有了优质产品，还需要加强宣传，将产品推销出去。广告是被市场经济所证实的一种良好的促销手段，应很好地利用。一个好企业，首先必须对企业形象及其产品包装（含有形和无形）进行策划设计，并借助广播电视、报刊等各种媒体做广告宣传，以提高企业及产品的知名度。在社会上

树立起良好的形象，创造产品品牌，从而促进产品的销售。

2. 加强营销队伍建设 一是要根据销售服务和劳动定额，合理增加促销人员，增强促销力量，不断扩大促销辐射面，使促销人员无所不及；二是要努力提高促销人员业务素质。促销人员的素质高低，直接影响着产品的销售。因此，要经常对促销人员进行业务知识的培训和职业道德、敬业精神的教育，使他们以良好的素质和精神面貌出现在用户面前，为用户提供满意的服务。

3. 积极做好售后服务 售后服务是企业争取用户信任，巩固老市场，开拓新市场的关键。因此，种鹅场要高度重视，扎实认真地做好此项工作。在服务上，一是要建立售后服务组织，经常深入用户做好技术咨询服务；二是对出售的种苗等提供防疫、驱虫程序及饲养管理等相关技术资料和服务跟踪卡，规范售后服务，并及时通过用户反馈的信息，改进鹅场的工作，加快鹅场的发展。

第五节 经济核算

一、资产核算

（一）流动资产核算

流动资产是指可以在一年内或者超过一年的一个营业周期内变现或者可运用的资产。流动资产是企业生产经营活动的主要资产。主要包括鹅场的现金、存款、应收款及预付款、存货（原材料、在产品、产成品、低值易耗品）等。流动资产周转状况影响到产品的成本。流动资产核算就是促进流动资金的周转，减少流动资金占用量。加快周转资金措施如下。

1. 加强流动资产管理 加强采购物资的计划性，防止盲目采购，合理地储备物资，避免积压资金，加强物资的保管，定期

对库存物资进行清查，防止鼠害和物资霉烂变质。

2. 减少占用量　科学地组织生产过程，采用先进技术，尽可能缩短生产周期，节约使用各种材料和物资，减少在产品资金占用量；及时销售产品，缩短产成品的滞留时间；及时清理债权债务，加速应收款的回收，减少成品资金和结算资金的占用量。

（二）固定资产核算

固定资产是指使用年限在一年以上，单位价值在规定的标准以上，并且在使用中长期保持其实物形态的各项资产。鹅场的固定资产主要包括建筑物、道路、种鹅及其他与生产经营有关的设备、器具、工具等。

1. 固定资产特征　固定资产一经投产，其价值随着磨损程度逐渐转移与补偿，经过多个生产周期才完成全部价值的一次循环。其循环周期的长短，不仅取决于固定资产自身物理性能的耐用程度，而且取决于其经济寿命，考虑到科学技术的发展趋势，需从经济效果上确定固定资产的经济使用年限；固定资产投资是一次全部支付，回收是分次的逐步的。这就要求在决定固定资产投资时，必须进行科学周密的规划和设计，除了研究投资项目的必要性外，还必须考虑技术上的可能性和经济上的合理性；固定资产的价值补偿是逐渐完成的，而实物更新利用经多次价值补偿积累的货币准备基金来实现。固定资产的价值补偿是其实物更新的必要条件，不积累足够的货币准备基金就没有可能实现固定资产的实物更新。因此，鹅场应有计划地提取、分配和使用固定资产的折旧基金。

2. 固定资产的折旧与计算

（1）固定资产的折旧。固定资产在长期使用中会发生损耗。损耗可分为有形损耗（指固定资产由于使用或者由于自然力的作用，使固定资产物质上发生磨损）和无形损耗（由于劳动生产率提高和科学技术进步而引起的固定资产价值的损失）。固定资产在使用过程中，由于损耗而发生的价值转移，称为折旧，由于固定资产损耗而转移到产品中去的那部分价值叫折旧费或折旧额，用于固定资产的更新改造。

（2）折旧的计算方法。鹅场提取固定资产折旧，一般采用平均年限法和工作量法。

1）平均年限法。它是根据固定资产的使用年限，平均计算各个时期的折旧额，因此也称直线法。其计算公式如下。

固定资产年折旧额=［原值-（预计残值-清理费用）］÷固定资产预计使用年限

2）工作量法。它是按照使用某项固定资产所提供的工作量，计算出单位工作量平均应计提折旧额后，再按各期使用固定资产所实际完成的工作量，计算应计提的折旧额。这种折旧计算方法，适用于一些机械等专用设备。其计算公式如下。

单位工作量（单位里程或每工作小时）折旧额=（固定资产原值-预计净残值）÷总工作量（总行驶里程或总工作小时）

3. 提高固定资产利用效果的途径

（1）加强固定资产管理。建立严格的使用、保养和管理制度，对不用的固定资产应及时采取措施，以免浪费，注意提高机器设备的时间利用强度和生产能力利用程度。

（2）合理建设和购置。根据轻重缓急，合理购置和建设固定资产，把资金使用在经济效果最大而且在生产上迫切需要的项目上；购置和建造固定资产要量力而行，做到与单位的生产规模和财力相适应。

（3）配套完备。各类固定资产务求配套完备，注意加强设备的通用性和适用性，使固定资产能充分发挥效用。

二、成本核算

产品的生产过程实际是生产的耗费过程。生产过程的耗费包括劳动对象（如饲料）的耗费、劳动手段（如生产工具）的耗费以及劳动力的耗费等。企业为生产一定数量和种类的产品而发生的直接材料费（包括直接用于产品生产的原材料、燃料动力费等）、直接人工费用（直接参加产品生产的工人工资及福利费）和间接制造费用的总和构成产品成本。

产品成本是一项综合性很强的经济指标，它反映了企业的技术实力和整个经营状况。鹅的品种是否优良，饲料质量的好坏，饲养技术水平的高低，固定资产利用的好坏，人工耗费的多少等，都可以通过产品成本反映出来。所以，鹅场通过成本和费用核算，可发现成本升降的原因，降低成本费用耗费，提高产品的竞争能力和盈利能力。

（一）做好成本核算的基础工作

1. 建立健全各项原始记录　原始记录是计算产品成本的依据，直接影响着产品成本计算的准确性。如原始记录不实，就不能正确反映生产耗费和生产成果，就会使成本计算变为“假账真算”，成本核算就失去了意义。所以，饲料、燃料动力的消耗、原材料、低值易耗品的领退，生产工时的耗用，禽类变动和周转、禽死亡淘汰、产出产品等原始记录都必须认真如实地登记。

2. 建立健全各项定额管理制度　鹅场要制订各项生产要素的耗费标准（定额）。不管是饲料、燃料动力，还是费用工时、资金占用等，都应制订比较先进、切实可行的定额。定额的制订应建立在先进的基础上，对经过十分努力仍然达不到的定额标准或不需努力就很容易达到定额标准的定额，要及时进行修订。

3. 加强财产物质的计量、验收、保管、收发和盘点制度　财产物资的实物核算是其价值核算的基础。做好各种物资的计量、收集和保管工作，是加强成本管理、正确计算产品成本的前提条件。

（二）鹅场成本的构成项目

1. 饲料费 它是指饲养过程中耗用的自产和外购的混合饲料和各种饲料原料。凡是购入的按买价加运费计算，自产饲料一般按生产成本（含种植成本和加工成本）进行计算。

2. 劳务费 从事养鹅的生产管理劳动，包括饲养、清粪、捡蛋、防疫、捉鹅、消毒、购物运输等所支付的工资、资金、补贴和福利等。

3. 新母鹅培育费 它是指从雏鹅出壳养到210天的所有生产费用。如果购买育成新母鹅，按买价计算；自己培育的，按培育成本计算。

4. 医疗费 它是指用于鹅群的生物制剂、消毒剂及检疫费、化验费、专家咨询服务费等。但已包含在育成新母鹅成本中的费用和配合饲料中的药物及添加剂费用不必重复计算。

5. 固定资产折旧维修费 它是指鹅舍、笼具和专用机械设备等固定资产的基本折旧费及修理费。根据鹅舍结构和设备质量、使用年限来计损。如是租用土地，应加上租金；土地、鹅舍等都是租用的，只计租金，不计折旧。

6. 燃料动力费 它是指饲料加工、鹅舍保暖、排风、供水、供气等耗用的燃料和电力费用。这些费用按实际支出的数额计算。

7. 利息 它是指对固定投资及流动资金一年中支付利息的总额。

8. 杂费 它包括低值易耗品费用、保险费、通信费、交通费、搬运费等。

9. 税金 它是指用于养鹅生产的土地、建筑设备及生产销售等一年内应交的税金。

以上九项构成了鹅场生产成本，从构成成本比重来看，饲料费、新母鹅培育费、人工费、折旧费、利息五项价额较大，是成

本项目构成的主要部分，应当重点控制。

（三）成本的计算方法

成本的计算方法分为分群核算和混群核算。

1. 分群核算　分群核算的对象是每种鹅的不同类别，如种鹅群、育雏群、育成群、肉鹅群等，按鹅群的不同类别分别设置生产成本明细账目，分别归集生产费用和计算成本。鹅场的主产品是鲜蛋、种蛋、淘汰鹅和肉鹅，副产品是粪便的收入。鹅场的饲养费用包括育成鹅的价值、饲料费用、折旧费、人工费等。

（1）鲜蛋成本。

每千克鲜蛋成本（元/千克）=［蛋鹅生产费用-蛋鹅残值-非鹅蛋收入（包括粪便、死淘鹅等收入）］/入舍母鹅总产蛋量（千克）

（2）种蛋成本。

每枚种蛋成本（元/枚）=［种鹅生产费用-种鹅残值-非种蛋收入（包括鹅粪、商品蛋、淘汰鹅等收入）］/入舍种母鹅出售种蛋数

（3）雏鹅成本。

每只雏鹅成本=（全部的孵化费用-副产品价值）/成活一昼夜的雏禽只数

（4）鹅肉成本。

每千克肉鹅成本=（基本鹅群的饲养费用-副产品价值）/禽肉总重量

（5）育雏鹅成本。

每只育雏鹅成本=（育雏期的饲养费用-副产品价值）/育雏期末存活的雏鹅数

（6）育成鹅成本。

每只育成鹅成本=（育雏育成期的饲养费用-粪便、死淘鹅收入）/育成期末存活的鹅数

2. 混群核算 混群核算的对象是每类畜禽，如牛、羊、猪、鸭等，按畜禽种类设置生产成本明细账目，归集生产费用和计算成本。资料不全的小规模鹅场常用。

（1）种蛋成本。

每枚种蛋成本（元/枚）=［期初存栏种鹅价值+购入种鹅价值+本期种鹅饲养费-期末种鹅存栏价值-出售淘汰种鹅价值-非种蛋收入（商品蛋、鹅粪等收入）］/本期收集种蛋数

（2）鹅蛋成本。

每千克鹅蛋成本（元/千克）=［期初存栏蛋鹅价值+购入蛋鹅价值+饲养期鹅饲养费用-期末鹅存栏价值-淘汰出售鹅价值-鹅粪收入］（元）/本期产蛋总重量（千克）

（3）肉鹅成本。

每千克肉鹅成本（元/千克）=［期初存栏鹅价值+购入鹅价值+饲养期鹅饲养费用-期末鹅存栏价值-淘汰出售鹅价值-鹅粪收入］（元）/本期产蛋总重量（千克）

三、盈利核算

盈利核算是对鹅场的盈利进行观察、记录、计量、计算、分析和比较等工作的总称。盈利也称税前利润，是企业在一定时期内货币表现的最终经营成果，是考核企业生产经营好坏的一个重要经济指标。

（一）盈利的核算公式

盈利=销售产品价值-销售成本=利润+税金

（二）衡量盈利效果的经济指标

1. 销售收入利润率 它表明产品销售利润在产品销售收入中所占的比重。销售收入利润率越高，经营效果越好。

销售收入利润率=产品销售利润/产品销售收入×100%

2. 销售成本利润率 它是反映生产消耗的经济指标。在禽

产品价格、税金不变的情况下，产品成本愈低，销售利润愈多，销售成本利润率愈高。

销售成本利润率=产品销售利润/产品销售成本×100%

3. 产值利润率 它说明实现百元产值可获得多少利润，用以分析生产增长和利润增长的比例关系。

产值利润率=利润总额/总产值×100%

4. 资金利润率 资金利润率是把利润和占用资金联系起来，反映资金占用效果，具有较大的综合性。

资金利润率=利润总额/流动资金和固定资金的平均占用额×100%

第九章　生态养鹅鹅场的疾病控制

第一节　鹅病的诊断

及时而正确的诊断是鹅场防治疾病的重要环节，它关系到能否尽快采取有效的措施预防和控制疾病。疾病诊断的步骤和方法包括现场资料调查分析、临床检查诊断、病理剖检诊断、实验室诊断等。

一、现场资料调查分析

为及时准确地诊断疾病，需要有针对性地进行一些调查。了解鹅群的发病时间、发病年龄和传播速度，由此可以推断该病是急性病还是慢性病。如突然大批死亡，可提示中毒性疾病或环境应激性疾病。短期内鹅群迅速传播，可提示小鹅瘟、鹅副黏病毒病等急性传染病，日龄较小的鹅小鹅瘟发病率和死亡率高，2 月龄以上的鹅很少发生，即使发生死亡率亦不高，而鹅副黏病毒病感染发生于不同年龄的鹅，发病率和死亡率都较高。营养代谢病一般呈慢性经过。了解临床表现，可以初步确定疾病的范围。既要了解病鹅一般共有的临床表现，如精神沉郁、食欲减退、羽毛蓬松等，也要掌握某些鹅病特有的临床症状；了解周围疫情，可以分析本次发病与过去疫情的关系；了解发病后病情的变化，由此分析疾病的发展趋势，如营养代谢病，开始症状轻，若缺乏的营养不能补充或补充不当，就会日益加重；了解鹅场防疫情况、卫生状况、环境条件和发病前用

药情况，可为诊断提供有价值的参考。

二、临床检查诊断

临床检查诊断就是通过掌握鹅的主要临床症状及表现的基本特征来诊断疾病，以此缩小疾病可能存在的范围，为诊断疾病提供线索和依据。常见鹅体表的异常变化见表9-1。

表9-1　常见的鹅体表异常变化诊断表

检查项目	异常变化	可能相关的主要疾病（或原因）
羽毛	若羽毛蓬松、污秽、无光泽	常见于慢性传染病、寄生虫病和营养代谢病，如禽副伤寒、大肠杆菌病、鸭瘟、慢性禽霍乱、鹅绦虫病、吸虫病、维生素A缺乏症和B族维生素缺乏症等
	羽毛稀少	常见于烟酸、叶酸缺乏症，也可见于维生素D和泛酸缺乏症
	羽毛松乱或脱落	常见于B族维生素缺乏症和含硫氨基酸的不平衡；也可见于70～80日龄鹅的正常换羽引起的掉毛（羽毛脱落）
	头颈部羽毛脱落	常见于泛酸缺乏症
	羽毛断裂或脱落	常见于鹅外寄生虫病，如羽毛虱和羽螨
营养状况	整群生长发育偏慢	饲料营养配合不全面、饲养管理不完善
	大小不均匀	鹅群可能有慢性疾病
精神状态	体温高，精神委顿，缩颈垂翅，离群独居，闭目呆立，尾羽下垂，食欲废绝	常见于临床症状明显期的某些急性、热性传染病，如小鹅瘟、鸭瘟、鹅副黏病毒病、急性禽霍乱
	体温正常或偏高，精神差，食欲减退	常见于某些慢性传染病和寄生虫病及某些营养代谢病，如慢性鸭瘟、慢性禽副伤寒、鹅绦虫病、吸虫病、硒或维生素E缺乏症等
	精神委顿，体温下降，缩颈闭目，蹲地伏卧，不愿站立	常见于濒死的病鹅

续表

检查项目	异常变化	可能相关的主要疾病（或原因）
运动	行走摇晃，步态不稳	常见于明显期的急性传染病和寄生虫病等，如鹅副黏病毒病、小鹅瘟、鹅球虫病及严重的绦虫病、吸虫病等
	两肢行走无力，并有痛感，行走间常呈蹲伏姿势	见于鹅佝偻病或骨软症及葡萄球菌关节炎等
	两肢不能站立、仰头蹲伏，呈观星姿势	临床上见于雏鹅B族维生素缺乏症
	两腿交叉行走或运动失调，跗关节着地	常见于雏鹅维生素E和维生素D缺乏症
	两肢麻痹、瘫痪，不能站立	常见于雏鹅钙缺乏症
	企鹅样站起或行走	常见于母鹅严重的卵黄性腹膜炎
呼吸	气喘、咳嗽、呼吸困难	常见于鹅曲霉菌病、禽李氏杆菌病、禽链球菌病、鹅流行性感冒、禽霉形体、大肠杆菌病等传染病，也可见于某些寄生虫病，如鹅支气管杯口线虫病
神经症状	扭颈，出现神经症状	常见于某些传染病，如鹅副黏病毒病、小鹅瘟、雏鹅霉菌性脑炎、禽李氏杆菌病、鹅螺旋体病等，亦可见于某些中毒病和某些营养代谢病，如痢特灵中毒、维生素A缺乏症、B族维生素缺乏症等
声音	叫声嘶哑	鹅慢性鸭瘟、鹅流行性感冒、鹅结核病、鹅禽流感及鹅副黏病毒病等疾病晚期，也见于某些寄生虫病，如寄生在鹅气管内的舟形嗜气管吸虫病及寄生在鹅气管和支气管内的支气管杯口线虫病

续表

检查项目	异常变化	可能相关的主要疾病（或原因）
腹围	腹围增大	常见于肥育仔鹅的腹水综合征，产蛋鹅的卵黄性腹膜炎；有时亦见于产蛋鹅的腹底壁赫尔尼亚
	腹围缩小	见于慢性传染病和寄生虫病，如慢性禽副伤寒、慢性鸭瘟、鹅裂口线虫病、鹅绦虫病等
喙	喙色泽淡	常见于慢性寄生虫病和营养代谢病，如鹅绦虫病、吸虫病、鹅裂口线虫病、幼鹅硒或维生素 E 缺乏症
	喙色泽发紫	常见于小鹅瘟、禽霍乱、鹅卵黄性腹膜炎、维生素 E 缺乏症等疾病
	喙变软、易扭曲	常见于幼鹅钙磷代谢障碍、维生素 D 缺乏症及酚中毒
脚、蹼	脚、蹼干燥或有炎症	常见于 B 族维生素缺乏症，也可见于内脏型痛风病，以及各种疾病引起的慢性腹泻
	脚、蹼发紫	常见于卵黄性腹膜炎、维生素 E 缺乏症，亦可见于小鹅瘟等
	跖骨软、易折	临床上见于佝偻病、骨软症及氟中毒引起的骨质疏松
	脚、蹼、趾、爪卷曲或麻痹	见于雏鹅维生素 B_2 缺乏症，也可见于成年鹅维生素 A 缺乏症
关节	关节肿胀、有热痛感、关节囊内有炎性渗出物	常见于葡萄球菌和大肠杆菌感染，也可见于慢性禽霍乱、禽链球菌病等
	跖关节和趾关节肿大（非炎性）	常见于营养代谢病，如钙磷代谢障碍和维生素 D 缺乏症等
头部	头部皮下胶冻样水肿	常见于鸭瘟，亦可见于慢性禽霍乱
	头颈部肿大	有时见于因注射灭活苗位置不当引起的肿胀，也偶尔见于外伤感染引起的炎性肿胀

续表

检查项目	异常变化	可能相关的主要疾病（或原因）
眼睛	眼球下陷	常见于某些传染病、寄生虫病等，如鹅副黏病毒病、禽副伤寒、大肠杆菌病、鹅绦虫病、棘口吸虫病及某些中毒病等
	眼睛有黏液性分泌物流出，使眼睑变成粒状	见于雏鹅生物素及泛酸缺乏症等
	眼结膜充血、潮红、流泪、眼睑水肿	常见于禽霍乱、嗜眼吸虫病、禽眼线虫病及维生素A缺乏症
	眼睛有黏性或脓性分泌物	见于鸭瘟、禽副伤寒、大肠杆菌眼炎及其他细菌或霉菌引起的眼结膜炎
	眼结膜有出血斑点	常见于禽霍乱、鸭瘟等
	眼结膜苍白	常见于鹅剑带绦虫病、膜壳绦虫病、棘口吸虫病、住白细胞虫病及慢性鸭瘟等
	角膜混浊，流泪	常见于维生素A缺乏症
	角膜混浊，严重者形成溃疡	见于慢性鸭瘟，也见于嗜眼吸虫病
	瞬膜下形成黄色干酪样小球、角膜中央溃疡	常见于曲霉菌性眼炎
鼻腔	鼻孔及其窦腔内有新液或浆液性分泌物	常见于鹅流行性感冒、鹅曲霉菌感染、大肠杆菌病、霉形体病，也见于棉籽饼中毒等
	鼻腔内有牛奶样或豆腐渣样物质	常见于维生素A缺乏症
口腔	流出水样混浊液体	常见于鹅裂口线虫病、鹅副黏病毒病、鸭瘟等
	口腔流涎	常见于鹅误食喷洒农药的蔬菜或谷物引起的中毒，也偶见于鹅误食万年青引起的中毒

续表

检查项目	异常变化	可能相关的主要疾病（或原因）
口腔	口腔流血	常见于某些中毒病，如鹅敌鼠钠盐中毒
	口腔内有大蒜或刺鼻的气味	常见于有机磷（大蒜气味）及其他农药中毒
	口腔黏膜有炎症或白色针尖大的结节	常见于雏鹅维生素A缺乏症和烟酸缺乏症，也见于鹅采食被蚜虫或蝶类幼虫寄生的蔬菜或青草引起的口腔炎症
	口腔黏膜形成黄白色干酪样假膜或溃疡，甚至蔓延至口腔外部，嘴角亦形成黄白色假膜	常见于鹅霉菌性口炎，即鹅口疮
肛门和泄殖腔	肛门周围有炎症、坏死和结痂病灶	常见于泛酸缺乏症
	肛门周围有稀粪沾污	常见于禽副伤寒、大肠杆菌病、鹅副黏病毒病、鸭瘟等
	泄殖腔黏膜充血或有出血点	常见于各种原因引起的泄殖腔炎症，如前殖吸虫病、鹅副黏病毒病等，有时也见于禽霍乱
	泄殖腔黏膜出血，有假膜结痂或形成溃疡	常见于典型的鸭瘟
	泄殖腔黏膜肿胀、充血、发红或发紫及肛门周围组织发生溃烂脱落	常见于禽隐孢子虫病、鹅前殖吸虫病、鹅淋球菌病和慢性泄殖腔炎（严重的泄殖腔炎可引起肛门外翻、泄殖腔脱垂）
粪便	大便拉稀	临床上见于细菌、霉菌、病毒和寄生虫等病原引起鹅的腹泻，如禽副伤寒、小鹅瘟、绦虫病、吸虫病等，也见于某些营养代谢病和中毒病，如维生素E缺乏症、有机磷农药中毒、误食万年青中毒，以及采食寄生在蔬菜、青草的蚜虫、蝶类幼虫引起的中毒等
	大便拉稀，带有黏液状并混有小气泡	常见于雏鹅维生素 B_2 缺乏症，或采食过量的蛋白质饲料引起的消化不良、小鹅瘟等

续表

检查项目	异常变化	可能相关的主要疾病（或原因）
粪便	大便稀，带有黏稠、半透明的蛋清或蛋黄样物质	常见于卵黄性腹膜炎（蛋子瘟）、输卵管炎、产蛋鹅的前殖吸虫病等
	大便拉稀，呈青绿色	常见于鹅副黏病毒病、慢性禽霍乱等
	大便拉稀，呈灰白色并混有白色米粒样物质（绦虫节片）	常见于鹅绦虫病
	大便拉稀，并混有暗红色或深紫色血液	常见于鹅球虫病、鹅裂口线虫病，有时亦见于禽霍乱
	大便呈石灰样	常见于鹅痛风病，也可见于维生素 A 缺乏症和磺胺药中毒等
	大便呈血水样	常见于球虫病，有时也偶见于磺胺药中毒及呋喃丹中毒和敌鼠钠盐中毒
鹅蛋	蛋壳薄	常见于禽副伤寒、大肠杆菌病、鹅副黏病毒病、鸭瘟及维生素 D 和钙磷缺乏症等疾病，也见于夏季热应激引起的蛋壳变薄
	无蛋黄	常见于异物（如寄生虫、脱落的黏膜组织、小的血块等）落入输卵管内，刺激输卵管的蛋白分泌部位，使其分泌出蛋白包住异物，然后再包上壳膜和蛋壳，也见于输卵管太狭窄，产出很小的无蛋黄的畸形蛋
	双黄蛋	偶见于刚开产的鹅和食欲旺盛的产蛋鹅，两个蛋黄同时或间隔很短时间从卵巢落入输卵管后同时被蛋白壳膜和蛋壳包上而形成体积特别大的双黄蛋
	双壳蛋	具有两层蛋壳的蛋，见于鹅产蛋时受惊后输卵管发生逆蠕动，蛋又退回蛋壳分泌部，刺激蛋壳腺再次分泌出一层蛋壳，而使蛋具有两层蛋壳

三、病理剖检诊断

鹅病虽种类繁多，但许多鹅病在剖检病变方面具有一定的特征。因此，利用尸体剖检观察病变可以验证临床诊断和治疗的正确性，是诊断疾病的一个重要手段。

（一）鹅体剖检技术

1. 鹅体剖检要求

（1）正确掌握和运用鹅体剖检方法。若方法不熟练，操作不规范、不按顺序，乱剪乱割，会影响观察，易造成误诊，贻误防治时机。

（2）防止疾病散播。剖检时如果剖检地点不合适、消毒不严格、尸体处理不当等，不仅引起病原在本场传播，而且还污染环境。所以，剖检地点应远离鹅舍，必须注意严格消毒和病死鹅的无害化处理。

1）选择合适的剖检地点。鹅场最好建立尸体剖检室，剖检室设置在生产区和生活区的下风方向和地势较低的地方，并与生产区和生活区保持一定距离，自成单元；若养鹅场无剖检室，剖检尸体时选择在比较偏僻的地方进行，要远离生产区、生活区、公路、水源等，以免剖检后尸体的粪便、血污、内脏、杂物等污染水源、河流，或由于车来人往等传播病原，造成疫病扩散。

2）严格消毒。剖检前对尸体进行喷洒消毒，避免病原随着羽毛、皮屑一起被风吹起传播。剖检后将死鹅放在密封的塑料袋内，对剖检场所和用具进行全面彻底的消毒。剖检室的污水和废弃物必须经过消毒处理后方可排放。

3）尸体无害化处理。有条件的鹅场应建造焚尸炉或发酵池，以便处理剖检后的尸体，其地址的选择既要使用方便又要防止病原污染环境。无条件的鹅场对剖检后的尸体要进行焚烧或深埋。

（3）准备好剖检器具。剖检鹅体，准备剪刀、镊子即可。

还可根据需要准备手术刀、标本皿、广口瓶、福尔马林等。此外，还要准备工作服、胶鞋、橡胶手套、肥皂、毛巾、水桶、脸盆、消毒剂等。

2. 鹅体剖检方法 剖检病鹅最好在死后或濒死期进行。对于已经死亡的鹅只，越早剖检越好，因时间长了尸体易腐败，尤其在夏季，死亡时间过长使病理变化模糊不清，失去剖检意义。如暂时不剖检的，可暂存放在 4 ℃ 冰箱内。解剖前先进行体表检查，然后进行剖检。

先用消毒药水将羽毛擦湿，防止羽毛及尘埃飞扬。解剖活鹅应先放血致死，方法有两种：一种可在口腔内耳根旁的颈静脉处用剪刀横切断静脉，血沿口腔流出，此法外表无伤口；另一种为颈部放血，用刀切断颈动脉或颈静脉放血。

将被检鹅仰放在搪瓷盘上，此时应注意腹部皮下是否有腐败而引起的尸绿。用力掰开两腿，直至髋关节脱位，将两翅和两腿摊开，或将头、两翅固定在解剖板上。沿颈、胸、腹中线剪开皮肤，再从腹下部横向剪开腹部，并延至两腿皮肤。由剪处向两侧分离皮肤。剥开皮肤后，可看到颈部的气管、食道、嗉囊、胸腺、迷走神经及胸肌、腹肌、腿部肌肉等。根据剖检需要，可剥离部分皮肤。此时可检查皮下是否有出血，胸部肌肉的黏稠度、颜色，是否有出血点或灰白色坏死点等。

皮下检查完后，在泄殖腔腹侧将腹壁横向剪开，再沿肋软骨交接处向前剪，然后一只手压住鹅腿，另一只手握龙骨后缘向上拉，使整个胸骨向前翻转露出胸腔和腹腔，注意胸腔和腹腔器官的位置、大小、色泽是否正常，有无内容物（腹水、渗出物、血液等），器官表面是否有冻胶状或干酪样渗出物，胸腔内的液体是否增多等。

然后观察气囊，气囊膜正常为一透明的薄层，注意有无混浊、增厚或被覆渗出物等。如果要取病料进行细菌培养，可用灭

菌消毒过的剪刀、镊子、注射器、针头及存放材料的器械采取所要需要的组织器官。取完材料后可进行各个脏器的检查。剪开心包囊，注意心包囊是否混浊或有纤维性渗出物黏附，心包液是否增多，心包囊与心外膜是否粘连等，然后顺次取出各脏器。

首先把肝脏与其他器官连接的韧带剪断，再将脾脏、胆囊随同肝脏一块摘出。接着，把食道与腺胃交界处剪断，将脾胃、肌胃和肠管一同取出体腔（直肠可以不剪断）；剪开卵巢系膜，将输卵管与泄殖腔连接处剪断，把卵巢和输卵管取出。雄鹅剪断睾丸系膜，取出睾丸；用器械柄钝性剥离肾脏，从脊椎骨深凹中取出；剪断心脏的动脉、静脉，取出心脏；用刀柄钝性剥离肺脏，将肺脏从肋骨间摘出。

剪开喙角，打开口腔，把喉头与气管一同摘出；再将食道、食道膨大部一同摘出。

剪开鼻腔。从两鼻孔上方横向剪断上喙部，断面露出鼻腔和鼻甲骨。轻压鼻部，可检查鼻腔有无内容物。

剪开眶下窦。剪开眼下和嘴角上的皮肤，看到的空腔就是眶下窦。

脑的取出。将头部皮肤剥去，用骨剪剪开顶骨缘、颧骨上缘、枕骨后缘，揭开头盖骨，露出大脑和小脑。切断脑底部神经，大脑便可取出。

外部神经的暴露。迷走神经在颈椎的两侧，沿食道两旁可以找到。坐骨神经位于大腿两侧，剪去内收肌即可露出。将脊柱两侧的肾脏摘除，腰荐神经丛便能显露出来。将鹅背朝上，剪开肩胛和脊柱之间的皮肤，剥离肌肉，即可看到臂神经。

3. 解剖检查注意事项

（1）剖检时间越早越好，尤其在夏季，尸体极易腐败，不利于病变观察，影响正确诊断。若尸体已经腐败，一般不再进行剖检。剖检时，光线应充足。

(2) 剖检前要了解病死鹅的来源、病史、症状、治疗经过及防疫情况。

(3) 剖检时必须按剖检顺序观察，做到全面细致，综合分析，不可主观片面，马马虎虎。

(4) 做好剖检用具和场所的隔离消毒。做好剖检尸体、血水、粪便、羽毛和污染的表土等的无害化处理（放入深埋坑内，撒布消毒药和新鲜生石灰盖土压实），同时要做好自身防护（穿好工作服，戴上手套）。

(5) 剖检时要做好记录，检查完后找出其主要的特征性病理变化和一般非特征性病理变化，做出分析和比较。

（二）病理剖检变化

病理剖检变化见表9-2。

表9-2　鹅的病理变化诊断表

检查项目	解剖变化	可能相关的主要疾病
皮肤	皮肤苍白	见于各种因素引起的内出血，如脂肪肝综合征和禽副伤寒引起的肝破裂
	皮肤暗紫	见于各种败血性传染病，如禽霍乱、鹅副黏病毒病等
	皮下水肿	见于禽李氏杆菌病
	皮下出血	见于某些传染病，如禽霍乱、鹅流行性感冒等
	胸腹部皮肤呈暗紫色或淡绿色，皮下呈胶冻样水肿	见于育肥仔鹅维生素E及硒缺乏症
	胸部皮下化脓或坏死	见于鹅外伤引起的皮肤感染葡萄球菌、链球菌或其他细菌所致
肌肉	肌肉苍白	常见于各种原因引起的内出血，如脂肪肝综合征等，也见于住白细胞虫病
	肌肉出血	常见于硒及维生素E缺乏症和维生素K缺乏症

续表

检查项目	解剖变化	可能相关的主要疾病
肌肉	肌肉坏死	常见于维生素 E 缺乏症
	肌肉中夹杂有白色芝麻大小的梭状物	见于葡萄球菌、链球菌等细菌感染引起的肉芽肿
	肌肉表面有尿酸盐结晶	见于内脏型痛风
胸腺	胸腺肿大，出血	常见于某些急性传染病（如鸭瘟、禽霍乱）也见于某些寄生虫病（如住白细胞虫病）
	胸腺出现玉米大的肿胀	多见于成年鹅的结核病
	胸腺萎缩	见于营养缺乏症
呼吸系统	气管、支气管、喉头有黏液性渗出物	常见于鹅流行性感冒、曲霉菌病、霉形体病、鹅副黏病毒病、鸭瘟等
	气管和支气管内有寄生虫	见于鹅舟形嗜气管吸虫病和支气管杯口线虫病
	肺、气囊、肺瘀血、水肿	常见于急性传染病，如禽霍乱、禽链球菌病、大肠杆菌败血症等，也见于棉籽饼中毒
肺脏	肺实质有淡黄色小结节，气囊有淡黄色纤维素渗出或结节	常见于雏鹅曲霉菌病
	肺及气囊有灰黑色或淡绿色霉斑	常见于青年鹅或成年鹅曲霉菌病
	肺有淡黄色或灰白色结节	见于成年鹅结核病
	肺肉变或出现肉芽肿	常见于大肠杆菌病和沙门菌病
	胸、腹气囊混浊、囊壁增厚或者含有灰白色或淡黄色干酪样渗出物	常见于霉形体病、鹅流行性感冒、大肠杆菌病、禽流感、禽副伤寒、禽链球菌病、衣原体病等
胸腔	胸腔积液	见于育肥仔鹅腹水综合征和敌鼠钠盐中毒

续表

检查项目	解剖变化	可能相关的主要疾病
心脏	心包积液或含有纤维素渗出	常见于禽霍乱、鸭瘟、禽流感、大肠杆菌病、禽李氏杆菌病、鹅螺旋体病原体病及某些中毒病，如食盐中毒、三氟乙酸胺中毒、磷化锌中毒等
	心冠脂肪出血或心内外膜有出血斑点	常见于禽霍乱、鹅流行性感冒、鸭瘟、大肠杆菌败血症、食盐中毒、棉籽饼中毒、三氟乙酸胺中毒等
	心包及心肌表面附有大量的白色尿酸盐结晶	常见于内脏型痛风
	心肌有灰白色坏死或有小结节，或肉芽肿样病变	常见于禽李氏杆菌病、大肠杆菌病、禽副伤寒等
	心肌缩小、心肌脂肪消耗或心冠脂肪变成透明胶冻样	这是心肌严重营养不良的表现，常见于慢性传染病，如结核病、慢性副伤寒及严重的寄生虫感染等
	心肌变性	常见于维生素E和硒缺乏症、鹅住白细胞虫病等
腹腔	腹腔内有淡黄色或暗红色腹水及纤维素渗出	常见于育肥仔鹅腹水综合征、大肠杆菌病、慢性禽副伤寒、住白细胞虫病等
	腹腔内有血液或凝血块	常为急性肝破裂的结果，如成年鹅副伤寒、鹅脂肪肝综合征等
	腹腔中有一种淡黄色黏稠的渗出物附着在内脏表面	常为卵黄破裂引起的卵黄性腹膜炎，病原多为大肠杆菌，有时也见于沙门菌和巴氏杆菌
	腹腔器官表面有许多菜花样增生物或有很多大小不等的结节	常见于大肠杆菌肉芽肿、成年鹅的结核病等
	腹腔中，尤其在内脏器官表面有一种石灰样物质沉着	鹅内脏型痛风特征性的病变

续表

检查项目	解剖变化	可能相关的主要疾病
肝脏	肝脏肿大，表面有灰白色斑纹或有大小不等的肿瘤结节	常见于淋巴白血病（有些病例肝脏的重量比正常的增加 2~3 倍）
	肝脏肿大，并出现肉芽肿	常见于大肠杆菌病
	肝脏肿大，瘀血，表面有散在的或密集的坏死点	常见于急性禽霍乱、禽副伤寒、大肠杆菌病、衣原体病、螺旋体病、鹅流行性感冒、禽李氏杆菌病、禽链球菌病等，有时也见于鸭瘟、小鹅瘟、鹅副黏病毒病等
	肝脏肿大，有出血斑点	常见于鹅螺旋体病、禽霍乱、磺胺药中毒及痢特灵中毒等，也见于鸭瘟早期的肝脏病变
	肝脏肿大，呈青铜色、古铜色或墨绿色（一般同时伴有坏死小点）	常见于大肠杆菌病、禽副伤寒、禽葡萄球菌病、禽链球菌病等
	肝脏肿大、硬化，表面粗糙不平或有白色针尖状病灶	常见于慢性黄曲霉毒素中毒
	肝脏肿大，有结节状增生病灶	常见于成年鹅的肝癌
	肝脏肿大，表面有纤维蛋白覆盖	常见于衣原体病、大肠杆菌病等
	肝脏肿大，呈淡黄色脂肪变性，切面有油腻感	常见于脂肪肝综合征，也见于维生素 E 缺乏症和鹅流行性感冒及住白细胞虫病
	肝脏萎缩、硬化	常见于腹水综合征晚期的病例和成年鹅的黄曲霉毒素中毒
	肝脏呈深黄色或淡黄色	常见于 1 周龄以内健康的雏鹅，也见于 1 年以上健康的成年鹅

续表

检查项目	解剖变化	可能相关的主要疾病
脾脏	脾脏肿大，表面有大小不等的肿瘤结节	常见于淋巴白血病（有的脾脏大如鸽蛋）
	脾脏有灰白色或黄色结节	常见于成年鹅结核病
	脾脏肿大，有坏死灶或出血点	常见于禽霍乱、禽副伤寒、衣原体病及鹅副黏病毒病和鹅流行性感冒等
	脾脏肿大，表面有灰白色斑驳	常见于禽李氏杆菌病、淋巴白血病、大肠杆菌败血症、螺旋体病、禽副伤寒等
胆囊、胆管	寄生于鹅胆管内的寄生虫	常见于后睾吸虫
	胆囊充盈肿大	常见于急性传染病，如禽霍乱、禽副伤寒、小鹅瘟、鸭瘟等，也见于某些寄生虫病，如鹅的后睾吸虫病
	胆囊缩小	常见于慢性消耗性疾病，如鹅绦虫病、吸虫病等
	胆汁浓，呈墨绿色	常见于急性传染病
	胆汁少，色淡或胆囊膜水肿	常见于慢性疾病，如严重的肠道寄生虫感染和营养代谢病
肾脏、输尿管	肾脏肿大、瘀血	常见于禽副伤寒、链球菌病、螺旋体病、鹅流行性感冒等，也见于食盐中毒和痢特灵中毒
	肾脏显著肿大，有肿瘤样结节	常见于淋巴白血病，也偶见于大肠杆菌引起的肉芽肿
	肾脏肝大，表面有白色尿酸盐沉着，输尿管和肾小管充满白色尿酸盐结晶	为内脏型痛风的一种常见病变，也见于禽副伤寒、鹅肾球虫病、维生素A缺乏症、磺胺药中毒及钙磷代谢障碍等疾病
	输尿管结石	多见于痛风及钙磷比例失调
	肾脏苍白	常见于雏鹅的禽副伤寒、住白细胞虫病，严重的绦虫病、吸虫病、球虫病及各种原因引起的内脏器官出血等

续表

检查项目	解剖变化	可能相关的主要疾病
卵巢、输卵管	卵泡形态不整，皱缩干燥和颜色改变及变形、变性	常见于禽副伤寒、大肠杆菌病，也偶见于慢性禽霍乱等
	卵子外膜充血、出血	见于产蛋鹅急性死亡的病例，如禽霍乱、禽副伤寒，以及农药、灭鼠药中毒
	卵巢形体显著增大，呈熟肉样菜花状肿瘤	见于卵巢腺癌
	寄生于输卵管的寄生虫	常见于前殖吸虫
	输卵管内有凝固性坏死物质(凝固或腐败的卵黄、蛋白)	常见于产蛋母鹅的卵黄性腹膜炎、禽副伤寒、禽流感等
	输卵管脱垂于肛门外	常为产蛋鹅进入高峰期营养不足或是产双黄蛋、畸形蛋所为，也见于久泻不愈引起的脱垂
睾丸、阴茎	一侧或两侧睾丸肿大或萎缩，睾丸组织有多个小坏死灶	偶见于公鹅沙门菌感染
	睾丸萎缩变性	见于维生素 E 缺乏症
	阴茎脱垂、红肿、糜烂或有青绿豆大小的结节或者坏死结痂	多见于鹅大肠杆菌病，也见于淋球菌病，有时也见于阴茎外伤感染
食道	食道黏膜有许多白色小结节	见于维生素 A 缺乏症
	食道黏膜有白色假膜和溃疡(口腔、咽部均出现)	见于白色念珠菌感染引起的霉菌性口炎
	食道下段或膜有灰黄色假膜、结痂，剥去假膜可出现溃疡	常为鸭瘟特征性的病变
	食道下段黏膜有出血斑	见于鹅呋喃丹中毒
腺胃、肌胃	腺胃黏膜及乳头出血	见于鹅副黏病毒病，亦见于禽霍乱
	腺胃与肌胃交界处有出血点	见于螺旋体病
	肌胃内较空虚，其角质膜变绿	常见于慢性疾病，多为胆汁反流所致

续表

检查项目	解剖变化	可能相关的主要疾病
腺胃、肌胃	肌胃角质溃疡（尤其在肌胃与幽门交界处）	常见于鹅裂口线虫病
	肌胃角质层易脱落，角质层下有出血斑点或溃疡	见于鹅副黏病毒病、鸭瘟、禽李氏杆菌病、住白细胞虫病
	寄生在肌胃内的寄生虫	鹅裂口线虫
肠管	小肠肠管增粗、黏膜粗糙，生成大量灰白色坏死小点和出血小点	见于鹅球虫病
	小肠黏膜呈急性卡他性或出血性炎症，黏膜深红色或有出血点，胸腔有大量剩液和脱落的黏膜	见于急性败血性传染病，如禽霍乱、禽副伤寒、禽链球菌病、大肠杆菌病等，以及早期的小鹅瘟病变，也见于某些中毒病如呋喃丹中毒、氟乙酰胺中毒等
	肠道黏膜出血，黏膜上有散在的淡黄色覆盖假膜结痂，并形成出血性溃疡	见于鹅副黏病毒病
	肠壁生成大小不等的结节	这种病灶临床上见于成年鹅的结核病
	肠道黏膜坏死	临床上见于慢性禽副伤寒、坏死性肠炎、大肠杆菌病，以及维生素 E 缺乏症等
	肠管某节段呈现出血发紫，且肠腔有出血新液或暗红色血凝块	见于肠系膜疝或肠扭转
	肠管膨大，肠道黏膜脱落，肠壁光滑变薄，肠腔内形成一种淡黄色凝固性栓塞	见于典型的小鹅瘟病变
	盲肠内有凝固性栓塞	见于慢性禽副伤寒
	盲肠黏膜糜烂	见于雏鹅的纤细背孔吸虫病
	盲肠出血，肠腔有血便，黏膜光滑	见于磺胺药中毒
	十二指肠和空肠寄生虫	主要有膜壳绦虫、蛔虫、棘口吸虫
	直肠寄生	主要有前殖吸虫、纤细背孔吸虫

续表

检查项目	解剖变化	可能相关的主要疾病
胰腺	胰腺肿大、出血或坏死、滤泡增大	临床上见于急性败血性传染病，如禽霍乱、禽副伤寒、大肠杆菌败血症等，也见于某些中毒病，如鹅氟乙酰胺中毒、敌鼠钠盐中毒、呋喃丹中毒等
	胰腺出现肉芽肿	见于大肠杆菌、沙门菌引起的病变
	胰腺萎缩，腺细胞内空泡形成，并有透明小体	临床上见于维生素 E 和硒缺乏症
盲肠扁桃体	盲肠扁桃体肿大、出血	临床上见于某些急性传染病和某些寄生虫病，如禽霍乱、禽副伤寒、大肠杆菌病、鹅副黏病毒病、鸭瘟、鹅球虫病等
腔上囊	腔上囊内的寄生虫	多为前殖吸虫
	腔上囊肿大，黏膜出血	临床上见于某些传染病和寄生虫病，如鸭瘟、隐孢子虫病、前殖吸虫病，有时也见鹅副黏病毒病、严重的绦虫病等
	腔上囊缩小	临床上见于营养缺乏症
脑	小脑软化、肿胀、有出血点或坏死	临床上见于雏鹅维生素 E 缺乏症
	脑膜有淡黄色结节	常见于雏鹅曲霉菌感染
	大脑呈树枝状充血及有出血点并发生水肿或坏死	临床上见于雏鹅脑型大肠杆菌病和沙门菌病
甲状旁腺	甲状旁腺肿大	临床上见于缺磷、缺钙及缺乏维生素 D 引起的雏鹅佝偻病和成年鹅的软骨症
骨和关节	后脑颅骨软薄	临床上见于雏鹅佝偻病和雏鹅维生素 E 缺乏症

续表

检查项目	解剖变化	可能相关的主要疾病
骨和关节	胸骨呈S状弯曲，肋骨与肋软骨连接部呈结节性串珠样	常见于缺钙、缺磷或缺乏维生素D引起的雏鹅佝偻病或者严重的绦虫病感染而导致的鹅骨软症
	胫骨软、易折	常见于佝偻病、骨软症，也见于育肥仔鹅饲喂含氟磷酸氢钙造成的骨质疏松
	关节肿胀，关节囊内有炎性渗出物	常见于雏鹅葡萄球菌大肠杆菌、链球菌感染，也见于鹅慢性禽霍乱
	关节肿大、变形	临床上见于雏鹅佝偻病和生物素、胆碱缺乏症，以及锰缺乏症等，也见于关节痛风

四、治疗观察

有时候虽然经过某些项目的检验，仍未能对疫病做出确诊，在实验室确诊之前，可根据临床症状和病理变化先做出初步诊断，进行治疗处理，对治疗效果进行观察，也是一种重要的诊断手段。如治疗效果明显，也可作为确诊依据之一。

五、实验室诊断

（一）微生物学诊断

1. 采集病料

（1）脓液及渗出液。用灭菌注射器无菌抽取未破溃脓肿深处（如是开放的化脓灶或鼻腔，可用灭菌棉拭子蘸取脓液）或组织渗出液，置于灭菌试管（或灭菌小瓶）内。

（2）内脏。在病变较严重的部位，用灭菌剪刀无菌采取一小块（一般1~2厘米），分别置于灭菌的平皿、试管或小瓶中。

（3）血液、血清。由心脏或翅静脉无菌采血1~2毫升，置

于灭菌试管中，待血液凝固并析出血清后，将血清吸出放于另一试管或灭菌瓶中，并于每毫升血清中加3%苯酚水溶液1滴，用于防腐；全血：用灭菌注射器采取4毫升血液立即放入盛有1毫升4%枸橼酸钠的灭菌试管中，转动混合片刻即可；心血：采取心血通常先用烧红的铁片或刀片在心房处烙烫其表面，然后将灭菌尖刀烘烫并刺一小孔，再用灭菌注射器吸取血液，置于灭菌试管中。

（4）卵巢及卵泡。无菌采取有病变的卵巢及卵泡。

（5）粪便。应采集新鲜有血或黏液的部分，最好采集正排出的粪便，收集在灭菌小瓶中。

2. 涂片镜检　采用有显著病变的不同组织器官涂片、染色、镜检。对于一些有特征性的病原体如巴氏杆菌、葡萄球菌、钩端螺旋体、曲霉菌病等可通过采集病料直接涂片镜检而做出确诊，但对大多数传染病来说，只能提供进一步检查的线索和依据。涂片的制备和染色方法如下。

（1）涂片的制备。

1）玻片准备。载玻片应该清洁、透明而无油渍，滴上水后，能均匀展开。如有残余油渍，可按下列方法处理：滴上95%的乙醇溶液2~3滴，用洁净纱布擦拭，然后在酒精灯火焰上轻轻通过几次。若上法仍未能去除油渍，可再滴上1~2滴冰醋酸，再在酒精灯火焰上轻轻通过。

2）涂片。液体材料（如液体培养物、血液、渗出液），可直接用灭菌接种环取一环材料，置于玻片中央，均匀地涂布成适当大小的薄层；固体材料（如菌落、脓、粪便等），则应先用灭菌接种环取少量生理盐水或蒸馏水，置于玻片中央，然后再用无菌接种环取少量液体，在液体中混合，均匀涂布成适当大小的薄层；组织脏器材料，先用镊子夹住局部，然后用灭菌的剪刀取1小块，夹出后将其新鲜切面在玻片上压印或涂抹成一薄层。

如有多个样品同时需要制成涂片，只要染色方法相同，也可以在同一张玻片上先用蜡笔划分成若干小方格，每方格涂抹一种样品。需要保留的标本片，应贴标签，注明菌名、材料、染色方法和制片日期等。

3）干燥。上述涂片，均应让其自然干燥。

4）固定。有火焰和化学两种固定方法。火焰固定：将干燥好的涂片涂面向上，以其背面在酒精灯上来回通过数次，略做加热固定。化学固定：干燥涂片用甲醇固定。

(2）染色液的制备。

1）革兰氏染色液的配制。

结晶紫染液：甲液为结晶紫 2 克，95%乙醇 20 毫升；乙液为草酸铵 0.8 克，蒸馏水 80 毫升。先将甲液稀释 5 倍，加 20 毫升，再加乙液 80 毫升，混合即成。此液可较久储存。

革兰氏碘溶液：碘片 1 克，碘化钾 2 克，蒸馏水 300 毫升。先将碘化钾加入 3～5 毫升的蒸馏水中溶解后再加碘片，用力摇匀，使碘片完全溶解后再加蒸馏水至足量（直接将碘片与碘化钾加入蒸馏水中，则碘片不能溶解）。革兰氏碘溶液不能久藏，1 次配制不宜过多。

复染剂：①番红（沙黄）复染液：2.5%番红纯乙醇溶液 10 毫升，蒸馏水 90 毫升，混合即成。②碱性复红复染液：碱性复红 0.1 克，蒸馏水 100 毫升。

2）瑞氏染色液的配制。瑞氏染色剂粉 0.1 克，纯粹白甘油 1 毫升，中性甲醇 60 毫升。置染料于一干净的乳钵内，加甘油后研磨至细末，再加入甲醇使其溶解。溶解后盛于棕色瓶中，经 1 周后，过滤，装于中性的棕色瓶中，保存于暗处。该染色剂保存时间越久，染色的色泽越鲜亮。

(3）染色和镜检。

1）革兰氏染色。将已干燥的涂片用火焰固定。在固定好的

涂片上，滴加草酸铵结晶紫染色液，经 1~2 分钟，水洗。加革兰氏碘溶液于涂片上媒染，作用 1~3 分钟，水洗。加 95%乙醇溶液于涂片上脱色，约 30 秒，水洗。加稀释苯酚复红（或沙黄水溶液）复染 10~30 秒，水洗，吸干或自然干燥，镜检可见革兰氏阳性菌呈蓝紫色，革兰氏阴性菌呈红色。

2）瑞氏染色法。涂片自然干燥后，滴加瑞氏染色液，为了避免很快变干，染色液可稍多加些，或者看情况补充滴加。经 1~3 分钟再加约与染色液等量的中性蒸馏水或缓冲液，轻轻晃动玻片，使与染液混匀。约经 5 分钟直接用水冲洗（不可先将染液倾去），吸干或烘干，镜检可见细菌为蓝色，组织、细胞等呈其他颜色。

3. 病原的分离培养与鉴定　可用人工培养的方法将病原从病料中分离出来，细菌、真菌、霉形体和病毒需要用不同的方法分离培养，例如使用普通培养基、特殊培养基、细胞、鹅胚和敏感动物等，对已分离出来的病原，还需要做形态学、理化特性、毒力和免疫学等方面的鉴定，以确定致病病原的种属和血清型等。

4. 动物接种试验　如一些有明显临床症状或病理变化的鹅病，可将病料做适当处理后接种敏感的同种动物或对可疑疾病最为敏感的动物。将接种后出现的症状、死亡率和病理变化与原来的疾病做比较，以此作为诊断的论据，必要时可从病死家鹅中采集病料，再做涂片镜检和分离鉴定。较常使用的实验动物是鹅、鸭、家兔、小白鼠等。

（二）免疫学诊断

根据抗原与抗体的特异性反应原理可以用已知的抗原检测未知的抗体，也可用已知的抗体检测未知的抗原，目前较常使用的有血凝试验与血凝抑制试验、沉淀试验、中和试验、溶细胞试验、补体结合试验，以及免疫酶技术、免疫荧光技术和放射免疫

等，可根据需要和可能进行某些项目的试验。

（三）寄生虫学诊断

一些鹅的寄生虫病临床症状和病理变化是比较明显和典型的，有初诊的意义，但大多数鹅寄生虫病生前缺乏典型的特征，往往需要通过实验室检查，从粪便、血液、皮肤、羽毛、气管内容物等被检材料中发现虫卵、幼虫、原虫或成虫之后才能确诊。

1. 粪便虫卵和幼虫的检查 鹅的许多寄生虫，特别是很多蠕虫类，多寄生于宿主的消化系统或呼吸系统。虫卵或某一个发育阶段的虫体，常随宿主的粪便排出。因此，通过对粪便的检查，可发现某些寄生虫病的病原体。

（1）直接涂片法。吸取清洁常水或50%甘油水溶液，滴于载玻片上，用小棍挑取少许被检新鲜粪便，与水滴混匀，除去粪渣后加盖玻片，镜检蠕虫、吸虫、绦虫、线虫、棘头虫的虫卵或球虫的卵囊等。

（2）饱和溶液浮集法。适用于绦虫和线虫的虫卵及球虫卵囊的检查。在一杯水内放少许粪便，加入10~20倍的饱和食盐溶液，边搅拌边用两层纱布或细网筛将粪水过滤到另一圆柱状玻璃杯内，静止20~30分钟后，用有柄的金属圈蘸取粪水液膜并抖落在载玻片上，加盖玻片镜检。

（3）反洗涤沉淀法。适用于吸虫卵及棘头虫卵等的检查。取少许粪便放在玻璃杯内，加10倍左右的清水，用玻璃棒充分搅匀，再用细网筛或纱布过滤到另一玻璃杯内，静置10~20分钟，将杯内的上层液吸去，再加清水，摇匀后，静置或离心，如此反复数次，待上层液透明时，弃去上层清液，吸取沉渣，做涂片镜检。

（4）幼虫检查法。适用于随粪便排出的幼虫（如肺线虫）或各组织器官中幼虫的检查。将固定在漏斗架上的漏斗下端接一根橡皮管，把橡皮管下端接在一离心管上。将粪便等被检物放在

漏斗的筛网内，再把 40 ℃的温水徐徐加至浸没粪便等物为止。静置 1~3 小时后，幼虫从粪便中游出沉到管底经，离心沉淀后镜检沉淀物寻找幼虫。

2. 螨虫检查　从患部刮取皮屑进行镜检。刮取皮屑时应选择病变部和健康部交界处，先剪毛，然后用外科刀刮取皮屑，刮到皮肤微有出血痕迹为止。将刮取物收集到容器内（一般放入试管内），加 1%氢氧化钠（钾）溶液至试管 1/3 处，加热煮到将开未开，反复数次，静止 20 分钟或离心，取沉淀物镜检；也可将病料置载玻片上，滴加几滴煤油，再用另一载玻片盖上，搓动载玻片，使皮屑粉碎透明，即可镜检，或将皮屑铺在黑纸上，微微加热，可见到螨虫在皮屑中爬动。为了判断螨虫是否存活，可将螨虫在油镜下观察，活虫体可见到其体内有淋巴液在流动。

3. 蛲虫卵检查　蛲虫卵产在肛门周围及其附近的皮肤上，检查时刮取肛门周围及其皮肤上的污垢进行镜检。用一牛角药匙或边缘钝圆的小木铲蘸取 5%甘油水溶液，然后轻轻地在肛门周围皱褶、尾底部、会阴部皮肤上刮取污垢，直接涂片镜检。

（四）营养分析

对怀疑营养缺乏或代谢障碍的疾病，可以检测饲料中能量、蛋白质和氨基酸、维生素矿物质和微量元素等的实际含量，再与相应的营养标准做比较，以确定营养缺乏的种类和缺乏程度等。

（五）毒物检验

对某些怀疑为中毒的疾病，可运用分析学等方法，采取血液、粪便、胃肠内容物、空气、饲料和饮水等做毒物的定性与定量分析以确定毒物的种类和中毒的原因等。

第二节　鹅病的综合防治

一、隔离卫生

（一）做好隔离

隔离可以减少病原进入鹅场和鹅体，防止传染病发生。

1. 合理选择场址和布局　鹅场要远离市区、村庄和居民点，远离屠宰场、畜产品加工厂等污染源。鹅场四周要建有围墙或严密的围栏，以防外人或其他畜禽如牛、猪、鸡等随便进出鹅栏；同时鹅群内不准混养鸭只；有条件时，围栏外1米距离内的杂草、鼠洞要清理、填平，并定期撒生石灰作隔离消毒带。在大江、大河或大湖边牧鹅时，还要设稻草人以防飞鸟潜入带来如禽流感等危害性较大的疫病；如遇大水过后，牧鹅前还要事先对牧放地进行查看，清除腐败的动物尸体或其他有害物，以确保鹅群的健康安全。

2. 进入鹅场人员和车辆消毒　鹅场大门口要设大型消毒池和紫外线消毒室，获许进出的车辆、人员要自觉遵守消毒制度。车辆要全车喷雾消毒，车乘人员下车消毒、更衣换鞋、戴帽戴口罩，紫外线灯下照射15分钟后方可进入生产区。为确保鹅场安全，种鹅舍生产区最好谢绝外来人员入内参观。

3. 禁止闲人进出鹅场　农家养鹅场应禁止其他养殖户、鹅蛋收购商和死鹅贩子进入鹅场，病鹅和死鹅经疾病诊断后应深埋，并做好消毒工作，严禁销售和随处乱丢。进入鹅场的设备和用具要消毒。

4. 采用“全进全出”的饲养制度　“全进全出”的饲养制度是有效防止疾病传播的措施之一。“全进全出”能使鹅场做到净场和充分的消毒，切断了疾病传播的途径，从而避免患病鹅只

或病原携带者将病原传染给日龄较小的鹅群。

5. 加强引种管理 种鹅场在需引进种鹅时，必须先了解清楚该品种种鹅的生长特性、当地是否有鹅疫病流行发生，被引种鹅场是否按规定程序接种相关疫苗等情况，最好选择从信誉好、规模大的鹅场引进种鹅；肉鹅场则要从生产管理较为规范的种鹅场购进鹅苗，切忌从市场上购入百家鹅，因为这样不仅不能保证肉鹅生长的整齐度，而且还能带来许多新的疫病，增加养殖中使用兽药的成本，直接影响养鹅的经济效益；新引进的种鹅进入鹅场后要在远离核心鹅群的地方设隔离舍，隔离饲养30天以上观察无病发生后方可合群饲养。商品鹅苗饲养的栏舍要事先清洁消毒、空置14天以上。种鹅及鹅苗入场后饲养员要加强看护，发现异常及时报告。

（二）搞好卫生

1. 保持鹅舍和鹅舍周围环境卫生 及时清理鹅舍的污物、污水和垃圾，定期打扫鹅舍，清扫设备用具的灰尘，每天进行适量的通风，保持鹅舍清洁卫生；不在鹅舍周围和道路上堆放废弃物和垃圾。

2. 保持饲料和饮水卫生

（1）饲料卫生。选择符合原料质量要求的饲料原料，饲料不霉变、不被病原污染，保持饲料新鲜。饲喂用具定期清洗消毒。

（2）饮水卫生。鹅场水源有三大类：第一类为地面水，如江、河、湖、塘及水库水等，主要由降水或地下泉水汇集而成。其水质受自然条件影响较大，易受污染。特别是易受生活污水及工业废水的污染，经常因此而引发疾病或造成中毒。使用此类水源应经常进行水质化验。一般而言，活水比死水自净力强。应选择水量大、流动的地面水源。供饮用的地面水要进行人工净化和消毒处理。第二类为地下水。这种水为封闭的水源，受污染的机

会较少。地下水距离地面越远，受污染的程度越低，越洁净。但地下水往往受地质化学成分的影响而含有某些矿物性成分，硬度较大。有时会因某些矿物性毒物而引起地方性疾病。所以，选用地下水时应进行检验。第三类为降水。由雨、雪等降落在地面而形成。大气中经常含有某些杂质和可溶性气体，因而使降水容易受到污染。降水不易收集且无法保证水质，储存困难，除水源特别困难的小型鹅场外，一般不宜采用降水作为水源。

鹅场水源必须符合卫生要求（表 9-3）。当饮用水含有农药时，农药含量不能超过表 9-4 中的规定。

表 9-3　畜禽饮用水质量

项目	自备水	地面水	自来水
大肠杆菌值（个/升）	3	3	
细菌总数（个/升）	100	200	
pH 值	5.5~8.5		
总硬度（毫克/升）	600		
溶解性总固体（毫克/升）	2 000		
铅（毫克/升）	Ⅳ地下水标准	Ⅳ地下水标准	饮用水标准
铬（六价，毫克/升）	Ⅳ地下水标准	Ⅳ地下水标准	饮用水标准

表 9-4　畜禽饮用水中农药限量指标

（单位：毫克/毫升）

项目	马拉硫磷	内吸磷	甲基对硫磷	对硫磷	乐果	林丹	百菌清	甲萘威	2，4-D
限量	0.25	0.03	0.02	0.003	0.08	0.004	0.01	0.05	0.1

生产过程中，鹅的饮水、嬉戏用水、粪尿的冲刷、用具及笼舍的消毒和洗涤，以及生活用水等用水量很大，对生产影响也

大。不仅要选择好的水源，还要注意水源保护，其措施如下。

（1）水源位置适当。饮用水源的位置要选择远离生产区的管理区内，远离其他污染源，并且建在地势高燥处。鹅场可以自建深水井和水塔，深层地下水经过地层的过滤作用，又是封闭性水源，水质水量稳定，受污染的机会很少。

（2）加强水源保护。水源周围没有工业和化学污染及生活污染（不得建厕所、粪池垃圾场和污水池）等，并在水源周围划定保护区，保护区内禁止一切破坏水环境生态平衡的活动及破坏水源林、护岸林、与水源保护相关植被的活动；严禁向保护区内倾倒工业废渣、城市垃圾、粪便及其他废弃物；运输有毒有害物质、油类、粪便的船舶和车辆一般不准进入保护区；保护区内禁止使用剧毒和高残留农药，不得滥用化肥，不得使用炸药、毒品捕杀鱼类；避免污水流入水源。

（3）搞好饮水卫生。定期清洗和消毒饮水用具和饮水系统，保持饮水用具的清洁卫生。保证饮水的新鲜。

（4）注意饮水的检测和处理。定期检测水源的水质，污染时要查找原因，及时解决问题；当水源水质较差时要进行净化和消毒处理。净化的方法有沉淀（自然沉淀和混凝沉淀）和过滤；消毒就是在水中加入消毒剂（氯或含有效氯的化合物，如漂白粉、漂白粉精、液态氯、二氧化氯等比较常用）杀死水中的病原微生物。

3. 废弃物要进行无害化处理　鹅场的废弃物，如粪便、污水、病死鹅等直接影响到鹅场的卫生和疫病控制，危害鹅群安全和公共卫生安全，必须进行无害化处理。

（1）粪便处理。粪便既是污染物质又是很好的资源。经过堆积腐熟或高温、发酵干燥处理后，体积变小、松软、无臭味，不带病原微生物，可作为有机肥用于农田。比较简单的处理方法是堆粪法，即在距鹅场 100~200 米或以外的地方设一个堆粪场，

在地面挖一浅沟，深约20厘米，宽1.5~2米，长度不限，根据粪便多少确定。先将非传染性的粪便或垫草等堆至厚25厘米，其上堆放欲消毒的粪便、垫草等，高达1.5~2米，然后在粪堆外再铺上厚10厘米的非传染性的粪便或垫草，并覆盖厚10厘米的沙子或土，如此堆放3周至3个月，即可用以肥田，如图9-1所示。当粪便较稀时，应加些杂草，太干时倒入稀粪或加水，使其不稀不干，以促进迅速发酵。

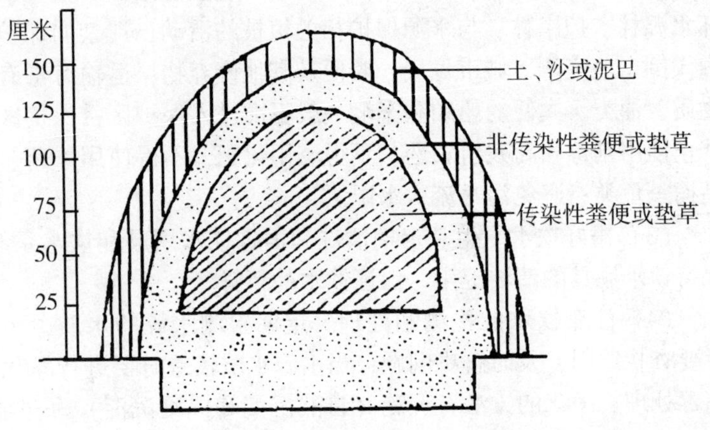

图9-1 粪便生物热消毒的堆粪法

（2）病死鹅处理。病死鹅必须及时进行无害化处理，坚决不能图一私利而出售。处理方法有如下几种。

1）焚烧法。焚烧也是一种较完善的方法，但不能利用产品，且成本高，故不常用。但对一些患严重危害人畜健康的传染病病鹅的尸体，仍有必要采用此法。焚烧时，先在地上挖一“十”字形沟（沟长约2.6米，宽0.6米，深0.5米），在沟的底部放木柴和干草作引火用，于“十”字沟交叉处铺上横木，其上放置鹅尸，鹅尸四周用木柴围上，然后洒上煤油焚烧，尸体烧成黑炭为止。或用专门的焚烧炉焚烧。

2）高温处理法。此法是将畜禽尸体放入特制的高温锅（温度达 150 ℃）内或有盖的大铁锅内熬煮，以达到彻底消毒的目的。鹅场也可用普通大锅，经 100 ℃的高温熬煮处理。此法可保留一部分有价值的产品，但要注意熬煮的温度和时间，必须达到消毒的要求。

3）发酵法。将尸体抛入尸坑内，利用生物热的方法进行发酵，从而起到消毒灭菌的作用。尸坑一般为井式，深达 9~10 米，直径 2~3 米，坑口有一个木盖，坑口高出地面 30 厘米左右。将尸体投入坑内，堆到距坑口 1.5 米处，盖封木盖，经 3~5 个月发酵处理后，尸体即可完全腐败分解。

在处理鹅尸时，不论采用哪种方法都必须将病鹅的排泄物、各种废弃物等一并进行处理，以免造成环境污染。

（3）污水的处理。污水经过消毒后排放。被病原体污染的污水，可用沉淀法、过滤法、化学药品处理法等进行消毒。比较实用的是化学药品消毒法。方法是先将污水处理池的出水管用一木闸门关闭，将污水引入污水池后，加入化学药品（如漂白粉或生石灰）进行消毒。消毒药的用量视污水量而定（一般 1 升污水用 2~5 克漂白粉）。消毒后，将闸门打开，使污水流出。

（4）垫料处理。有的鹅场采用地面平养，应多使用垫料，使用垫料对改善环境条件具有重要的意义。垫料具有保暖、吸潮和吸收有害气体等作用，可以降低舍内湿度和有害气体浓度，保证一个舒适、温暖的小气候环境。选择的垫料应具有导热性低、吸水性强、柔软、无毒、对皮肤无刺激性等特性，并要求来源广、成本低、适于作肥料和便于无害化处理。常用的垫料有稻草、麦秸、稻壳、树叶、野干草、植物藤蔓、刨花、锯末、泥炭和干土等。近年来，还采用橡胶、塑料等制成的厩垫以取代天然垫料。没有发生过传染病的垫料经过阳光暴晒及熏蒸消毒后可以

重复利用，利用后可以堆积发酵、消毒后作为肥料；发生过传染病的垫料要焚烧。

4. 灭鼠　鼠是人畜多种传染病的传播媒介，鼠还盗食饲料和鹅蛋，咬死雏鹅，咬坏物品，污染饲料和饮水，危害极大，鹅场必须加强灭鼠。

（1）防止鼠类进入建筑物。鼠类多从墙基、天棚、瓦顶等处窜入室内，在设计施工时注意墙基最好用水泥制成，碎石和砖砌的墙基应用灰浆抹缝。墙面应平直光滑，防止鼠类沿粗糙墙面攀登。砌缝不严的空心墙体，易使鼠隐匿营巢，要填补抹平。通气孔、地脚窗、排水沟（粪尿沟）出口均应安装孔径小于1厘米的铁丝网，以防鼠类窜入。

（2）器械灭鼠。器械灭鼠方法简单易行，效果可靠，对人畜无害。灭鼠器械方法繁多，主要有夹、关、压、卡、翻、扣、淹、黏、电等。

（3）化学灭鼠。化学灭鼠效率高、使用方便、成本低、见效快，缺点是能引起人畜中毒，有些鼠类对药物有选择性、拒食性和耐药性。所以，使用时须选好药剂和注意使用方法，以确保安全有效。灭鼠药剂种类很多，主要有灭鼠剂、熏蒸剂、烟剂、化学绝育剂等。鹅场的鼠类以孵化室、饲料库、鹅舍最多，这是灭鼠的重点场所。饲料库可用熏蒸剂毒杀。鹅舍灭鼠投放毒饵时，要防止鹅食入。鼠尸应及时清理，以防被人畜误食而发生二次中毒。选用鼠类吃惯了的食物作饵料，突然投放，饵料充足，分布广泛，以保证灭鼠的效果。常用的慢性灭鼠药物见表9-5。

表 9-5　常用的灭鼠药物

名称	特性	作用特点	用法	注意事项
敌鼠钠盐	为黄色粉末，无臭，无味，溶于沸水、乙醇、丙酮，性质稳定	作用较慢，能阻碍凝血酶原在鼠体内的合成，使凝血时间延长，而且其能损坏毛细血管，增加血管的通透性，引起内脏和皮下出血，使鼠最后死于内脏大量出血。一般在投药 1～2 天出现死鼠，第 5～8 天死鼠量达到高峰，死鼠可延续 10 多天	①敌鼠钠盐毒饵：取敌鼠钠盐 5 克，加沸水 2 升搅匀，再加 10 千克杂粮，浸泡至毒水待全部吸收后，加入适量植物油拌匀，晾干备用。②混合毒饵：将敌鼠钠盐加入面粉或滑石粉中制成 1%毒粉，再取毒粉 1 份，倒入 19 份切碎的鲜菜中拌匀即可。③毒水：用 1%敌鼠钠盐 1 份，加水 20 份即可	对人、畜、禽毒性较低，但对猫、犬、兔、猪毒性较强，可引起二次中毒。在使用过程中要加强管理，以防家畜误食中毒或发生二次中毒。如发现中毒，可使用维生素 K 解救
氯鼠酮	黄色结晶性粉末，无臭，无味，溶于油脂等有机溶剂，不溶于水，性质稳定	是敌鼠钠盐的同类化合物，但对鼠的毒性作用比敌鼠钠盐强，为广谱灭鼠剂，而且适口性好，不易产生拒食性。主要用于毒杀家鼠和野栖鼠，尤其是可制成蜡块剂，用于毒杀下水道鼠类。灭鼠时将毒饵投在鼠洞或鼠活动的地区即可	有 90%原药粉、0.25%母粉、0.5%油剂三种剂型。使用时可配制成如下毒饵：①0.005%水质毒饵。取 90%原药粉 3 克，溶于适量热水中，待凉后，拌于 50 千克饵料中，晒干后使用。②0.005%油质毒饵。取 90%原药粉 3 克，溶于 1 千克热食油中，冷却至常温，洒于 50 千克饵料中拌匀即可。③0.005% 粉剂毒饵。取 0.25%母粉 1 千克，加入 50 千克饵料中，加少许植物油，充分混合拌匀即成	

续表

名称	特性	作用特点	用法	注意事项
杀鼠灵	又名华法令。白色粉末，无味，难溶于水，其钠盐溶于水，性质稳定	属香豆素类抗凝血灭鼠剂，一次投药的灭鼠效果较差，少量多次投放，灭鼠效果好。鼠类对其毒饵接受性好，甚至中毒症状时仍采食	毒饵配制方法如下：① 0.025%毒米：取2.5%母粉1份、植物油2份、米渣97份，混合均匀即成。② 0.025%面丸：取2.5%母粉1份，与99份面粉拌匀，再加适量水和少许植物油，制成每粒1克重的面丸。毒饵使用时，将毒饵投放在鼠类活动的地方，每堆约39克，连投3~4天	对人畜和家禽毒性很小，中毒时维生素K_1为有效解毒剂
杀鼠迷	黄色结晶粉末，无臭，无味，不溶于水，溶于有机溶剂	属香豆素类抗凝血杀鼠剂，适口性好，毒杀力强，二次中毒极少，是当前较为理想的杀鼠药物之一，主要用于杀灭家鼠和野栖鼠类	市售有0.75%的母粉和3.75%的水剂。使用时，将10千克饵料煮至半熟，加适量植物油，取0.75%杀鼠迷母粉0.5千克，撒于饵料中拌匀即可。毒饵一般分2次投放，每堆10~20克。水剂可配制成0.037 5%饵剂使用	
杀它仗	白灰色结晶粉末，微溶于乙醇，几乎不溶于水	对各种鼠类都有很好的毒杀作用。适口性好，急性毒力大，1个致死剂量被吸收后3~10天就发生死亡，一次投药即可	用0.005%杀它仗稻谷毒饵，杀黄毛鼠有效率可达98%，杀室内褐家鼠有效率可达93.4%，一般一次投饵即可	适用于杀灭室内和农田各种鼠类。犬很敏感

5. 杀虫

鹅场易滋生蚊蝇等有害昆虫，它会骚扰人畜和传播疾病，给人畜健康带来危害，应采取综合措施将其杀灭。

（1）环境卫生。搞好鹅场环境卫生，保持环境清洁干燥，是杀灭蚊蝇的基本措施。蚊虫需在水中产卵、孵化和发育，蝇蛆也需在潮湿的环境及粪便等废弃物中生长。因此，需填平无用的污水池、土坑、水沟和洼地。保持排水系统畅通，对阴沟、沟渠等定期疏通，勿使污水积存。对储水池等容器加盖，以防蚊蝇飞入产卵。对不能清除或需要的水池，在蚊蝇滋生季节应定期换水。永久性水体（如鱼塘、池塘等），蚊虫多滋生在水浅而有植被的边缘区域，修整边岸，加大坡度和填充浅湾，能有效地防止蚊虫滋生。鹅舍内的粪便应定时清除，并及时处理，储粪池应加盖并保持四周环境的清洁。

（2）物理杀灭。利用机械方法及光、声、电等物理方法捕杀、诱杀或驱逐蚊蝇。我国生产的多种紫外线光或其他光诱器，效果良好。此外，还有可以发出声波或超声波并能驱逐蚊蝇的电子驱蚊器等，都具有防除效果。

（3）生物杀灭。利用天敌杀灭害虫，如池塘养鱼即可达到鱼类治蚊的目的。此外，应用细菌制剂——内菌素杀灭吸血蚊的幼虫，效果良好。

（4）化学杀灭。化学杀灭是使用天然或合成的毒物，以不同的剂型（粉剂、乳剂、油剂、水悬剂、颗粒剂、缓释剂等），通过不同途径（胃毒、触杀、熏杀、内吸等），毒杀或驱逐蚊蝇。化学杀虫法具有使用方便、见效快等优点，是当前杀灭蚊蝇的较好方法。常用的药物见表9-6。

表 9-6　常用的杀虫剂及使用方法

名称	性状	使用方法
敌敌畏	黄色油状液体，微芳香；易被皮肤吸收而中毒，对人、畜禽有较大毒害，畜禽舍内使用时应注意安全。可杀灭蚊（幼）、蝇、蚤、蟑螂、螨、蜱	0.1%～0.5%喷雾，表面喷洒；10%熏蒸
马拉硫磷	棕色油状液体，有强烈臭味；其杀虫作用强而快，具有胃毒、触毒作用，也可作熏杀，杀虫范围广。对人畜毒害小，适于畜舍内使用。世界卫生组织推荐的室内滞留喷洒杀虫剂；适用于蚊（幼）、蝇、蚤、蟑螂、螨	0.2%～0.5%乳油喷雾，灭蚊、蚤；3%粉剂喷洒灭螨、蜱
倍硫磷	棕色油状液体，有蒜臭味；毒性中等，比较安全；适用于蚊（幼）、蝇、蚤、臭虫、螨、蜱	0.1%的乳剂喷洒，2%的粉剂、颗粒剂喷撒、撒布
二溴磷	黄色油状液体、微辛辣；毒性较强；适用于蚊（幼）、蝇、蚤、蟑螂、螨、蜱	50%的油乳剂，0.05%～0.1%用于室内外蚊、蝇、臭虫等，野外用5%的浓度
杀螟松	红棕色油状液体，有蒜臭味；低毒、无残留；适用于蚊（幼）、蝇、蚤、臭虫、螨、蜱	40%的湿性粉剂灭蚊、蝇及臭虫；2毫克/升灭蚊
地亚农	棕色油状液体，酯味；中等毒性，水中易分解；适用于蚊（幼）、蝇、蚤、臭虫、蟑螂及体表害虫	滞留喷洒0.5%，喷浇0.05%；撒布2%粉剂
皮蝇磷	白色结晶粉末，微臭；低毒，但对农作物有害；适用于体表害虫	0.25%喷涂皮肤，1%～2%乳剂灭臭虫
辛硫磷	红棕色油状液体，微臭；低毒、日光下短效；适用于蚊（幼）、蝇、蚤、臭虫、螨、蜱	2克/米^{2}室内喷洒灭蚊蝇；50%乳油剂灭成蚊或水体内幼蚊
杀虫畏	白色固体，有臭味；微毒；适用于家蝇及家畜体表寄生虫（蝇、蜱、蚊、螨）	20%乳剂喷洒，涂布家畜体表，50%粉剂喷洒体表灭虫

续表

名称	性状	使用方法
双硫磷	棕色黏稠液体；低毒稳定；适用于幼蚊、蚤	5%乳油剂喷洒，0.5~1毫升/升撒布，1毫克/升颗粒剂撒布
毒死蜱	白色结晶粉末；中等毒性；适用于蚊（幼）、蝇、螨、蟑螂及仓储害虫	2克/米^{2}喷洒于物体表面
西维因	灰褐色粉末；低毒；适用于蚊（幼）、蝇、臭虫、蜱	25%可湿性粉剂和5%粉剂撒布或喷洒
害虫敌	淡黄色油状液体；低毒；适用于蚊（幼）、蝇、蚤、蟑螂、螨、蜱	2.5%的稀释液喷洒，2%粉剂，1~2克/米^{2}撒布，2%气雾
双乙威	白色结晶，芳香味；中等毒性；适用于蚊、蝇	50%的可湿性粉剂喷雾、2克/米^{2}喷洒灭成蚊
速灭威	灰黄色粉末；中毒；适用于蚊、蝇	25%可湿性粉剂和30%乳油喷雾灭蚊
残杀威	白色结晶粉末，酯味；中等毒性；适用于蚊（幼）、蝇、蟑螂	2克/米^{2}用于灭蚊、蝇，10%粉剂局部喷洒灭蟑螂
胺菊酯	白色结晶；微毒；适用于蚊（幼）、蝇、蟑螂、臭虫	0.3%的油剂，气雾剂，须与其他杀虫剂配伍使用

二、增强机体抵抗力

（一）满足鹅的营养需要

鹅体摄取的营养成分和含量不仅影响生产性能，更会影响机体健康。营养不足会引起缺乏症，导致机体的抗体水平低下，所以要供给全价平衡日粮，保证营养全面充足。选用优质饲料原料是保证供给鹅群全价营养日粮、防止营养代谢病和霉菌毒素中毒病发生的前提条件。大型集约化养鹅场可将所进原料或成品料分析化验之后，再依据实际含量进行饲料的配合，严防购入掺假、发霉等不合格的饲料，造成不必要的经济损失。小型养鹅场和专业户最好从信誉高、有质量保证的大型饲料企业采购饲料。自己配料的养殖户，最好能将所用原料送质检部门化验后再用，以免造成不可挽回的损失。重视饲料的储存，防止饲料腐败变质。科学设计配方，精心配制饲料，保证日粮的全价性和平衡性。

（二）充足洁净的饮水

水是重要营养素，鹅需水量也大，必须供给充足优质的水。

（三）保持适宜的环境条件

保持适宜饲养密度、温度、湿度和适量通风换气；避免或减轻应激，定期药物预防或疫苗接种多种因素均可对鹅群造成应激，其中包括捕捉、转群、断喙、免疫接种、运输、饲料转换、无规律地供水供料等生产管理因素，以及饲料营养不平衡或营养缺乏、温度过高或过低、湿度过大或过小、不适宜的光照、突然的响声等环境因素。实践中应尽可能通过加强饲养管理和改善环境条件，避免和减轻以上两类应激因素对鹅群的影响，防止应激造成鹅群免疫效果不佳、生产性能和抗病能力的降低。

三、加强消毒

鹅场消毒就是将养殖环境、养殖器具、动物体表、进入的人员或物品、动物产品等存在的微生物全部或部分杀灭或清除掉的方法。目的是消灭被病原微生物污染的场内环境、畜体表面及设备器具上的病原体，切断传播途径，防止疾病的发生或蔓延。因此，消毒是保证鹅群健康和正常生产的重要技术措施。

（一）消毒的方法

鹅场常用的有机械性清除（如清扫、铲刮、冲洗等机械方法和适当通风）、物理消毒（如紫外线和火焰、煮沸与蒸汽等高温消毒）、化学药物消毒和生物消毒等消毒方法。

（二）化学消毒的方法

化学消毒方法是利用化学药物杀灭病原微生物以达到防止传染病传播和流行的方法。此法最常用于养殖生产。常用的有浸泡法、喷洒法、熏蒸法和气雾法。

1. 浸泡法　主要用于消毒器械、用具、衣物等。一般洗涤干净后再行浸泡，药液要浸过物体，浸泡时间以长些为好，水温以高些为好。在鹅舍进门处消毒槽内，可用浸泡药物的草垫或草袋对人员的靴鞋消毒。

2. 喷洒法　喷洒地面、墙壁、舍内固定设备等，可用细眼喷壶；对舍内空间消毒，则用喷雾器。喷洒要全面，药液要喷到物体的各个部位。一般喷洒地面，每平方米面积需要 2 升药液，喷墙壁、顶棚，每平方米 1 升药液。

3. 熏蒸法　适用于可以密闭的鹅舍。这种方法简便省事，对房屋结构无损，消毒全面，鹅场常用。常用的药物有福尔马林(40%的甲醛水溶液)、过氧乙酸水溶液。为加速蒸发，常利用高锰酸钾的氧化作用。实际操作中要严格遵守下面基本要点：禽舍及设备必须清洗干净，因为气体不能渗透到鹅粪和污物中去，所以不能发挥应有的效力；禽舍要密封，不能漏气。应将进出气口、门窗和排气扇等的缝隙糊严。

4. 气雾法　气雾粒子是悬浮在空气中的气体与液体的微粒，直径小于 200 纳米，相对分子质量极小，能悬浮在空气中较长时间，可到处飘移穿透到禽舍内的周边及其空隙。气雾是消毒液进入气雾发生器后喷射出的雾状微粒，是消灭外来病原微生物的理想办法。全面消毒鹅舍空间，每立方米用 5% 的过氧乙酸溶液 2.5 毫升喷雾。

（三）常用的化学消毒剂

化学消毒剂种类繁多，常用的化学消毒剂见表 9-7。生产中要根据不同消毒对象选择适宜的消毒剂。

表 9-7　常用的化学消毒剂

类型	概述	机制	产品	效果
含氯消毒剂	指在水中能产生具有杀菌作用的活性次氯酸的一类消毒剂	氧化作用（氧化微生物细胞使其丧失生物活性）；氯化作用（与微生物蛋白质形成氮氯复合物而干扰细胞代谢）；新生态氧的杀菌作用（次氯酸分解出具及强氧化性的新生态氧，杀灭微生物）	优氯净、强力消毒净、速效净、消洗液、消佳净、84 消毒液、二氯异氰尿酸和三氯异氰尿酸复方制剂	杀灭大肠杆菌、肠球菌、牛结核分枝杆菌、金色葡萄球菌和口蹄疫、猪轮状病毒、传染性水疱病毒和胃肠炎病毒及新城疫、法氏囊、小鹅瘟病毒
碘伏消毒剂	包括碘及以碘为主要成分制成的各种制剂	碘的正离子与酶系统中蛋白质所含的氨基酸起亲电取代反应，使蛋白质失活；碘的正离子具有氧化性，能对膜联酶中的巯基进行氧化，使其成为二硫键，破坏酶活性	强力碘、威力碘、PVPI、89-型消毒剂、喷雾灵	杀死细菌、真菌、芽孢、病毒、结核杆菌、阴道毛滴虫、梅毒螺旋体、沙眼衣原体、艾滋病病毒和藻类
醛类消毒剂	包括甲醛和戊二醛，为使用最早的一类化学消毒剂	可与菌体蛋白质中的氨基结合使其变性或使蛋白质分子烷基化。可与细胞壁脂蛋白发生交联，和细胞壁磷酸中的酯联残基形成侧链，封闭细胞壁，阻碍微生物对营养物质的吸收和对废物的排出	戊二醛、甲醛、丁二醛、乙二醛和复合制剂	杀灭细菌、芽孢、真菌和病毒

续表

类型	概述	机制	产品	效果
氧化剂类	是一些含不稳定结合态氧的化合物	这类化合物遇到有机物和某些酶可释放出初生态氧，破坏菌体蛋白或细菌的酶系统，呈现抑菌或杀菌作用。分解后产生的各种自由基破坏微生物的通透性屏障和蛋白质、氨基酸、酶等而导致微生物死亡	过氧化氢（双氧水）、臭氧（三原子氧）、高锰酸钾	杀灭多种微生物，对细菌繁殖体、病毒、真菌和枯草杆菌黑色变种芽孢有较好杀灭作用；对原虫和虫卵也有很好的杀灭作用
复合酚类	是我国生产的一种新型、广谱、高效消毒剂（含酚41%~49%，醋酸22%~26%）	使微生物原浆蛋白质变性，沉淀或使氧化酶、去氢酶、催化酶失活而产生杀菌或抑菌作用。本品对人畜有毒且气味滞留，用于空舍消毒	菌毒敌、消毒灵、农乐、畜禽安、杀特灵等	对细菌、真菌和带膜病毒具有灭活作用。对多种寄生虫卵也有一定的杀灭作用
表面活性剂	表面活性剂（清洁剂、除污剂）。生产中常用阳离子表面活性剂	吸附到菌体表面。改变细胞渗透性，溶解损伤细胞使菌膜破裂，胞内容物外流；表面活性物在菌体表面浓集，阻碍细菌代谢，使细胞结构紊乱；渗透到菌体内使蛋白质发生变性和沉淀；破坏细菌酶系统	新洁尔灭、度米芬、百毒杀、凯威1210、K安、消毒净	对各种细菌有效，对马立克病、新城疫、猪瘟、法氏囊、口蹄疫等病毒均有良好效果。对无囊膜病毒消毒效果不好

续表

类型	概述	机制	产品	效果
其他消毒剂	醇类消毒剂	使蛋白质变性沉淀；快速渗透过细菌胞壁进入菌体内，溶解破坏细菌细胞；抑制细菌酶系统，阻碍细菌正常代谢	乙醇、异丙醇	可快速杀灭多种微生物，如细菌繁殖体、真菌和多种病毒，但不能杀灭细菌、芽孢
	双胍类消毒剂	破坏细胞膜，抑制细菌酶系统，直接凝集细胞质	洗必泰	广谱抑菌作用，对细菌繁殖体有较强的杀灭作用，但不能杀灭细菌芽孢、真菌和病毒
	强碱	由于氢氧根离子可以水解蛋白质和核酸，使微生物的结构和酶系统受到损害，同时可分解菌体中的糖类	氢氧化钠、氢氧化钾、生石灰	可杀灭细菌、病毒和真菌，腐蚀性强
	重金属类	重金属是指汞、银、锌等，因其盐类化合物能与细菌蛋白结合，使蛋白质沉淀而发挥杀菌作用	硫柳汞	高浓度可杀菌，低浓度时仅有抑菌作用
	高效复合消毒剂	首先化解或穿透覆盖于病原微生物表面的异物，然后非特异性地诱导微生物运动，吸引和包裹病原，借助其通透能力溶解病原细胞的胞膜、胞壁或病毒的囊膜或与病原细胞的某分子结合	高迪—HB（由多种季铵盐、络合盐、戊二醛、非离子表面活性剂、增效剂和稳定剂组成）	消毒杀菌作用广谱高效，对各种病原微生物有强大的杀灭作用；作用机制完善；超常稳定；使用安全，应用广泛

（四）消毒程序

1. 鹅场入口消毒　鹅场入口是鹅场的通道，也是防疫的第一道防线，消毒非常重要。

（1）生活管理区入口的消毒。每天门口大消毒一次；进入场区的物品需消毒（喷雾、紫外线照射或熏蒸消毒）后才能存放；入口必须设置车辆消毒池。车辆消毒池见图 9-2，车辆消毒池的长度为进出车辆车轮 2 个周长以上。消毒池上方最好建有顶棚，防止日晒雨淋。消毒池内放入 2%～4%氢氧化钠溶液，每周更换 3 次。北方地区冬季严寒，可用石灰粉代替消毒液。设置喷雾装置，喷雾消毒液可采用 0.1%百毒杀溶液、0.1%新洁尔灭或 0.5%过氧乙酸。进入车辆需经过车辆消毒池消毒车轮，使用喷雾装置喷雾车体等；进入管理区人员要填写入场记录表，更换衣服，强制消毒后方可进入。

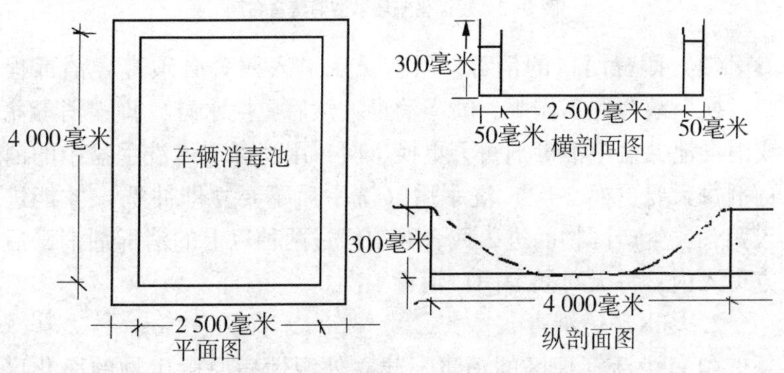

图 9-2　养殖场大门车辆消毒池

（2）生产区入口的消毒。车辆严禁入内，必须进入的车辆待冲洗干净、消毒后，同时司机必须下车洗澡消毒后方可开车入内。进入人员的消毒程序：脱鞋进入外更衣室，脱掉衣服，淋浴 10 分钟以上，然后进入内更衣室换生产区衣服，进入生产区；

非生产区物品不准进入生产区，必须进入的须经严格消毒后方可进入。生产区入口设置消毒室或淋浴消毒室（图 9-3），供饲养管理人员进入消毒。

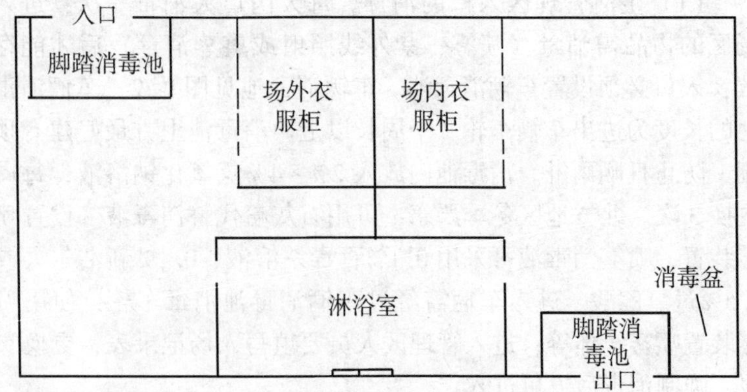

图 9-3　规模化鹅场淋浴消毒室布局

（3）鹅舍门口的消毒。所有员工进入鹅舍必须遵守消毒程序：换上鹅舍的工作服，喷雾消毒，然后更换水鞋，脚踏消毒盆或消毒池，盆中消毒剂每天更换 1 次，用消毒剂（洗手盆中的消毒剂每天要更换 2 次）洗手后（洗手后不要立即冲洗）才能进入鹅舍；生产区物品进入鹅舍必须经过两种以上的消毒剂消毒后方可入内；每天对鹅舍门口消毒 1 次。

2. 场区环境消毒

（1）生活管理区的消毒。建立外源性病原微生物的净化区域。在鹅场生活区门口经过简单消毒后，进入生活区的人员和物品需要在生活区消毒和净化，所以生活区消毒是控制疫病传播最有效的做法之一。生产区消毒的常规做法有：生活区的所有房间每天用消毒液喷洒消毒一次；每月对所有房间甲醛熏蒸消毒一次；对生活区的道路每周进行两次环境大消毒；外出归来的人员

所带东西存放在外更衣柜内，必须带入者需经主管批准；所穿衣服，先熏蒸消毒，再在生活区清洗后存放在外更衣柜中；入场物品需经两种以上消毒液消毒；在生活区外面处理蔬菜，只把洁净的蔬菜带入生活区内处理，制定严格的伙房和餐厅消毒程序。仓库只有外面有门，每次物品进入都需用甲醛熏蒸消毒一次。生活区与生产区只能通过消毒间进入，其他门口全部封闭。

（2）生产区的消毒。鹅场内消毒的目的是最大限度地消灭本场病原微生物的存在，制定场区内卫生防疫消毒制度，并严格按要求去执行。同时要在大风、大雾、大雨过后对鹅舍和周围环境进行1~2次严格消毒。生产区内所有人员不准走土地面，以杜绝泥土中病原体的传播。

每天对生产区主干道、厕所消毒一次，可用氢氧化钠加生石灰水喷洒消毒；每天对鹅舍门口、操作间清扫消毒一次；每周对整个生产区进行两次消毒，减少杂草上的灰尘。确保鹅舍周围15米内无杂物和过高的杂草；定期灭鼠，每月一次，育雏期间每月两次；确保生产区内没有污水集中之处，任何人不能私自进入污区；鹅场要严格划分净区与污区，这是鹅场管理的硬性措施。

3. 鹅舍消毒 鹅舍是鹅生活和生产的场所，由于环境和鹅本身的影响，舍内容易存在和滋生微生物。

（1）空舍消毒。鹅转入前或淘汰后，鹅舍空着，应进行彻底的清洁消毒，为下一批鹅创造一个洁净卫生的条件，有利于减少疾病和维持鹅体健康。

为了获得确实的消毒效果，鹅舍全面消毒应按鹅舍排空、清扫、洗净、干燥、消毒、干燥、再消毒的顺序进行。鹅群更新原则是“全进全出”，尤其是肉鹅，每批饲养结束后要有2~3周的空舍时间。将所有的鹅尽量在短期内全部清转，对不同日龄共存的，可将某一日龄的鹅舍及附近的舍排空。鹅舍消毒的步骤

如下。

1）清理清扫。新建鹅舍，清扫干净鹅舍；使用过的鹅舍，移出能够移出的设备和用具，如饲料器（或料槽）、饮水器（或水槽）、笼具、加温设备、育雏育成用的网具等，清理舍内杂物。然后将鹅舍各个部位、任何角落所有的灰尘、垃圾及粪便清理、清扫干净。为了减少尘埃飞扬，清扫前用3%氢氧化钠溶液喷洒地面、墙壁等。通过清扫，可使环境中的细菌含量减少21%左右。

2）冲洗。经过清扫后，用动力喷雾器或高压水枪进行清洗，清洗按照从上至下、从里至外的顺序进行。对较脏的地方，可事先进行人工刮除，并注意对角落、缝隙、设施背面的冲洗，做到不留死角，不留一点污垢，真正达到清洁的目的。有些不能冲洗的设备可以使用抹布擦净上面的污垢。清扫、清洗后，禽舍环境中的细菌可减少50%~60%。

3）消毒药喷洒。鹅舍经彻底洗净、检修维护后即可进行消毒。鹅舍冲洗干燥后，用5%~8%氢氧化钠溶液喷洒地面、墙壁、屋顶、笼具、饲槽等2~3次，用清水洗刷饲槽和饮水器。其他不易用水冲洗和氢氧化钠消毒的设备，可以用其他消毒液涂擦。为了提高消毒效果，一般要求鹅舍消毒使用两种或三种不同类型的消毒药进行2~3次消毒。通常第1次使用碱性消毒剂，第2次使用表面活性剂类、卤素类、酚类等消毒剂。

4）移出设备的消毒。鹅舍内移出的设备用具放到指定地点，先清洗再消毒。如果能够放入消毒池内浸泡的，最好放在3%~5%氢氧化钠溶液或3%~5%福尔马林溶液中浸泡3~5小时；不能放入池内的，可以使用3%~5%氢氧化钠溶液彻底全面喷洒。消毒2~3小时后，用清水清洗，放在阳光下暴晒备用。

5）熏蒸消毒。能够密闭的鹅舍，特别是雏鹅舍，将移出的设备用具或需要的设备用具移入舍内，密闭熏蒸。熏蒸常用的药

物是福尔马林溶液和高锰酸钾，熏蒸时间为24～48小时，熏蒸后待用。经过甲醛熏蒸消毒后，舍内环境中的细菌减少90%。熏蒸操作步骤如下：

第一步：封闭鹅舍的窗和所有缝隙。如果使用的是能够关闭的玻璃窗，可以关闭窗户，用纸条把缝隙粘贴起来，防止漏气。如果是不能关闭的窗户，可以使用塑料布封闭整个窗户。

第二步：准确计算药物用量。根据鹅舍的空间分别计算好福尔马林和高锰酸钾的用量。参考用量见表9-8，可根据鹅舍的污浊程度选用。如新的没有使用过的鹅舍一般使用Ⅰ或Ⅱ浓度熏蒸；使用过的鹅舍可以选用Ⅱ或Ⅲ浓度熏蒸。如果一个鹅舍面积为100米^2，高度3米，则体积为300米^3，用Ⅱ浓度，需要福尔马林8 400毫升，高锰酸钾4 200克。

表9-8　不同熏蒸浓度的药物使用量

药品名称	Ⅰ	Ⅱ	Ⅲ
福尔马林/（毫升/米^{3}空间）	14	28	42
高锰酸钾/（克/米^{3}空间）	7	14	21

第三步：熏蒸。选择的容器一般是瓦制的或陶瓷的，禁用塑料的（反应腐蚀性较大，温度较高，容易引起火灾）。容器容积是药液量的8～10倍（熏蒸时，两种药物反应剧烈，因此盛装药品的容器尽量大一些，否则药物流到容器外，反应不充分），鹅舍面积大时可以多放几个容器。把高锰酸钾放入容器内，再将福尔马林溶液缓缓倒入，迅速撤离，封闭好门窗。熏蒸后可以检查药物反应情况。若残渣是一些微湿的褐色粉末，则表明反应良好。若残渣呈紫色，则表明福尔马林量不足或药效降低。若残渣太湿，则表明高锰酸钾量不足或药效降低。

达到熏蒸时间后，打开通风器，如有必要，升温至15 ℃，先开出气阀，后开进气阀。可喷洒25%氨水溶液来中和残留的甲

醛，而通过开门来逸净甲醛则有可能使不期望的物质进入。

【注意】熏蒸效果最佳的环境温度是24 ℃以上，相对湿度75%~80%，熏蒸时间24~48小时；熏蒸后打开门窗通风换气1~2天，使其中甲醛气体逸出。不立即使用的可以不打开门窗，待用前再打开门窗通风。

（2）带鹅消毒。带鹅消毒是指鹅入舍后至出舍整个饲养期内定期使用有效的消毒剂对禽舍环境及鹅体表喷雾，以杀死悬浮在空中和附着在体表的病原菌。带鹅喷雾消毒是当代集约化养鹅综合防疫的重要组成部分，是控制鹅舍内环境污染和疫病传播的有效手段之一。鹅舍在进鹅之前，虽然经严格消毒处理，但在后来的饲养过程中，鹅群还是会发生一些传染病，这是因为鹅体本身携带、排出、传播病原体，再加上外界的病原体也可以通过人员、设备、饲料和空气等的传播进入鹅舍。带鹅喷雾消毒能及时有效地净化空气，创造良好的鹅舍环境，抑制氨气的产生，有效地杀灭鹅舍内空气及生活环境中的病原微生物，消除疾病隐患，达到预防疾病的目的。

进雏时，应在雏鹅进入鹅舍之前，在舍外将运雏箱进行全面消毒，防止把附着在箱上的病原微生物带入舍内。遇到禽流感、小鹅瘟、鹅副黏病毒病、雏鹅新型传染性肠炎等流行时，须揭开箱盖连同雏鹅一并进行喷雾消毒。育雏育成期每天带鹅消毒1~2次，成鹅每周1次，发生疫情时可每天消毒1次。肉鹅每周带鹅消毒2~3次。

喷雾的药物有新洁尔灭1 000倍稀释液、10%的百毒杀600倍稀释液、强力消毒王1 000倍稀释液、益康400倍稀释液等。消毒液用量为100~240毫升/米^2，以地面、墙壁、天花板均匀湿润和禽体表微湿的程度为止，最好每3~4周更换一种消毒药。喷雾时应将舍内温度比平时提高3~4 ℃。冬季寒冷时不要把鹅体喷得太湿，也可使用温水稀释；夏季带鹅消毒有利于降温和减

少热应激死亡。也可以使用过氧乙酸，每立方米空间用30毫升的纯过氧乙酸配成0.3%的溶液喷洒，选用大雾滴的喷头，喷洒鹅舍各部位、设备、鹅群。一般每周带鹅消毒1~2次，发生疫病期间每天带鹅消毒1次。防疫活疫苗时停止消毒，防疫弱毒苗前中后3天不消毒；防疫灭活苗当天不消毒即可。消毒剂按照说明书的比例稀释，按每立方米用消毒液60毫升计算，消毒前关闭风机，到消毒后10分钟再开风机通风。大风天气立即带鹅消毒，并在湿帘循环池中加入消毒剂。

为了减少带鹅消毒对鹅的应激，可以采取如下措施：一是消毒前12小时内给鹅群饮用0.1%维生素C或水溶性多维溶液。二是选择刺激性小、高效低毒的消毒剂，如0.02%百毒杀、0.2%抗毒威、0.1%新洁尔灭、0.3%~0.6%毒菌净、0.3%~0.5%过氧乙酸或0.2%~0.3%次氯酸钠等。三是冬季喷雾消毒前，鹅舍内温度应比常规标准高2~3℃，以防水分蒸发引起鹅只受凉而造成鹅群患病。消毒液温度应高于鹅舍内温度。四是进行喷雾时，雾滴要细。喷雾量以鹅体和笼网潮湿为宜，不要喷得太多太湿，一般喷雾量按每立方米60毫升计算，喷雾时应关闭门窗。五是喷雾消毒时最好选在气温高的中午，而平养鹅则应把灯光调暗或关灯。

(3) 鹅舍中设备用具消毒。

1) 饲喂、饮水用具消毒。饲喂、饮水用具每周洗刷消毒一次，炎热季节应增加次数，饲喂雏鹅的开食盘或塑料布，正反两面都要清洗消毒。可移动的食槽和饮水器放入水中清洗，刮除食槽上的饲料结块，放在阳光下暴晒。固定的食槽和饮水器，应彻底水洗刮净、干燥，用常用阳离子清洁剂或两性清洁剂消毒，也可用高锰酸钾、过氧乙酸和漂白粉液等消毒，如可使用5%漂白粉溶液喷洒消毒。

2) 拌饲料的用具及工作服每天用紫外线照射一次，照射时

间 20~30 分钟。

3）其他用具如医疗器械必须先冲洗后再煮沸消毒。

4. 饲养管理人员消毒

（1）饲养人员的消毒。饲养人员在接鹅前，均需洗澡、换洗随身穿着的衣服、鞋、袜等，并换上用过氧乙酸消毒过的工作服和鞋帽等；饲养员每次进舍前需换工作服和鞋，脚踏消毒池，并用紫外线照射消毒 10~20 分钟，手接触饲料和饮水前需要用过氧乙酸或次氯酸钠、碘制剂等溶液浸洗消毒；饲养人员要固定，不得窜舍；发生烈性传染病的鹅舍饲养人员必须严格隔离、按规定的制度解除封锁；本厂工作人员出去回来后应彻底消毒，如果去发生过传染病的地方，回场后应进行彻底消毒，并经短期隔离确认安全后方能进场。

（2）管理人员消毒。管理人员进入鹅场和鹅舍也要严格消毒；由一个鹅舍进入另一栋鹅舍前要严格消毒；某些生产环节需要较多人员进入鹅舍时，进入前必须进行严格消毒，待工作结束后方可离开鹅舍。

5. 饮水消毒　鹅饮水应清洁无毒、无病原菌，符合人的饮用水标准，生产中使用自来水或深井水。但进入鹅舍后，由于暴露在空气中，舍内空气、粉尘、饲料中的细菌可对饮用水造成污染。病鹅可通过饮水系统将病原体传给健康者，从而引发呼吸系统、消化系统疾病。在病鹅舍的饮水器中，能检出大量的支原体病、传染性鼻炎、传染性喉气管炎等疫病病原。如果在饮水中加入适量的消毒药物则可以杀死水中的病原体。

临床上常见的饮水消毒剂多为氯制剂、碘制剂和复合季铵盐类等，但季铵化合物只适用于 14 周龄以下鹅饮用水的消毒，不能用于产蛋鹅。消毒药可以直接加入蓄水箱或水箱中，用药量应以最远端饮水器或水槽中的有效浓度达该类消毒药的最适饮水浓度为宜。鹅喝的是经过消毒的水而不是消毒药水，任意加大水中

消毒药物的浓度或长期使用，除可引起急性中毒外，还可杀死或抑制肠道内的正常菌群，影响饲料的消化吸收，对家禽健康造成危害，并影响疫苗防疫效果。饮水消毒应该是预防性的，而不是治疗性的，因此消毒饮水要谨慎行事。在饮水免疫前后 3 天，千万不要在饮水中加入消毒剂。

6. 垫料消毒　使用碎草、稻壳或锯屑作垫料时，须在进雏前 3 天用消毒液（如博灭特 2 000 倍液、10% 百毒杀 400 倍液、新洁尔灭 1 000 倍液、强力消毒王 500 倍液、过氧乙酸 2 000 倍液）进行掺拌消毒。这不仅可以杀灭病原微生物，而且还能补充育雏器内的湿度，以维持适合育雏需要的湿度。垫料消毒的方法是取两根木椽子，相距一定距离，将农用塑料薄膜铺在上面，在薄膜上铺放垫料，掺拌消毒液，然后将其摊开（厚约 3 厘米）。采用这种方法，不仅可维持湿度，而且是一种物理性防治球虫病的措施。同时也便于育雏结束后，将垫料和粪便无遗漏地清除至舍外。

进雏后，每天对垫料喷雾消毒一次。湿度小时，可以使用消毒液喷雾。如果只用水喷雾增加湿度，起不到消毒的效果，并有危害。这是因为育雏器内的适宜温度和湿度也适合细菌和霉菌急剧繁殖，它已成为呼吸道疾病发生的原因。

清除的垫料和粪便应集中堆放，如无可疑传染病时，可用生物自热消毒法。如确认某种传染病时，应将全部垫料和粪便深埋或焚烧。

7. 防控球虫病的消毒　球虫是鹅肠内或肾内寄生的原虫，是一种比细菌稍高级的微生物。鹅球虫病的种类很多。国外记载能感染鹅的球虫有 3 属 16 种，其中只有一种寄生于鹅肾，其余的均寄生于鹅的小肠。引起肠型球虫病的球虫均寄生于肠道，每年 5~9 月为发病季节，且雏鹅、中鹅较易感染。

球虫病的原虫在鹅肠道内增殖，随粪便排出后可使其他鹅经

口感染，再增殖排出，连续不断地增殖，扩大感染。这种病会给养鹅生产造成较大的损失。球虫卵经发育后可形成卵囊，球虫卵囊的活力很强，在 80 ℃水中 1 分钟死亡，在 70 ℃水中 15 分钟死亡，在常温（14~38 ℃）下可存活 2 年；在阴干的鹅粪中，可存活 11 个月，在不向阳的林荫土壤中可存活 18 个月；在向阳的沙土中可存活 4 个月。

（1）杀灭球虫卵囊的消毒剂。球虫卵囊的表面有一层类似明胶样的硬质膜，所以多数消毒剂不能将其杀死。三氯异氰尿酸、强力消毒王及农福等消毒剂，对球虫卵囊有较强的杀灭作用，但是这类消毒剂对细菌和病毒等的杀灭能力更强。这是因为球虫卵囊的抵抗力强，不仅需要较高浓度的消毒液，而且需要作用的时间也较长。

（2）防控球虫病消毒的注意事项。由于上述原因，对防控球虫病的消毒应注意以下方面：一是选用高浓度的消毒液进行消毒，否则难以杀灭球虫卵囊，达不到防控球虫病的目的。通常三氯异氰尿酸在每升水中需加入 2~3 克；强力消毒王在每升水中需加入 3~5 克；农福在每升水中需加入 30~50 毫升。二是消毒作用时间要长，需要达到 6 小时以上才能收到消毒效果。三是不要只限于鹅舍床面的消毒，床面消毒不可能全部杀灭球虫卵囊，还要靠消毒液排到排水沟后继续发挥消毒作用。因此，在排水口附近，要重点泼洒高浓度的消毒液。四是用火焰消毒的效果最好，可用火焰喷枪烧燎床面。但对进入水泥床面裂痕或小缝隙的球虫卵囊，往往火焰达不到，不能将其杀死。球虫卵囊在干热环境中（无水分状态）80 ℃时能存活 5 分钟，但在 80 ℃水中 1 分钟即死亡。所以，用火焰喷烧时，稍微加热是不够的，须分区段、小部分、逐个地充分喷烧才能奏效。五是处理好垫料和鹅粪是决定鹅舍消灭球虫病成败的关键，所以焚烧垫料是最好的处理方法。用火干燥或发酵鹅粪，能把粪中的球虫卵囊完全杀死。在

做发酵处理时，要尽可能不使粪便撒落在鹅舍周围和道路上。

此外，常见在相同雏鹅、相同饲料、相同管理方式的情况下，有不发生球虫病的鹅舍，有常发生球虫病的鹅舍。后者多是由于床面凹陷、饮水器漏水、潮湿、换气不良等原因所造成的。因此，应注意改善鹅舍构造，去除球虫病发生的环境条件，这对防控球虫病是很重要的。

8. 人工授精器械消毒 人工授精需要集精杯、储精器和授精器及其他用具，使用前需要进行彻底的清洁消毒，每次使用后也要清洁消毒以备后用，其消毒方法如下。

（1）新购器具消毒。新购的玻璃器具常附着游离的碱性物质，可先用肥皂水浸泡和洗刷，然后用自来水洗干净；再浸泡在1%~2%盐水溶液中4小时，再用自来水冲洗，最后用蒸馏水洗2~3次，放在100~130℃的干燥箱内烘干备用。

（2）器具使用过程中的消毒。将每次使用后的采精杯、储精器浸在清水中，然后用毛刷或大骨鹅毛细心刷洗，用自来水冲洗干净后放在干燥箱内高温消毒备用。或用蒸馏水煮沸0.5小时，晾干备用。

授精器应该反复吸水冲洗，然后再用自来水冲洗干净煮沸消毒，或浸在0.1%新洁尔灭溶液中过夜消毒，第2天再用蒸馏水冲洗，晾干备用。如果使用的是塑料制微量吸液器，不能煮沸消毒。每人工授精一只母鹅后使用70%乙醇溶液擦拭授精器的头部，防止由于授精而相互污染。

9. 种蛋消毒 种蛋产出后，经过泄殖腔会被泌尿和消化系统的排泄物所污染，蛋壳表面存在很多种细菌，如沙门菌、巴氏杆菌、大肠杆菌、亚利桑那菌等。随着时间的推移，细菌繁殖很快。虽然种蛋有胶质层、蛋壳和内膜等几道自然屏障，但它们都不具备抗菌性能，所以部分细菌可以通过一些气孔进入蛋内，严重影响种蛋的质量，对孵化极为不利。因此需要对种蛋进行认

真的消毒。

种蛋的细菌数量与种蛋产出的时间和种蛋的污浊程度呈高度正相关。另外，气温高低和湿度大小也会影响种蛋的细菌数。所以种蛋应该在蛋产出后立即消毒，可以消灭附着在蛋壳上的绝大部分细菌，防止细菌侵入蛋内，但在生产中不易做到。生产中，种蛋的第一次消毒是在每次捡蛋完毕立即进行。为缩短蛋产出到消毒的间隔时间，可以增加捡蛋次数，每天可以捡蛋 3~4 次。种蛋在入孵前和孵化过程中，还要进行多次消毒。

（1）种蛋产出后保存前的消毒。蛋产出后保存前，一般多采用熏蒸消毒法。

1）福尔马林熏蒸消毒。在禽舍内或其他合适的地方设置一个封闭的箱体，箱的前面留一个门，为方便开启和关闭箱体要用塑料布封闭。箱体内距地面 30 厘米处设钢筋或木棍，下面放置消毒盆，上面放置蛋托。按照每立方米空间用福尔马林溶液 30 毫升、高锰酸钾 15 克消毒。根据消毒容积称好高锰酸钾放入陶瓷或玻璃容器内（其容积比所需福尔马林溶液大 5~8 倍），再将所需福尔马林量好后倒入容器内，二者相遇即发生剧烈的化学反应，可产生大量甲醛气体杀死病原菌，密闭 20~30 分钟后排出余气。

2）过氧乙酸消毒法。过氧乙酸是一种高效、快速、广谱消毒剂，消毒种蛋每立方米用含 16%的过氧乙酸溶液 40~60 毫升，加高锰酸钾 4~6 克熏蒸 15 分钟。过氧乙酸遇热不稳定，如 40%以上浓度加热至 50 ℃易引起爆炸，应在低温下保存。它无色透明、腐蚀性强，不能接触衣服、皮肤，消毒时可用陶瓷或搪瓷盆，现配现用。

（2）种蛋入孵前消毒。种蛋入孵前可以使用熏蒸法、浸泡法和喷雾法等方法进行消毒。

1）熏蒸法。将种蛋码盘装入蛋车后推入孵化箱内进行福尔

马林或过氧乙酸熏蒸消毒。

2）浸泡法。使用消毒液浸泡种蛋。常用的消毒剂有0.1%新洁尔灭溶液，0.05%高锰酸钾溶液，0.1 %碘溶液或0.02%季铵盐溶液等。浸泡时水温控制在43~50 ℃。适合孵化量少的小型孵化场的种蛋消毒。在消毒的同时，对入孵种蛋起预热的作用。平养家禽（如鸭、鹅）脏蛋较多时，常用此法。如取浓度为5%新洁尔灭原液一份，加50倍40 ℃温水配制成0.1%的新洁尔灭溶液，把种蛋放入该溶液中浸泡5分钟，捞出沥干入孵。如果种蛋数量多，每消毒30分钟后再添加适量的药液以保证消毒效果。使用新洁尔灭时，不能与肥皂、高锰酸钾、碱等并用，以免药液失效。

3）喷雾法。①新洁尔灭药液喷雾。新洁尔灭原浓度为5%，加水50倍配成0.1%的溶液，用喷雾器喷洒在种蛋的表面（注意上下蛋面均要喷到），经3~5分钟，药液干后即可入孵。②过氧乙酸溶液喷雾消毒。用10%的过氧乙酸原液，加水稀释200倍，用喷雾器喷于种蛋表面。过氧乙酸对金属及皮肤均有损害，用时应注意避免用金属容器盛药，勿与皮肤接触。③二氧化氯溶液喷雾消毒。用浓度为80微克/毫升微温二氧化氯溶液对蛋面进行喷雾消毒。④季铵盐溶液喷雾消毒。用200毫克/千克季铵盐溶液，直接用喷雾器把药液喷洒在种蛋的表面消毒效果良好。

4）温差浸蛋法。对于受到某些疫病污染，如败血型霉形体、滑液囊霉形体污染的种蛋可以采用温差浸蛋法。入孵前将种蛋在37.8 ℃下预热3~6小时，当蛋温度升到32.2 ℃左右时放入抗菌药（硫酸庆大霉素、泰乐菌素+碘+红霉素）中，浸泡15分钟取出，可杀死大部分霉形体。

5）紫外线及臭氧发生器消毒法。紫外线消毒法是安装40瓦紫外线灯管，距离蛋面40厘米，照射1分钟，翻过种蛋的背面再照射一次即可。

臭氧发生器消毒是把臭氧发生器装在消毒柜或小房内，放入种蛋后关闭所有气孔，使室内的氧气（O_2）变成臭氧（O_3），以达到消毒的目的。

【注意】一是保存前用溶液消毒不利于蛋的存放和孵化；二是使用浸泡法消毒时，溶液的温度要高于蛋温（如果消毒液的温度低于蛋温，种蛋内容物收缩，使种蛋形成负压，这样反而会使少数种蛋表面微生物或异物通过气孔进入蛋内，影响孵化效果）；三是所有运载工具应事先洗刷干净，干燥后进行熏蒸消毒后备用。

10. 孵化场的消毒 孵化场是极易被污染的场所，特别是收购各地种蛋用来孵化的孵化场（点），污染更为严重。由于孵化场的种蛋、雏鹅传播，扩散污染严重的孵化场孵化率也会降低。因此，孵化场地面、墙壁、孵化设备和空气的清洁卫生非常重要。

（1）工作人员的卫生消毒。要求孵化工作人员进场前必须经过淋浴更衣，每人一个更衣柜，并定期消毒，孵化场工作人员与种鹅场饲养人员不能互相串门，更不允许外人进入孵化场区。运送种蛋和接送雏鹅的人员也不能进入孵化场，孵化场内仅设内部办公室，供本场工作人员使用。对外办公室和供销部门，应设在隔离区之外。

（2）出雏后的清洗消毒。每批出雏后都会对孵化出雏室带来严重的污染，所以在每批出雏结束后，应立刻对设备、用具和房间进行冲洗消毒。

1）孵化机和孵化室的清洗消毒。拉出蛋架车和蛋盘，取出增湿水盘，先用水冲洗，再用新洁尔灭擦洗孵化机内外表面及顶部，用高压水冲刷孵化室地面，然后用甲醛熏蒸孵化机，每立方米用甲醛 40 毫升、高锰酸钾 20 克，在温度 27 ℃、湿度 75%以上的条件下密闭熏蒸 1 小时，然后打开机门和进出气孔，让其对流散尽甲

醛蒸汽。最后孵化室内每平方米用甲醛 14 毫升、高锰酸钾 7 克，密闭熏蒸 1 小时，或者两者用量加大 1 倍，熏蒸 30 分钟。

2）出雏机及出雏室的清洗消毒。拉出蛋架车及出雏盘，将死胎蛋、死弱雏及蛋壳打扫干净，出雏盘送洗涤室，浸泡在消毒液中，或送蛋、雏盘清洗机中冲洗消毒；清除出雏室地面、墙壁、天花板上的污物，冲洗出雏机内外表面，然后用新洁尔灭溶液擦洗，最后每立方米用 40 毫升甲醛和 20 克高锰酸钾熏蒸出雏机和出雏盘、蛋架车；用 0.3%~0.5%过氧乙酸（每立方米用量 30 毫升）喷洒出雏室的地面、墙壁和天花板。

3）洗涤室和雏鹅存放室的清洗消毒。洗涤室是最大的污染源，是清洗消毒的重点，先将污物如绒毛、碎蛋壳等清扫装入塑料袋中，然后用水冲洗洗涤室和存雏室的地面、墙壁和天花板，洗涤室每立方米用甲醛 42 毫升、高锰酸钾 21 克，密闭熏蒸 1~2 小时。

（3）孵化场废弃物的处理。孵化场的废弃物要密封运送。把收集的废弃物装在的容器内，按顺流不可逆转的原则，通过各室从废弃物出口装车送至远离孵化场的垃圾场焚烧。如果考虑到废物利用，可采用高温灭菌的方法处理后用作家畜的饲料，因为这些弃物中含蛋白质 22%~32%，钙 17%~24%，脂肪 10%~18%，但不宜用作鹅的饲料，以防消毒不彻底，导致疾病传播。

11. 兽医诊疗器械及用品的消毒　兽医诊疗器械及用品是直接与畜禽接触的物品。用前和用后都必须按要求进行严格的消毒。根据器械及用品的种类和使用范围不同，其消毒方法和要求也不一样。一般对进入畜禽体内或与黏膜接触的诊疗器械，如手术器械、注射器及针头、胃导管、导尿管等，必须经过严格的消毒灭菌；对不进入动物组织内也不与黏膜接触的器具，一般要求去除细菌的繁殖体及亲脂类病毒。各种诊疗器械及用品的消毒方法见表 9-9。

表 9-9　各种诊疗器械及用品的消毒方法

消毒对象	消毒药物及方法
体温计	先用1%过氧乙酸溶液浸泡5分钟，然后放入1%过氧乙酸溶液中浸泡30分钟
注射器	0.2%过氧乙酸溶液浸泡30分钟，清洗，煮沸或高压蒸汽灭菌。注意：针头用肥皂水煮沸消毒15分钟后，洗净消毒后备用；煮沸时间从水沸腾时算起，消毒物应全部浸入水内
各种塑料接管	将各种接管分类浸入0.2%过氧乙酸溶液中，浸泡30分钟后用清水冲净；接管用肥皂水刷洗，清水冲净，烘干后分类高压灭菌
药杯、换药碗(搪瓷类)	将药杯用清水冲净残留药液，然后浸泡在1∶1000新洁尔灭溶液中1小时；将换药碗用肥皂水煮沸消毒15分钟；然后将药杯与换药碗分别用清水刷洗冲净后，煮沸消毒15分钟或高压灭菌（如药杯系玻璃类或塑料类，可用0.2%过氧乙酸浸泡2次，每次30分钟后清洗烘干）。注意：药杯与换药碗不能放在同一容器内煮沸或浸泡。若用后的药碗染有各种药液颜色，应煮沸消毒后用去污粉擦净、清洗，揩干后再浸泡；冲洗药杯内残留药液的水须经处理后再弃去
托盘、方盘、弯盘(搪瓷类)	将其分别浸泡在1%漂白粉清液中1小时；再用肥皂水刷洗、清水冲净后备用；漂白粉清液每2周更换1次，夏季每周更换1次
污物敷料桶	将桶内污物倒出后，用0.2%过氧乙酸溶液喷雾消毒，放置30分钟；用碱水或肥皂水将桶刷洗干净，用清水洗净后备用。注意：污物敷料桶每周消毒1次；桶内倒出的污物、敷料须消毒处理后回收或焚烧处理
污染的镊子、止血钳等金属器材	放入1%肥皂水中煮沸消毒15分钟，用清水将其冲净后，再煮沸15分钟或高压灭菌后备用
锋利器械(刀片及剪刀、针头等)	浸泡在1∶1000新洁尔灭水溶液中1小时，再用肥皂水刷洗，清水冲净，揩干后浸泡于1∶1000新洁尔灭溶液的消毒盒中备用。注意：被脓、血污染的镊子、钳子或锐利器械应先用清水刷洗干净，再进行消毒；洗刷下的脓、血水按每1000毫升加入过氧乙酸原液10毫升计算（即1%浓度），消毒30分钟后才能弃掉；器械使用前，应用0.85%灭菌生理盐水淋洗

续表

消毒对象	消毒药物及方法
开口器	将开口器浸入1%过氧乙酸溶液中，30分钟后用清水冲洗；再用肥皂水刷洗，清水冲净，揩干后，煮沸15分钟或高压灭菌后使用。注意：应全部浸入消毒液中
硅胶管	将硅胶管拆去针头，浸泡在0.2%过氧乙酸溶液中，30分钟后用清水冲净；再用肥皂水冲洗管腔后，用清水冲洗，揩干。注意：拆下的针头按注射器针头消毒处理
手套	将手套浸泡在0.2%过氧乙酸溶液中，30分钟后用清水冲洗；再将手套用肥皂水清洗，清水漂净后晾干。注意：手套应浸没于过氧乙酸溶液中，不能浮于药液表面
橡皮管、投药瓶	用浸有0.2%过氧乙酸的抹布擦洗物件表面；用肥皂水将其刷洗，清水冲净后备用
导尿管、肛管、胃导管等	将物件分类浸入1%过氧乙酸溶液中，浸泡30分钟后用清水冲洗；再将上述物品用肥皂水刷洗，清水冲净后，分类煮沸15分钟或高压灭菌后备用。注意：物件上的胶布痕迹可用乙醚或乙醇擦除
输液、输血皮管	将皮管针头拆去后，用清水冲净皮管残留液体，再浸泡在清水中；再将皮管用肥皂水反复揉搓、清水冲净，揩干后，高压灭菌备用。拆下的针头按注射针头消毒处理
手术衣、帽、口罩等	将其分别浸泡在0.2%过氧乙酸溶液中30分钟，用清水冲洗；肥皂水搓洗，清水洗净晒干，高压灭菌备用。注意：口罩应与其他物品分开洗涤
创巾、敷料等	污染血液的，先放在冷水或5%氨水内浸泡数小时，然后在肥皂水中搓洗，最后用清水漂净；碘酊污染的，用2%硫代硫酸钠溶液浸泡1小时，清水漂洗、拧干，浸于0.5%氨水中，再用清水漂净；经清洗后的创巾、敷料分包，高压灭菌备用。被传染性物质污染时，应先消毒后洗涤再灭菌
运输车辆、其他工具车或小推车	每月定期用去污粉或肥皂粉将推车擦洗干净；污染的工具车类，应及时用浸有0.2%过氧乙酸的抹布擦洗；30分钟后再用清水冲净。推车等工具类应经常保持整洁，清洁与污染的车辆应互相分开

12. 发生疫病期间的消毒　发生传染病后，鹅养殖场病原数量大幅增加，疫病传播流行会更加迅速，为了控制疫病传播流行

及危害，需要更加严格地消毒。

疫情活动期间消毒是以消灭病鹅所散布的病原为目的而进行的消毒。病鹅所在的鹅舍、隔离场地、排泄物、分泌物及被病原微生物污染的和可能被污染的一切场所、用具和物品等都是消毒的重点。在实施消毒的过程中，应根据传染病病原体的种类和传播途径进行区别，抓住重点，以保证消毒的实际效果。如肠道传染病消毒的重点是鹅排出的粪便及被污染的物品、场所等；呼吸道传染病则主要是消毒空气、分泌物及污染的物品等。

（1）一般消毒。养殖场的道路、鹅舍周围用5%氢氧化钠溶液，或10%石灰乳溶液喷洒消毒，每天1次；鹅舍地面、鹅栏用15%漂白粉溶液、5%氢氧化钠溶液等喷洒，每天1次；带禽消毒，用0.25%益康溶液、0.25%强力消杀灵溶液、0.3%农家福或0.5%~1%过氧乙酸溶液喷雾，每天1次，连用5~7天；粪便、粪池、垫草及其他污物化学或生物热消毒；出入人员脚踏消毒液，紫外线照射等消毒。消毒池内放入5%氢氧化钠溶液，每周更换1~2次；其他用具、设备、车辆用15%漂白粉溶液、5%氢氧化钠溶液等喷洒消毒；疫情结束后，进行1~2次全面的消毒。

（2）疫源地污染物的消毒。发生疫情后对被污染或可能被污染的场所和污染物进行严格的消毒。消毒方法见表9-10。

表9-10　疫源地污染物消毒方法

消毒对象	消毒方法	
	细菌性传染病	病毒性传染病
空气	甲醛熏蒸，福尔马林液25毫升，作用12小时（加热法）；2%过氧乙酸熏蒸，用量1克/米^3，20℃作用1小时；0.2%~0.5%过氧乙酸或3%来苏儿喷雾30毫升/米^2，作用30~60分钟；红外线照射0.06瓦/厘米^2	醛熏蒸法（同细菌病）；2%过氧乙酸熏蒸，用量3克/米^3，作用90分钟（20℃）；0.5%过氧乙酸或5%漂白粉澄清液喷雾，作用1~2小时；乳酸熏蒸，用量10毫克/米^{3}加水1~2倍，作用30~90分钟

续表

消毒对象	消毒方法	
	细菌性传染病	病毒性传染病
排泄物（粪、尿、呕吐物等）	成形粪便加2倍量的10%~20%漂白粉乳剂，作用2~4小时；对稀便，直接加粪便量1/5的漂白粉剂，作用2~4小时	成形粪便加2倍量的10%~20%漂白粉乳剂，充分搅拌，作用6小时；稀便，直接加粪便量1/5的漂白粉剂，作用6小时；尿液100毫升加漂白粉3g，充分搅匀，作用2小时
分泌物（鼻涕、唾液、穿刺脓、乳汁）	加等量10%漂白粉或1/5量干粉，作用1小时；加等量0.5%过氧乙酸，作用30~60分钟；加等量3%~6%来苏儿溶液，作用1小时	加等量10%~20%漂白粉或1/5量干粉，作用2~4小时；加等量0.5%~1%过氧乙酸，作用30~60分钟
鹅舍、运动场及舍内用具	污染草料与粪便集中焚烧；鹅舍四壁用2%漂白粉澄清液喷雾（200毫升/米^3），作用1~2小时；畜圈及运动场地面，喷洒漂白粉20~40克/米^2，作用2~4小时，或1%~2%氢氧化钠溶液，5%来苏儿溶液喷洒1 000毫升/米^3，作用6~12小时；甲醛熏蒸，福尔马林12.5~25毫升/米^3，作用12小时（加热法）；0.2%~0.5%过氧乙酸、3%来苏儿喷雾或擦拭，作用1~2小时；2%过氧乙酸熏蒸，用量1克/米^3，作用6小时	与细菌性传染病消毒方法相同，一般消毒剂作用时间和浓度稍大于细菌性传染病消毒用量
饲槽、水槽、饮水器等	0.5%过氧乙酸浸泡30~60分钟；1%~2%漂白粉澄清液浸泡30~60分钟；0.5%季铵盐类消毒剂浸泡30~60分钟；1%~2%氢氧化钠热溶液浸泡6~12小时	0.5%过氧乙酸液浸30~60分钟，3%~5%漂白粉澄清液浸泡50~60分钟，2%~4%氢氧化钠热溶液浸泡6~12小时

续表

消毒对象	消毒方法	
	细菌性传染病	病毒性传染病
运输工具	0.2%~0.3%过氧乙酸或1%~2%漂白粉澄清液，喷雾或擦拭，作用30~60分钟；3%来苏儿或0.5%季铵盐喷雾擦拭，作用30~60分钟	0.5~1%过氧乙酸、5%~10%漂白粉澄清液喷雾或擦拭，作用30~60分钟；5%来苏儿喷雾或擦拭，作用1~2小时；2%~4%氢氧化钠热溶液喷洒或擦拭，作用2~4小时
工作服、被服、衣物织品等	高压蒸汽灭菌，121℃ 15~20分钟；煮沸15分钟（加0.5%肥皂水）；甲醛25毫升/米^3，作用12小时；环氧乙烷熏蒸，用量2.5克/升，作用2小时；过氧乙酸熏蒸，1克/米^{3}在20℃条件下，作用60分钟；2%漂白粉澄清液或0.3%过氧乙酸或3%来苏儿溶液浸泡30~60分钟；0.02%碘伏浸泡10分钟	高压蒸汽灭菌，121℃ 30~60分钟；煮沸15~20分钟（加0.5%肥皂水）；甲醛25毫升/米^{3}熏蒸12小时；环氧乙烷熏蒸，用量2.5克，作用2小时；过氧乙酸熏蒸，用量1克/米^3，作用90分钟；2%漂白粉澄清液浸泡1~2小时；0.3%过氧乙酸浸30~60分钟；0.03%碘伏浸泡15分钟
接触病畜禽人员手消毒	0.02%碘伏洗手2分钟，清水冲洗；0.2%过氧乙酸浸手2分钟；75%酒精棉球擦手5分钟；0.1%新洁尔灭浸手5分钟	0.5%过氧乙酸洗手，清水冲净；0.05%碘伏浸手2分钟，清水冲净
污染办公用品（书、文件）	环氧乙烷熏蒸，2.5克/升，作用2小时；甲醛熏蒸，福尔马林用量25毫升/米^3，作用12小时	同细菌性传染病
医疗器材、用具等	高压蒸汽灭菌121℃30分钟；煮沸消毒15分钟；0.2%~0.3%过氧乙酸或1%~2%漂白粉澄清液浸泡60分钟；0.01%碘伏浸泡5分钟；甲醛熏蒸，50毫升/米^{3}作用1小时	高压蒸汽灭菌121℃30分钟；煮沸30分钟；0.5%过氧乙酸或5%漂白粉澄清液浸泡，作用60分钟；5%来苏儿浸泡1~2小时；0.05%碘伏浸泡10分钟

四、确切免疫接种

传染性疾病是我国养禽业的主要威胁，而免疫接种仍是预防传染病的有效手段。免疫接种通常是使用疫苗和菌苗等生物制剂作为抗原接种于家禽体内激发抗体产生特异性免疫力的过程。

（一）疫苗

1. 疫苗的种类及特点 疫苗是将病毒（或细菌）减弱或灭活，使其失去原有致病性而仍具有良好的抗原性并用于预防传染病的一类生物制剂，接种动物后能产生主动免疫，产生特异性免疫力，包括细菌性疫苗和病毒性疫苗。

疫苗可分为活毒疫苗和灭活疫苗两大类。活毒疫苗多是弱毒苗，是由活病毒或细菌致弱后形成的。当其接种后进入鹅只体内可以繁殖或感染细胞，既能增加相应抗原量，又可延长和加强抗原刺激作用，具有产生免疫快、免疫效力好、免疫接种方法多、用量小且使用方便等优点，还可用于紧急预防。灭活疫苗是用强毒株病原微生物灭活后制成的，安全性好、不散毒、不受母源抗体影响、易保存、产生的免疫力时间长，适用于多毒株或多菌株制成的多价苗。但需免疫注射，成本高。

2. 鹅常用疫苗 见表 9-11。

表 9-11　鹅常用疫苗

名称	性状	适应证	制剂与规格	用法与用量	药物相互作用（不良反应）及注意事项
重组禽流感病毒灭活疫苗（H5N1亚型，RE-5株或RE-1株）	乳白色乳状液	预防H5亚型禽流感病毒引起鹅的禽流感。接种后14天产生免疫力，鸭、鹅加强接种一次，免疫期为4个月	乳剂；250毫升/瓶、500毫升/瓶	颈部皮下或胸部肌内注射。鹅，每只0.5毫升；5周龄以上，鹅1.5毫升/只	一般无可见不良反应。禽流感感染禽或健康状况异常的禽时切忌使用本品；严禁冻结；如出现破损、异物或破乳分层等异常现象，切勿使用；使用前应将疫苗恢复至常温并充分摇匀；接种时应及时更换针头，最好每只禽一个针头；疫苗启封后，限当日用完；屠宰前28天内禁止使用。2~8℃保存，有效期为12个月
鸭瘟活疫苗	淡红色海绵状疏松团块，易与瓶壁脱离，加稀释液后迅速溶解	用于预防鹅的鸭瘟。注射后3~4天产生免疫力	冻干剂，每瓶200、400、500羽份	肌内注射。按瓶签注明的羽份用生理盐水稀释，种鹅每年注射2次，20~22日龄小鹅首次免疫，3月龄加强免疫1次	一般无可见的不良反应。疫苗稀释后应放于冷暗处，必须在4小时内用完；接种时，应做局部消毒处理；用过的疫苗瓶、器具和未用完的疫苗等应进行消毒处理；-15℃以下有效期为24个月

续表

名称	性状	适应证	制剂与规格	用法与用量	药物相互作用（不良反应）及注意事项
小鹅瘟活疫苗（GD株）	微黄色或微红色海绵状疏松团块，易与瓶壁脱离，加稀释液后迅速溶解	供产蛋前母鹅注射预防小鹅瘟。免疫后在21～270天内所产种蛋孵出的雏鹅具有抵抗小鹅瘟的能力	冻干剂；50羽份/瓶、100羽份/瓶	肌内注射。在母鹅产蛋前20～30天接种，按瓶签注明羽份，用灭菌生理盐水稀释，每只1毫升	一般无可见的不良反应。本疫苗雏鹅禁用；疫苗稀释后应放于冷暗处保存，4小时内用完；应对用过的疫苗瓶、器具和稀释后剩余的疫苗进行消毒处理；-15 ℃以下保存，有效期为12个月
小鹅瘟活疫苗(SYG 41-50株)	湿苗为无色或淡红色澄明液体，静置后可能有少许沉淀物。冻干苗为淡黄色或淡红色海绵状疏松团块，易与瓶壁脱离，加稀释液后迅速溶解	用于预防雏鹅小鹅瘟	冻干剂；500羽份/瓶、1 000羽份/瓶	皮下注射，每只0.1毫升（1羽份）。适用于未经免疫的种鹅所产雏鹅，或免疫后期（100天后）的种鹅所产雏鹅。按瓶签注明羽份用灭菌生理盐水稀释，在雏鹅出壳后48小时内进行接种	一般无可见的不良反应。疫苗稀释后应冷藏，并于当天用完；在疫区使用本疫苗时，雏鹅接种后须隔离饲养9天，防止在未产生免疫力之前感染小鹅瘟强毒而造成保护率下降；针头和注射器等用具，用前需经高压或煮沸消毒；用过的疫苗瓶、器具和稀释后剩余的疫苗等污染物必须消毒处理。在-15 ℃以下避光保存，冻干苗有效期为2年

续表

名称	性状	适应证	制剂与规格	用法与用量	药物相互作用（不良反应）及注意事项
小鹅瘟鹅胚化活疫苗（SYG26-35株）	湿苗为无色或淡红色澄明液体，静置后可能有少许沉淀物。冻干苗为淡黄色或淡红色海绵状疏松团块，易与瓶壁脱离，加稀释液后迅速溶解	用于接种种鹅，预防其子代的小鹅瘟	冻干剂；每瓶200、300、500羽份	肌内注射，每只1.0毫升（1羽份）。按瓶签注明的羽份用灭菌生理盐水稀释，在产蛋前15天左右进行接种	一般无可见的不良反应。疫苗稀释后应冷藏，并于当天用完；在疫区使用时，雏鹅接种后须隔离饲养9天，防止在未产生免疫力之前感染小鹅瘟强毒而造成保护率下降；注射疫苗用的针头和注射器等用具，用前需经高压或煮沸消毒；用过的疫苗瓶、器具和稀释后剩余的疫苗等污染物必须经消毒处理。在－15℃以下避光保存，冻干苗有效期为2年
鹅副黏病毒病油乳剂灭活苗	乳白色均匀乳剂	用于预防鹅副黏病毒病	乳剂；250毫升/瓶	14～16日龄雏鹅肌内注射0.3毫升/只。青年鹅和成年鹅肌内注射0.5毫升/只	有效期6个月；放置在4～20℃常温保存，勿冻结，保存期为1年

续表

名称	性状	适应证	制剂与规格	用法与用量	药物相互作用（不良反应）及注意事项
雏鹅新型病毒性肠炎－小鹅瘟二联弱毒疫苗	淡红色海绵状疏松固体，稀释后即溶解成均匀的混悬液。湿苗冻结后为淡黄色或淡红色固体	预防雏鹅新型病毒性肠炎和小鹅瘟。专供产蛋前母鹅免疫用，雏鹅一般不使用此疫苗	冻干苗	一般疫苗每瓶5毫升，稀释成500毫升，每只肌内注射1毫升。每只母鹅每年注射两次	在母鹅产蛋前15~30天内注射该疫苗，其后210天内所产的蛋孵出的雏鹅95%以上能获得抵抗小鹅瘟的能力；稀释后的疫苗放在阴暗处，限6小时内用完。雏鹅和不健康的鹅群不能注射该疫苗
禽多杀性巴氏杆菌病活疫苗（G190E40株）	乳白色海绵状疏松团块，易与瓶壁脱离	用于预防3月龄以上的鸡、鸭、鹅多杀性巴氏杆菌病	冻干剂；每瓶50、100、200、400、500羽份	肌内注射。按瓶签注明的羽份，用20%铝胶生理盐水稀释，每只接种0.5毫升（1羽份）	注射疫苗后，可能有不同程度的反应，表现减食，精神较差，一般2~3天后恢复。产蛋鹅只注射疫苗后产蛋略有减少，几天内即可恢复。病鹅、体弱和使用抗生素后未超过5天者，不宜接种本疫苗；疫苗稀释后放冷暗处，应在4小时内用完；在疫区接种前应先做小群试验，无重反应时，再扩大使用；接种时，应执行常规无菌操作；严防散毒，使用过的疫苗瓶、器具和稀释后剩余的疫苗等应做消毒处理

续表

名称	性状	适应证	制剂与规格	用法与用量	药物相互作用（不良反应）及注意事项
鹅蛋子瘟灭活苗	采用免疫原性良好的鹅体内分离的大肠杆菌菌株在培养基上培养，经甲醛溶液灭活后，加适量的氢氧化铝胶制成	预防产蛋母鹅卵黄性腹膜炎，即蛋子瘟	乳剂，每瓶100、200、500羽份	种鹅产蛋前半个月注射本疫苗，每只胸部肌内注射1毫升	免疫有效期：4个月左右。放置在10～20 ℃阴冷干燥处保存，有效期为1年

3. 正确使用疫苗　生产中由于疫苗的运输、保管和使用不当引起免疫失败的情况时有发生，在使用过程中应注意如下方面。

（1）疫苗运输和保管得当。疫苗应低温保存和运输，避免高温和阳光直射，在夏季天气炎热时尤其重要；不同种类、不同血清型、不同毒株、不同有效期的疫苗应分开保存，先用有效期短的，后用有效期长的。保存温度适宜，弱毒苗在冷冻状态下保存，灭活苗应在冷藏状态下保存。

（2）疫苗剂量适当。疫苗的剂量太少不足以刺激机体产生足够的免疫效应，剂量过大可能引起免疫麻痹或毒性反应，所以疫苗使用剂量应严格按产品说明书进行。目前很多人为保险而将剂量加大几倍使用，是完全无必要甚至是有害的（紧急免疫接种时需要4～5倍量）。大群免疫或饮水免疫接种时为预防免疫等过

程中的一些浪费，可以适当增加 20%~30%的用量。过期或失效的疫苗不得使用，更不得用增加剂量来弥补。

（3）科学稀释疫苗。稀释疫苗之前应对使用的疫苗逐瓶检查，尤其是名称、有效期、剂量、封口等；对需要特殊稀释的疫苗，应用指定的稀释液。而其他的疫苗一般可用生理盐水或蒸馏水稀释。稀释液的用量在计算和称量时均应细心和准确；稀释过程应避光、避风和无菌操作，尤其是注射用的疫苗应严格无菌操作；稀释过程中一般应分级进行，对疫苗瓶一般应用稀释液冲洗 2~3 次，疫苗放入稀释器皿中要上下振摇，力求稀释均匀；稀释好的疫苗应尽快用完，尚未使用的疫苗也应放在冰箱或冰水桶中冷藏。

（二）免疫接种方法

鹅的免疫接种方法有饮水、滴眼滴鼻、肌内或皮下注射和气雾法等，鹅群常用的是注射法，个别使用滴眼滴鼻法。

1. 肌内或皮下注射　肌内或皮下注射免疫接种的剂量准确、效果确实，但耗费人工较多，应激较大。

（1）部位。颈部正中线的下 1/3 处皮下注射，胸部肌内或皮下注射，翅膀近端关节附近肌内注射，大腿外侧肌内或皮下注射。

（2）操作注意事项。

1）疫苗稀释液应是经过消毒无菌的，一般不要随便加入抗菌药物。

2）疫苗的稀释和注射量应适当，量太小则操作时误差较大，量太大则操作麻烦，一般以每只 0. 2~1 毫升为宜。

3）使用连续注射器注射时，应经常核对注射器刻度容量和实际容量之间的误差，以免实际注射量偏差太大。

4）注射器及针头使用前均应消毒。

5）皮下注射的部位一般选在颈部背侧，肌内注射部位一般

选在胸肌或肩关节附近的肌肉丰满处。

6）针头插入的方向和深度也应适当，在颈部皮下注射时，针头方向应向后向下，针头方向与颈部纵轴基本平行。对雏鹅的插入深度为0.5~1厘米，日龄较大的鹅可为1~2厘米。胸部肌内注射时，针头方向应与胸骨大致平行，插入深度雏鹅为0.5~1厘米，日龄较大的鹅可为1~2厘米。

7）在将疫苗液推入后，针头应慢慢拔出，以免疫苗液漏出。

8）在注射过程中，应边注射边摇动疫苗瓶，力求疫苗液均匀。

9）在接种过程中，应先注射健康群，再接种假定健康群，最后接种有病的鹅群。

10）关于是否一只鹅一个针头及注射部位是否消毒的问题，可根据实际情况而定。但吸取疫苗的针头和注射鹅的针头则一定要分开，尽量注意卫生以防止经免疫注射而引起疾病的传播或引起接种部位的局部感染。

2. 滴眼滴鼻　滴眼滴鼻的免疫接种如操作得当，往往效果比较确实，尤其是对预防一些呼吸道疾病的疫苗，经滴眼滴鼻免疫效果较好。当然，这种接种方法需要较多的劳动力，对鹅也会造成一定的应激，如操作上稍有马虎，往往达不到预期的目的。

（1）部位。眼睛和鼻孔。

（2）操作注意事项。

1）稀释液必须用蒸馏水或生理盐水，最低限度地使用冷开水，不要随便加入抗生素。

2）稀释液的用量应尽量准确，最好根据自己所用的滴管或针头事先滴试，确定每毫升多少滴，然后再计算实际使用疫苗稀释液的用量。

3）为了操作的准确无误，一手一次只能抓一只鹅，不能一手同时抓几只鹅。

4）在滴入疫苗之前，应把鹅的头颈摆成水平方向（一侧眼鼻朝天，一侧眼鼻朝地），并用一只手指按住朝地面一侧鼻孔。

5）在将疫苗液滴加到眼和鼻上以后，应稍停片刻，待疫苗液确已吸入后再将鹅轻轻放回地面。

6）应注意做好已接种和未接种鹅之间的隔离，以免走乱。

7）为减少应激，最好在晚上接种，如天气阴凉也可在白天适当关闭门窗后在稍暗的光线下抓鹅接种。

（三）免疫程序制定

1. 免疫程序　鹅场根据本地区、本场疫病发生情况（疫病流行种类、季节、易感日龄）、疫苗性质（疫苗的种类、免疫方法、免疫期）和其他情况制订适合本场的一个科学免疫计划，称作免疫程序。没有一个免疫程序是通用的和固定不变的，必须根据本场的实际情况，参考别人已成功的经验来制定适合本地或本场的免疫程序。

2. 制定免疫程序应考虑的因素　制定免疫程序：一要考虑本地或本场的疾病疫情。对本地和本场尚未证实发生的疾病，必须证明确实已受到严重威胁时才能计划接种，对强毒型的疫苗更应非常慎重，不是必须的不引进使用；二要考虑母源抗体的影响，特别是雏鹅；三要考虑不同疫苗之间的干扰和接种时间的科学安排；四要考虑疫苗毒（菌）株的血清型、亚型或株的选择。疫苗剂型的选择，例如活疫苗或灭活疫苗、湿疫苗或冻干疫苗，细胞结合型和非细胞结合疫苗之间的选择等；四要考虑疫苗的产地、疫苗剂量和稀释量的确定、不同疫苗或同一种疫苗的不同接种途径的选择、某些疫苗的联合使用、同一种疫苗根据毒力先弱后强的安排及同一种疫苗先活苗后灭活油乳剂疫苗的安排；五要考虑根据免疫监测结果及突发疾病做出必要的修改和补充等。

3. 鹅的参考免疫程序 见表9-12。

表9-12 鹅的免疫参考程序

日龄	病名	疫苗	接种方法	剂量/毫升
1日龄	小鹅瘟	抗小鹅瘟病毒血清或精制抗体	肌内或皮下注射	0.5
7日龄	小鹅瘟	抗小鹅瘟病毒血清或精制抗体	肌内或皮下注射	0.5
		小鹅瘟活疫苗	肌内或皮下注射	0.1
14日龄	鹅副黏病毒病	鹅副黏病毒蜂胶灭活疫苗	胸肌注射	0.3~0.5
20日龄	禽流感	高致病性禽流感灭活疫苗	胸肌注射	0.5
25日龄	鹅鸭瘟	鸭瘟弱毒疫苗	肌内或皮下注射	0.5
30日龄	禽霍乱、大肠杆菌	禽霍乱与大肠杆菌病多价蜂胶灭活疫苗	胸肌注射	0.5
	鹅副黏病毒病	鹅副黏病毒蜂胶灭活疫苗	胸肌注射	0.5
60~70日龄	禽流感	高致病性禽流感灭活疫苗	胸肌注射	0.5
150~160日龄	鹅副黏病毒病	鹅副黏病毒蜂胶灭活疫苗	胸肌注射	0.5
	禽流感	高致病性禽流感灭活疫苗	胸肌注射	0.5
160日龄	小鹅瘟	种鹅用小鹅瘟活疫苗	胸肌注射	1
180日龄	大肠杆菌	鹅蛋子瘟蜂胶灭活疫苗	胸肌注射	1
190日龄	禽霍乱、大肠杆菌	禽霍乱与大肠杆菌病多价蜂胶灭活疫苗	胸肌注射	1~2

续表

日龄	病名	疫苗	接种方法	剂量/毫升
270～280日龄	鹅副黏病毒病	鹅副黏病毒蜂胶灭活疫苗	胸肌注射	0.5
	禽流感	高致病性禽流感灭活疫苗	胸肌注射	0.5
290日龄	小鹅瘟	种鹅用小鹅瘟活疫苗	胸肌注射	1
320日龄	禽霍乱、大肠杆菌	禽霍乱与大肠杆菌病多价蜂胶灭活疫苗	胸肌注射	1～2
360日龄	大肠杆菌	鹅蛋子瘟蜂胶灭活疫苗	胸肌注射	1

注：(1) 对于有鹅新型病毒性肠炎的地区，1～3日龄可以使用抗雏鹅新型病毒性肠炎病毒-小鹅瘟二联高免血清或高免抗体1～1.5毫升皮下注射。种鹅亦可于160日龄用雏鹅新型病毒性肠炎病毒-小鹅瘟二联弱毒疫苗肌内注射，280～290日龄加强免疫一次。

(2) 不同品种鹅开产日龄不同，因此免疫时间应进行适当调整。

(3) 商品仔鹅90日龄左右出栏，一般只进行30日龄前的免疫。

五、药物防治

（一）药物使用方法

用于鹅病防治的药物种类很多，各种药物由于性质的不同，使用方法也不同。要根据药物的特点和疾病的特性选用适当的用药方法，以发挥最好的效果。

1. 混于饲料　即将药物均匀地拌入饲料中，让鹅采食时，同时吃进药物。这种方法方便简单，应激小，不浪费药物。它适于长期用药、不溶于水的药物及加入饮水而适口性差的药物。但对于鹅病重或采食量过少时，不宜应用；颗粒料因不宜将药物混匀，也不主张经料给药；链条式送料时，因颗粒易被鹅啄食而造成先后采食的鹅只摄入的药量不同，也应注意。

(1) 准确掌握拌料浓度。混料给药时应按照混料给药剂量，

认真准确地计算出所用药物的量并混入饲料内；若按体重给药时，应严格按照鹅群鹅只总体重，计算出药物用量拌入全天饲料内。

（2）药物混合均匀。拌料时为了使家禽能吃到大致相等的药物数量，药物和饲料要混合均匀，尤其是一些安全范围较小和用量较少的药物，如喹乙醇、呋喃唑酮等，以防采食不均。混合时切忌把全部药量一次加入所需饲料中进行搅拌，这样不宜搅拌均匀，造成部分鹅只药物中毒而大部分鹅只吃不到药物的情况，达不到防治疾病的目的或贻误病情。可采用逐级稀释法，即把全部用量的药物加到少量饲料中，充分混合后，再加到一定量饲料中，然后充分混匀，经过多次逐级稀释扩充，可以保证充分混匀。

（3）注意不良反应。有些药物混入饲料，可与饲料中的某些成分发生拮抗作用。如饲料中长期混入磺胺类药物，就容易引起 B 族维生素和维生素 K 缺乏。这时应适当补充这些维生素。

2. 混水给药　混水给药就是将药物溶解于水中让鹅只自由饮用。此法适合于短期用药、紧急治疗、家禽不能采食但尚能饮水时的投药。易溶于水的药物混水给药的效果较好。饮水投药时，应根据药物的用量，事先配成一定浓度的药液，然后加入饮水器中，让家禽自由饮用。

（1）注意药物的溶解度和稳定性。对油剂（如鱼肝油）及难溶于水的药物（制霉菌素）不能采用饮水给药。对于一些微溶于水的药物（如呋喃唑酮）和水溶液稳定性较差的药物（土霉素、金霉素）可以采用适当地加热、加助溶剂或现用现配、及时搅拌等方法，促进药物溶解，以达到饮水给药的目的。饮水的酸碱度及硬度（金属离子的含量）对药物有较大的影响，多数抗生素在偏酸或碱的水溶液中稳定性较差，金属离子也可因络合而影响药物的疗效。

（2）据鹅可能的饮水量认真计算药液量。为保证舍内绝大部分鹅只在一定时间内都饮到一定量的药水，不至于由于剩水过多造成摄入鹅体内的药物剂量不够，或加水不足造成饮水不匀导致某些鹅只饮入的药液量少而影响药物效果，应该掌握鹅群的饮水量，根据鹅群的饮水量，然后按照药物浓度准确计算药物用量。先用少量水溶解计算好的药物，待药物完全溶解后才能混入计算好水的容器中。鹅的饮水量多少与品种、饲料种类、饲养方法、舍内温湿度、药物有无异味等因素密切相关，生产中应予以考虑。为准确了解鹅群的饮水量，每栋鹅舍最好安装一个小的水表。

（3）注意饮水时间和配伍禁忌。药物在水中时间与药效关系极大。有些药物放在水中不受时间限制，可以全天饮用，如人工合成的抗生素、磺胺类和喹诺酮类药物。有些药物放在水中必须在短时间内饮完，如天然发酵抗生素、多西环素、氨苄西林及活疫苗等，一般需要断水 2~3 小时后给药，让鹅只在一定时间内充分饮到药水。多种药物混合时，一定要注意药物之间的配伍。有些药物有协同作用，可使药效增强，如氨卞青霉素和喹诺酮类药的配伍。有些药物混合使用会增强药物的毒性，如氯霉素和痢特灵。有些药物混合后会发生中和、分解、沉淀，使药物失效。

3. 经口投服　适合于个别病禽治疗，如鹅群中出现软颈病的鹅或维生素 B_2 缺乏的鹅，需个别投药治疗。群体较小的家禽，也通常采用此法。这种方法虽费时费力，但剂量准确，疗效较好。

4. 体内注射　对于难被肠道吸收的药物，为了获得最佳的疗效，常选用注射法。注射法分皮下注射和肌内注射两种。这种方法的特点是药物吸收快而完全，剂量准确，药物不经胃肠道而进入血液中，可避免消化液的破坏。适用于不宜口服的药物和紧急治疗。

5. 体表用药　如家禽患有虱、螨等体外寄生虫，啄肛和脚垫肿等外伤，可在体表涂抹或喷洒药物。

6. 药物浸泡 浸泡种蛋用于消除蛋壳表面的病原微生物，药物可以渗透到蛋内，杀灭蛋内的病原微生物，以控制和减少某些经蛋传递的疾病。常用的方法是变温浸蛋法。把种蛋的温度在3~6小时内升至37~38 ℃，然后趁热浸入4~15 ℃的抗生素药液中，保持15分钟，利用种蛋与药液之间的温差造成的负压使药液被吸入蛋内。这种种蛋的药物处理方法常用来控制鹅白痢沙门菌、霉形体、大肠杆菌等病原菌。

7. 环境用药 在饲养环境中季节性定期喷洒杀虫剂，以控制外寄生虫及蚊蝇等。为防止传染病，必要时喷洒消毒剂，以杀灭环境中存在的病原微生物。

（二）鹅的常用药物

鹅的常用药物如表9-13、表9-14所示。

表9-13 鹅常用的抗菌药物

药物名称	使用剂量和方法	用途
诺氟沙星（氟哌酸）	0.005%~0.02%混于饲料中	治疗大肠杆菌、沙门菌、巴氏杆菌、葡萄球菌、链球菌和肺炎球菌引起的感染等
呋喃唑酮（痢特灵）	预防用量0.015%，治疗用量0.04%混饲	用于肠道抗感染，治疗沙门菌、大肠杆菌、球虫等，有广谱抗菌作用
硫酸链霉素	注射10万单位/只，每天1次，连用2~3天，可与青霉素混合肌内注射	对革兰氏阴性菌（沙门菌、大肠杆菌等）有抑制和杀灭作用
青霉素	肌内注射，10万~20万单位/只，每天2次，连用2~3天	对革兰氏阴性菌和革兰氏阳性菌有抑制作用
盐酸土霉素（地霉素、氧四环素）	肌内注射，每千克体重0.05~0.1克；内服每只0.1~0.2克	对细菌、衣原体、霉形体、螺旋体、球虫有效

续表

药物名称	使用剂量和方法	用途
硫酸庆大霉素	肌内注射，每千克体重3 000单位，每天3~4次	广谱抗生素，对多种革兰氏阴性菌和耐药葡萄球菌有效
红霉素	0.02%~0.05%混于饲料中；注射每千克体重10~40毫克	对革兰氏阳性菌作用强，对支原体有较好作用
泰乐菌素	0.44%~0.66%混于饮水中，连用3~5天	治疗呼吸道支原体病
磺胺二甲基嘧啶、磺胺异噁唑	混饲：0.4%~0.5%，连用3~4天；混饮：0.1%~0.2%，连用3天	治疗禽霍乱、副伤寒、大肠杆菌病、葡萄球菌病、链球菌病、球虫病
磺胺喹噁啉	混饲：0.1%~0.3%；混饮：0.05%~0.15%	治疗禽霍乱、副伤寒、大肠杆菌病、球虫病等
磺胺-5-甲氧嘧啶	同磺胺喹噁啉	治疗禽霍乱、慢性呼吸道病、副伤寒、球虫病
喹乙醇	混饲治疗量：50~80毫克/千克；饲料促生长添加量：25~31毫克/千克	治疗禽霍乱、副伤寒，促进生长，提高饲料利用率

表9-14　常用的抗寄生虫药物及参考用法

药名	有效成分及作用	用法用量
氯苯胍	罗比尼丁；对各种球虫均有较好的防治效果	预防0.05%拌料，治疗0.1%，连喂10天。宰前7天禁用
球痢灵	硝苯酰胺；对多种球虫有效，主要用于治疗球虫病	0.012 5%混入饲料，连用3~5天；治疗0.025%拌入饲料，连用5天。商品鹅上市前7天停药
氨丙啉	安普罗林；对柔嫩艾美尔球虫及堆型艾美尔球虫作用最强	预防0.15%，治疗0.03%，拌入饲料中，连喂7天
加福、杜球	马杜拉霉素；对多种球虫有抑制作用	0.000 6%饮水，连用4~6天

续表

药名	有效成分及作用	用法用量
驱虫净（四咪唑）	驱鹅的裂口线虫、交合线虫等	40~50 毫克/千克体重，均匀混入饲料中，一次服用
驱蛔灵	哌哔嗪；驱蛔虫，对成虫效果好	250~300 毫克/千克体重，均匀混入饲料中，一次服用
左咪唑	左旋咪唑；对鹅蛔虫、线虫效果良好	30 毫克/千克体重，均匀混入饲料中，一次服用
丙硫苯咪唑	阿苯咪唑；对各种线虫、绦虫、吸虫、蛔虫均有驱除效果	25~120 毫克/千克体重，均匀混入饲料中，一次服用
吡喹酮	广谱高效驱绦虫药	60 毫克/千克体重，混入饲料中，一次内服
别丁	硫双二氯酚；可以驱除禽类的各种吸虫	150~500 毫克/千克体重，混入饲料中，一次内服
四氯化碳	驱吸虫	3~6 毫升/只，用细胶管插入食道灌服，或用注射器做嗉囊注射
灭绦灵（氯硝柳胺）	广谱高效驱绦虫药	50~100 毫克/千克体重，混入饲料中，一次内服
2.5%溴氰菊酯	对于各种体外寄生虫有作用	配成 1∶8 000 浓度（即 2.5%溴氰菊酯 1 毫升加水 8 千克）喷洒或药浴
25%戊酸氰醚酯	对于各种体外寄生虫有作用	用水稀释成 1∶4 000 的浓度直接向鹅体喷洒，或稀释成 1∶8 000 的浓度对鹅进行药浴
蝇毒磷（蝇毒）	广谱杀虫剂，对螨、软蜱、虱、蚤等有杀灭作用	一般是 16% 的油乳剂。配成 0.05%的药液直接涂擦；配成 0.03%的药液喷洒环境，杀灭蚊、蠓等昆虫

续表

药名	有效成分及作用	用法用量
虱癞灵	含 12.5%双甲咪乳油	在 1 000 毫升开水中加 4 毫升 12.5%的双甲脒充分搅拌，使之成乳白色液体，在鹅体及圈舍、场地喷雾或喷洒，杀灭虱的效果很好，但不宜药浴

第三节 常见病防治

一、传染性疾病

（一）小鹅瘟

小鹅瘟是由小鹅瘟病毒（鹅细小病毒）引起的急性败血性传染病，主要侵害 20 日龄以内的雏鹅，致死率高达 90%以上，超过 3 周龄的雏鹅仅少数发生，1 月龄以上雏鹅基本不发生。临床特征为病鹅精神沉郁，食欲废绝，严重下痢，有时出现神经症状。

【病原】小鹅瘟病毒存在于病鹅的肠道、肝、脾、血液和脑组织中。本病毒对外界不良环境有较强抵抗力，在-20 ℃以下至少能存活两年。56 ℃加热 3 小时以上死亡，普通消毒剂对病毒有杀灭作用。

【流行特点】本病主要侵害 4~20 日龄的雏鹅，5~15 日龄为高发日龄，发病率和死亡率均在 90%以上。15 日龄以上的雏鹅发病后，症状比较缓和，并可部分自愈；25 日龄以上的雏鹅很少发病；成年鹅感染后不显任何症状。主要传染源是病雏鹅和带毒成年鹅。病雏鹅可随分泌物、排泄物排出病毒污染饲料、饮水、用具及环境，然后经消化道传染给健康的雏鹅。

【临床症状】潜伏期为3~5天，分为最急性、急性和亚急性3型。最急性型多发生在1周龄内的雏鹅，往往不显现任何症状而突然死亡。急性型常发生于15日龄内的雏鹅。病雏初期食欲减退，精神委顿，缩颈蹲伏，羽毛蓬松，离群独处，步行艰难。继而食欲废绝，严重下痢，排出混有气泡的黄白色或黄绿色水样稀粪。鼻分泌液增多，病鹅摇头，口角有液体甩出，喙和蹼色绀。临死前出现神经症状，全身抽搐或发生瘫痪。病程1~2天。亚急性型发生于15日龄以上的雏鹅。以萎靡、不愿走动、厌食、拉稀和消瘦为主要症状。病程3~7天，少数能自愈，但生长不良。

【病理变化】主要在消化道，特别是小肠部分。死于最急性型的病雏，病变不明显，十二指肠黏膜肿胀、充血和出血，出现败血性症状。急性型雏鹅，特征性病变是小肠的中段、下段，尤其是回盲部的肠段极度膨大，质地硬实，形如香肠，肠腔内形成淡灰色或淡黄色的凝固物，其外表包围着一层厚的坏死肠黏膜和纤维形成的伪膜，往往使肠腔完全填塞。部分病鹅的小肠内虽无典型的凝固物，但肠黏膜充血和出血，表现为急性卡他性肠炎。肝、脾肿大、充血，偶有灰白色坏死点，胆囊也增大。

【防治】各种抗生素和磺胺类药物对此病无治疗作用，因此主要做好预防工作。

(1) 预防措施。

1) 加强饲养管理。做好孵化过程中的清洁消毒工作，孵坊中的一切用具、设备使用后必须清洗消毒。种蛋要用福尔马林熏蒸消毒。防止刚出壳的雏鹅与新购入的种蛋接触；做好育雏舍清洁卫生和消毒工作，维持适宜的环境条件。

2) 免疫接种。母鹅在产蛋前1个月，每只注射1∶100倍稀释的（或见说明书）小鹅瘟活疫苗1毫升，免疫期300天，每年免疫1次。注射后两周，母鹅所产的种蛋孵出的雏鹅具有免疫

力。母鹅注射小鹅活瘟疫苗后，无不良反应，也不影响产蛋。在本病流行地区，未经免疫种蛋所孵出的雏鹅，每只皮下注射 0.5 毫升抗小鹅瘟血清，保护率可达 90%以上。

（2）发病后措施。雏鹅群一旦发生小鹅瘟时，立即将未出现症状的雏鹅隔离出饲养场地，放在清洁无污染场地饲养，并且每只雏鹅皮下注射 0.5~0.8 毫升高效价抗血清，或 1~1.6 毫升卵黄抗体，在血清或卵黄抗体中可适当加入广谱抗生素。每只病雏鹅皮下注射高效价 1 毫升抗血清或 2 毫升卵黄抗体。患病仔鹅每 500 克体重注射 1 毫升抗血清或 2 毫升卵黄抗体；育雏舍每天消毒 1 次，以杀死鹅舍中的病毒，并在饮水中添加多种维生素。

（二）鹅副黏病毒病

鹅副黏病毒病是由鹅副黏病毒引起的一种以消化道症状和病变为特征的急性传染病。本病对鹅危害较大，常引起大批死亡，尤其是雏鹅死亡率可达 95%以上。给养鹅业造成巨大的经济损失，是目前鹅病防治的重点。

【病原】鹅副黏病毒属副黏病毒科副黏病毒属，广泛存在于病鹅的肝脏、脾脏、肠管等器官内。在电子显微镜下观察，病毒颗粒大小不一，形态不规整，表面有密集纤突结构，病毒内部由囊膜包裹着螺旋对称的核衣壳，病毒颗粒大小平均直径为 120 纳米。分离的毒株接种 10 日龄发育鸡胚，均能迅速繁殖，通常鸡胚在接种后 2~3 天内死亡。病毒的抵抗力不强，干燥、日光及腐败容易使病毒死亡。在室温或较高的温度下，存活时间较短。尸体内的病毒在土壤中能存活 1 个月。存在尿囊液的病毒，在 0 ℃环境中能存活 1 年以上。常用消毒药物如 2%氢氧化钠溶液、3%苯酚溶液和 1%来苏儿溶液等，3 分钟内均能将病毒杀灭。

【流行特点】对各种年龄的鹅都具有较强的易感性，日龄愈小，发病率、死亡率愈高，雏鹅发病后常引起死亡。不同品种的鹅均可感染致病，对鸡亦有较强的易感性。发生本病的鹅群，其

附近尚未接种疫苗的鸡也可感染发病死亡。产蛋鹅感染后，可引起产蛋率下降。本病无季节性，一年四季均可发生，常引起地方性流行。

【临床症状】潜伏期一般为3~5天，日龄小的雏鹅2~3天，日龄大的鹅3~6天。患病鹅精神委顿、缩头垂翅、食欲减退或废绝、口渴、饮水量增加，排稀白色或黄绿色或绿色稀粪，行走无力，不愿下水，或浮在水面，随水漂游，喜卧，成年病鹅有时将头躲于翅下，严重者常见口腔流出水样液体。部分病鹅出现扭颈、转圈、仰头等神经症状，少数雏鹅发病后有甩头、咳嗽等呼吸道症状。雏鹅常在发病后2~3天内死亡，青年鹅、成年鹅病程稍长，一般为3~5天。

【病理变化】病死鹅机体脱水，眼球下陷，脚蹼常干燥。肝脏轻度肿大、瘀血，少数有散在坏死灶，胆囊充盈，脾脏轻度肿大，有芝麻大的坏死灶。成年病死鹅肌胃内较空虚，肌胃角质呈棕黑色或淡墨绿色，肌胃角质膜易脱落，角质膜下常有出血斑或溃疡灶，肠道黏膜有不同程度的出血，空肠和回肠黏膜常见散在性的青豆大小的淡黄色隆起的痂块，剥离后呈现出血面和溃疡灶，偶尔波及直肠黏膜；盲肠扁桃体肿大出血，少数病例盲肠黏膜出血，有少量隆起的小瘢块。偶见少数患鹅食道黏膜有少量芝麻大小的白色假膜。具有神经症状的病死鹅，脑血管充血。

【防治】对于本病目前尚无特殊的药物治疗。

（1）预防措施。

1）免疫接种。应用经鉴定的基因Ⅶ型毒株制备的、含高抗原量的灭活疫苗，有较高的保护率。种鹅免疫：在留种时应用鹅副黏病毒病油乳剂灭活苗进行一次免疫，产蛋前15天左右进行第二次免疫，再过3个月左右进行第三次免疫，每鹅每次肌内注射0.5毫升。在10日龄以内或15~20日龄进行首免，每雏鹅皮下注射0.3~0.5毫升鹅疫油乳剂灭活苗。首免后2个月左右进行

第2次免疫，每雏鹅肌内注射0.5毫升。也可用鹅疫灭活苗，或鹅副黏病毒病和鹅疫二联灭活苗进行免疫。抗血清（卵黄体）：在患病鹅群中使用，有一定效果。

2）调整饲料组成成分。患病期间减少全价饲料用量，增加青饲料（嫩牧草），让鹅群自由采食，暂停投喂带壳谷类饲料。

3）做好环境清洁卫生工作。做好鹅场和鹅舍的隔离、卫生，鹅舍和场地用1∶300稀释的双季铵盐络合碘液喷洒消毒，每天1次，连续7天。

（2）发病后措施。

1）用副黏病毒高免蛋黄液3毫升/只和10%西咪替丁注射液0.4毫升/只，分点胸肌注射，每天1次，连用2天。

2）鹅群按500千克体重计算，先以病毒唑20克、头孢氨苄10克、硫酸新霉素6克，加水100千克混饮，隔8小时后再以维生素C 25克、葡萄糖2千克，加水100千克溶解后让鹅自由饮用，以上给药方式每天1次，连用3天。

（三）鹅鸭瘟病（大头瘟或鸭病毒性肠炎）

鹅鸭瘟病是由鸭瘟病毒引起鹅的一种急性败血性传染病。鸭瘟的致病力较强，鹅在与病鸭密切接触时也会感染致病。其主要临床和病理特征为发高热、流泪、两脚麻痹无力，排绿色稀粪，常见病鹅头颈部肿大，食道黏膜有灰黄色坏死假膜或出血溃疡，泄殖腔黏膜出血或坏死。一旦鹅群感染发病后，能迅速传播，引起大批死亡。本病也成为养鹅地区一种重要的病毒性传染病。

【病原】鸭瘟病毒属于疱疹病毒，该病毒存在于病鸭的各个内脏器官、血液、分泌物和排泄物中，一般认为肝脏、脾脏和脑中的病毒含量最高。在电子显微镜下观察，病毒呈球状，大小在100纳米左右。病毒能够在9~14日龄发育鸭胚的绒毛尿囊膜上生长繁殖。接种病毒的鸭胚通常在7~9天死亡，亦能在发育的鸡胚、鹅胚及鸭胚成纤维细胞上繁殖，并产生细胞病变。本病毒不凝集红细胞，一般对热、干燥和普通消毒药都很敏感。病毒在56 ℃10分钟就被杀死，在50 ℃时需要90~120分钟才能使病毒灭活，而在室温条件下（22 ℃）其传染力能够维持30天，在氯化钙干燥的条件下，能维持9天，但病毒对低温的抵抗力较强，在-20 ℃经347天仍能使鸭发病。

【流行特点】一年四季均可发生，通常以春夏之际和秋天购销旺季时流行最严重。鸭群流动频繁，也易于疫病传播流行。任何品种和性别的鹅，对鸭瘟都有较高的易感性。在自然流行中，公鹅抵抗力较母鹅强，成年鹅尤其是产蛋母鹅，发病和死亡较严高，而1月龄以下的雏鹅，发病较少。多数感染发病的鹅是种鹅，少数是3~4月龄的肉用仔鹅，雏鹅亦未见发病。

传染源主要是病鸭鹅（病愈不久的带毒鸭鹅，至少带毒3个月）和潜伏期的感染鸭鹅。主要通过消化道感染，但也可通过呼吸道、交配和眼结膜感染，口服、滴鼻、泄殖腔接种、静脉注射、腹腔注射和肌内注射等人工感染途径均可使健康易感鸭鹅致病。所以，健康鹅与病鸭同群放牧均能发生感染，病鸭的排泄物污染的饲料、水源、用具和运输工具，以及鸭舍周围的环境，都有可能造成鹅鸭瘟病的传播。某些野生水禽如野鸭和飞鸟，都能感染和携带病毒，成为本病传染源或传染媒介。此外，某些吸血昆虫也有可能传播本病。

【临床症状】潜伏期一般为3~5天，发病初期，病鹅精神委顿、缩颈垂翅，食欲减退或停食，渴欲增加，体温升高达43 ℃以上，高热稽留，全身体表温度增高，尤其是头部和翅膀最显著。病鹅不愿下水，行动困难甚至伏地不愿移动，强行驱赶时，步态不稳或两翅扑地勉强挣扎而行。走几步即行倒地，以致完全不能站立。畏光、流泪、眼睑水肿，眼睑周围羽毛沾湿或有脓性分泌物将眼睑粘连，甚至眼角形成出血性小溃疡。部分病鹅头颈部肿胀，病鹅鼻腔流出浆液性或黏液性分泌物，呼吸困难、叫声

嘶哑，下痢，排出灰白色或绿色稀粪，肛门周围的羽毛被沾污并结块，泄殖腔黏膜充血、出血、水肿，严重者黏膜外翻，可见黏膜表面覆盖一层不易剥离的黄绿色假膜。发病后期体温下降，病鹅极度衰竭死亡。急性病程一般为2~5天，慢的可以拖延一周以上，少数不死的转为慢性，仅有极少数病鹅可以耐过，一般都表现为消瘦、生长发育不良。

【病理变化】患典型鸭瘟的病死鹅皮下组织发生不同程度的炎性水肿，在头颈部肿大的病例，皮下组织有淡黄色胶冻样浸润。口腔黏膜主要是舌根、咽部和上腭部黏膜表面常有淡黄色假膜覆盖，剥离后露出鲜红色外形不规则的出血浅溃疡。食道黏膜的病变具有特征性。外观有纵行排列的灰黄色假膜覆盖或散在的出血点，假膜易刮落，刮落后留有大小不等的出血浅溃疡。有时腺胃与食道膨大部的交界处或与肌胃的交界处常见有灰黄色坏死带或出血带，腺胃黏膜与肌胃角质下层充血或出血。整个肠道发生急性卡他性炎症，以小肠和直肠最严重，肠集合淋巴滤泡肿大或坏死。泄殖腔黏膜的病变也具有特征性，黏膜表面有出血斑点和覆盖着一层不易剥离的黄绿色坏死结痂或溃疡。腔上囊黏膜充血、出血，后期常见有黄白色凝固的渗出物。心内外膜有出血斑点，心血凝固不良，气管黏膜充血，有时可见肺充血或出血、水肿。肝脏早期有出血斑点，后期出现大小不等的灰黄色的坏死灶，常见坏死灶中间有小点出血。胆囊充盈，有时可见黏膜出现小溃疡。脾脏一般不肿大，颜色变深，常见有出血点和灰黄色的坏死点。产蛋母鹅的卵巢亦有明显病变，卵泡充血、出血或整个卵泡变成暗红色。

【防治】目前该病尚无特殊的药物治疗，必须采用综合防治措施。

（1）预防措施。

1）严格执行卫生防疫制度，注意饲养场的卫生消毒工作，

禁止鹅群与受感染的鸭群接触，以杜绝和减少传染来源。加强饲养管理，注意环境卫生，在日粮中注意添加多种维生素和矿物质，以增强机体的抗病力。

2）免疫接种。在 20~30 日龄肌内或皮下注射鸭瘟疫苗，每只 0.5 毫升。

（2）发病后措施。发现病鹅应停止放牧，隔离饲养，以防止病毒传播扩散，并立即对鹅群紧急预防注射鸭瘟疫苗，做到注射一只鹅换一个针头。

（四）禽流感（禽流行性感冒）

禽流感是由 A 型流感病毒引起多种家禽和野禽感染的一种传染性综合征，是严重危害禽类的一种流行性病毒性疾病。鹅、鸭、鸡等家禽及野生禽类均可发生感染，禽类中对鸡尤其是火鸡危害最为严重，常引起感染致病，甚至导致大批死亡，有的死亡率可高达 100%，鹅亦能感染致病或死亡，产蛋鹅感染后，可引起卵泡变性，产蛋率下降，产生卵黄性腹膜炎和输卵管炎。本病在世界上许多国家和地区都曾发生流行过，给养禽业造成了巨大的经济损失。

【病原】A 型流感病毒属正黏病毒科流感病毒属。流感病毒具有多形性，病毒颗粒呈丝状或球状，直径 80~120 纳米。病毒能凝聚鸡和某些哺乳动物的红细胞，能在发育的鸡胚上生长，有些毒株接种鸡胚尿囊腔，可以使鸡胚死亡，并引起鸡胚皮肤和肌肉充血和出血，有些禽流感病毒能在鸡肾细胞和鸡成纤维细胞上生长。

目前在全世界包括鹅在内的各种家禽和野生禽类中，已分离到上千株禽流感病毒，并已证明家养或舍饲禽类感染后可表现为亚临床症状、轻度呼吸系统疾病和产蛋率下降或引起急性全身致死性疾病。

在自然条件下，禽流感病毒存在于禽类的鼻腔分泌物和粪便

中，由于受到有机物的保护，病毒具有极强的抵抗力。据有关资记载，粪便中病毒的传染性在 4 ℃可保持 30~35 天之久，20 ℃可存活 7 天，在羽毛中存活 18 天，在干骨头或组织中存活数周，在冷冻的禽肉和骨髓中可存活 10 个月。在自然环境中特别是凉爽和潮湿的条件下可存活很长时间，常可以从水禽的体内和池塘中分离到禽流感病毒。禽流感病毒对乙醚、氯仿、丙酮等有机溶剂敏感，不耐热，常用的消毒药能将其灭活。禽流感病毒的致病力差异很大，在自然情况下，有些毒株的致病性较强，发病率和死亡率均较高，有些毒株仅引起轻度的呼吸道症状。

【流行特点】一年四季都可能发生，以冬、春季最常见。天气变化大、相对湿度高时发病率较高。各龄期的鹅都会感染，尤以 1~2 个月龄的仔鹅最易患病。

【临床症状】发病时鹅群中先有几只出现症状，1~2 天后波及全群，病程 3~15 天。病仔鹅废食，离群，羽毛松乱，呼吸困难，眼眶湿润；下痢，排绿色粪便，出现跛行扭颈等神经症状；脚干脱水，头冠部、颈部明显肿胀，眼睑、结膜充血、出血，又叫红眼病，舌头出血。育成期鹅和种鹅也会感染，但其危害性要小一些。病鹅生长停滞，精神不振，嗜睡，肿头，眼眶湿润，眼睑充血或高度水肿向外突出，呈金鱼眼状。病程长的仅表现出单侧或双侧眼睑结膜混浊，不能康复。发病的种鹅产蛋率、受精率均急剧下降，畸形蛋增多。而产蛋母鹅主要表现为食欲减退，下痢，产蛋率下降。

【病理变化】剖检可见病死鹅鼻腔和眼下窦充有浆液或黏液性分泌物。慢性病例的窦腔内见有干酪样分泌物，鼻腔、喉头及气管部膜充血，气囊混浊，轻度水肿，呈纤维素性气囊炎。剖检成年母鹅可见腺胃黏膜和肠黏膜出血，卵泡变性，卵膜充血、出血，严重的可见卵黄破裂，产生卵黄性腹膜炎，输卵管内有凝固的卵黄蛋白碎片。

【防治】

(1) 预防措施。

1) 平时加强幼鹅的饲养管理，注意鹅舍的通风干燥、温度、湿度及鹅群饲养密度，以提高机体的抗病力。对于水面放养的鹅群，应注意防止和避免野生水禽污染水源而引起感染。

2) 免疫接种。雏鹅14~21日龄时，用H5N1亚型禽流感灭活疫苗进行初免；间隔3~4周，再用H5N1亚型禽流感灭活疫苗进行一次加强免疫，以后根据免疫抗体检测结果，每隔4~6个月用H5N1亚型禽流感灭活疫苗免疫一次。商品肉鹅7~10日龄时，用H5N1亚型禽流感灭活疫苗进行一次免疫，第一次免疫后3~4周，再用H5N1亚型禽流感灭活疫苗进行一次加强免疫。散养鹅春、秋两季用H5N1亚型禽流感灭活疫苗各进行一次集中全面免疫，每月定期补免。

(2) 发病后措施。

1) 注射高免血清。肌内或皮下注射禽流感高免血清，小鹅每只2毫升、大鹅每只4毫升，对发病初期的病鹅效果显著，见效快；高免蛋黄液效果也好，但见效稍慢。

2) 药物治疗。250毫克/千克病毒灵或利巴韦林（病毒唑）、50毫克/升金刚烷胺饮水，对控制死亡率有一定作用，需连续用药5~7天。为防止继发感染，抗病毒药要与其他抗菌药同时使用，若能配合使用解热镇痛药、维生素和电解质，效果更好。中药凉茶廿四味加柴胡、黄芩、黄芪，煎水给鹅群饮用，对禽流感的预防和治疗有较好的效果。饮水前鹅群先停水2小时，再把中药液投于饮水器中供饮用6小时，每天1次，连用3天。病情较长时要在药方中加党参、白术。

(五) 新型病毒性肠炎

新型病毒性肠炎是由新型腺病毒（A型腺病毒）引起的主要侵害40日龄以内的雏鹅，致死率高达90%以上的一种急性传染病。

【病原】新型腺病毒是呈球形或略呈椭圆形、无囊膜、直径70~90纳米的病毒粒子，且病毒衣壳结构清晰。对乙醚、氯仿、脱氧胆酸、胰蛋白酶、2%苯酚和5%乙酸等脂溶剂具有抵抗力，可耐受pH值为3~9，在1∶1 000浓度甲醛中可被灭活，可被DNA抑制剂5-碘脱氧尿嘧啶和5-溴脱氧尿嘧啶所抑制。

【流行特点】主要发生于3~40日龄的雏鹅，发病率为10%~50%，致死率可达90%以上。其死亡高峰期为10~18日龄，病程为2天，有的长达5天以上。成年鹅感染后无临床症状。

【临床症状】病鹅表现为精神沉郁或打瞌睡，病情传播迅速，患病雏鹅腿麻痹，不愿走动，食欲减退或废绝。病鹅叫声嘶哑，羽毛蓬松，泄殖腔周围常常沾满粪便。病鹅排出的粪便呈水样，其间夹杂黄绿色或灰白色黏液物质，个别因肠道出血严重，排出淡红色粪便。病鹅行走摇晃，间歇性倒地，抽搐，两脚朝天划动，最后因严重脱水而衰竭死亡，多呈角弓反张状态。患病雏鹅恢复后，常常表现为生长发育迟缓，给养鹅业造成了严重的经济损失。

【病理变化】剖检死亡病鹅，除了见肠道有明显的病理变化外，其他脏器无肉眼可见的病理变化。急性死亡只能见到直肠、盲肠充血肿大及轻微出血；亚急性死亡则除了肠道有较多的黏液外，泄殖腔膨胀、充满白色稀薄的内容物，明显的病变表现为小肠外观膨大，比正常大1~2倍，内为包裹有淡黄色假膜的凝固性栓塞。有栓塞物处的肠壁菲薄透明，无栓塞的肠壁则严重出血。

程安春等报道，亚急性死亡病鹅的病理变化主要包括：十二指肠上皮细胞完全脱落，固有膜充满大量的红细胞，有的固有膜水肿，内有大量的淋巴细胞浸润。肠腺细胞空泡变性，坏死，结构散乱。有的十二指肠为典型的纤维素性坏死性肠炎，肠绒毛绝大部分脱落，分离面平整，肠中有大量纤维素、炎性细胞、细菌等，严重的病例固有膜也坏死、脱落；肠腔中充满大量脱落、坏

死的上皮细胞、纤维素等；回肠的绒毛顶端上皮坏死、脱落，胰腺细胞肿胀、空泡变性、结构散乱，有的轮廓消失，有的有大量结缔组织增生，严重的回肠也为典型的纤维素性坏死性肠炎；肝脏局部充血，轻度的颗粒变性，部分脂肪变性；其他脏器则无明显的病理变化。

【防治】本病目前尚无有效的治疗药物，重在预防。

(1) 预防措施。

1）隔离卫生。关键是不从疫区引进种鹅和雏鹅，在有该病发生流行的地区，必须采用疫苗进行免疫和高免血清进行防治。平时一定要坚持做好清洁、卫生、消毒、隔离工作。

2）免疫接种。种鹅免疫：在种鹅开产前1个月采用雏鹅新型病毒性肠炎-小鹅瘟二联弱毒疫苗进行2次免疫，在5~6个月内可使其种蛋孵出的雏鹅获得母源抗体保护，不发生雏鹅新型病毒性肠炎和小鹅瘟，这是目前预防该病最有效的方法。雏鹅免疫：对1日龄雏鹅，采用雏鹅新型病毒性肠炎弱毒疫苗口服免疫，第3天即可产生部分免疫，第5天即可产生100%免疫。

3）高免血清防治。对1日龄雏鹅，采用雏鹅新型病毒性肠炎高免血清或雏鹅新型病毒性肠炎-小鹅瘟二联高免血清，每只皮下注射0.5毫升即可有效控制该病发生。

(2) 发病后措施。发病的雏鹅，尽快采用雏鹅新型病毒性肠炎高免血清或雏鹅新型病毒性肠炎-小鹅瘟二联高免血清，每只皮下注射1.0~1.5毫升，治愈率可达60%~80%。在采用血清防治的同时，可适当选用维生素E、维生素C进行辅助防治，能有效地防治并发症的发生，有利于安全生产。

（六）鹅大肠杆菌病（鹅蛋子瘟）

鹅的大肠杆菌病是由几个不同血清型致病性大肠杆菌所致的产蛋鹅生殖器官疾病。主要发生于成鹅，但近年来育成鹅也时有发生。本病的特征是输卵管感染发炎，卵黄破裂，卵泡变形、变

性，最后发展为弥漫性卵黄性腹膜炎。

【病原】常见的致病血清型的大肠杆菌有 QK89、QKI、O7KI、O141、K85、Q39 等血清型。本菌在自然界分布甚广，在污染的土壤、垫草、禽舍内等处均可发现此病原菌，从病鹅的变性卵泡和腹腔渗出物中及在发病鹅群的公鹅外生殖器官病灶中都可以分离出该病原菌。本菌对外界环境抵抗力不强，一般常用的消毒药即可杀灭本菌。

【流行特点】本病的发生与不良的饲养管理有密切关系，天气寒冷、气温骤变、青饲料不足、维生素 A 缺乏、鹅群过度拥挤、闷热、长途运输等因素，均能促进本病的发生和传播。主要经消化道感染，雏鹅发病常与种蛋污染有关。成年母鹅群感染发病时，一般是产蛋初期零星发生，至产蛋高峰期发病最多，产蛋停止后本病也停止发生。流行期间常造成多数病鹅死亡。公鹅感染后，虽很少出现死亡，但可通过配种而传播本病。

【临床症状】

（1）急性效血型。各种年龄的鹅都可发生，但以 7~45 日龄鹅较易感。病鹅精神沉郁，羽毛松乱，怕冷，常挤成一堆，不断尖叫，体温升高，比正常鹅高 1~2 ℃。粪便稀薄而恶臭，混有血丝、血块和气泡，肛周沾满粪便，食欲废绝，渴欲增加，呼吸困难，最后因衰竭窒息而死亡，死亡率较高。

（2）母鹅大肠杆菌性生殖器官病。母鹅在产蛋后不久，部分产蛋母鹅表现精神不振，食欲减退，不愿走动，喜卧，常在水面漂浮或离群独处，气喘，站立不稳，头向下弯曲，嘴触地，腹部膨大。排黄白色稀便，肛门周围沾有污秽发臭的排泄物，其中混有蛋清、凝固的蛋白或卵黄小块。病鹅眼球下陷，喙、蹼干燥，消瘦，呈现脱水症状，最后因衰竭而死亡。即使有少数鹅能自然康复，也不能恢复产蛋。

（3）公鹅大肠杆菌性生殖器官病。主要表现阴茎红肿、溃

疡或结节。病情严重的，阴茎表面布满绿豆粒大小的坏死灶，剥去痂块即露出溃疡灶，阴茎无法收回，丧失交配能力。

【病理变化】败血型病例主要表现为纤维素性心包炎、气囊炎、肝周炎。成年母鹅的特征性病变为卵黄性腹膜炎，腹腔内有少量淡黄色腥臭混浊的液体，常混有损坏的卵黄，各内脏表面覆盖有淡黄色凝固的纤维素渗出物，肠系膜互相粘连，肠浆膜上有小出血点。公鹅的病变仅局限于外生殖器，阴茎红肿，上有坏死灶和结痂。

【防治】

（1）预防措施。

1）注意保持鹅舍的清洁卫生、通风良好、密度适宜，加强饲养管理和消毒等；对公鹅生殖器官逐只检查，发现有病变的公鹅应立即剔除淘汰，以防止传播本病。

2）免疫接种。在本病流行的地区，可采用鹅蛋子瘟氢氧化铝灭活菌苗预防接种，在开产前 1 个月，每只成年公母鹅每次胸部肌内注射 1 毫升，每年 1 次。如无此预防疫苗，可在母鹅开始产蛋后即喂服呋喃唑酮，每只母鹅每天给药 15~20 毫克，连喂 2~3 天，每月至少 1 次，3 个月后停喂。

（2）发病后的措施。发病鹅群采用药物治疗效果较好。用 0.04%浓度的痢特灵拌料饲喂，连续 3~4 天，可使大部分轻病母鹅恢复；或使用阿米卡星或氟苯尼考 8~10 克/100 千克混饮 4~5 天，但大肠杆菌的耐药性非常强。因此，应根据药敏试验结果，选用敏感药物进行治疗和预防。

（七）禽出血性败血病（禽巴氏杆菌病或禽霍乱）

禽出血性败血症是由多杀性巴氏杆菌引起的鸡、鸭、鹅等家禽的一种急性败血性传染病，具有高度发病率和死亡率。病理特征为全身浆膜和黏膜有广泛的出血斑点，肝脏有大量坏死病灶。慢性型主要表现为关节炎。

【病原】多杀性巴氏杆菌分为A、B、D和E四种荚膜血清型，对家禽致病的主要是A型（禽型），D型少见。菌体呈卵圆形或短杆状，单个、成对排列，偶尔也排列成链状。本菌长0.6~2.5微米，宽0.25~0.4微米。革兰氏染色为阴性小杆菌，不形成芽孢，无鞭毛，不能运动，用亚甲蓝、瑞氏或姬姆萨染色，菌体两端着色深，呈明显的两极染色，在显微镜下比较容易识别。在急性病例很容易从病禽的血液、肝、脾等器官中分离到病原菌。新分离的菌株具有荚膜，但经过人工培养基继代后很快消失。

本菌对青霉素、链霉素、土霉素、氟哌酸、氯霉素及磺胺类药物等都具有敏感性；本菌对一般消毒药的抵抗力不强，如5%石灰乳、1%~2%漂白粉水溶液或3%~5%煤酚皂溶液在数分钟内很快将其杀灭。病菌在干燥空气中2~3天死亡，在血液、分泌物及排泄物中能生存6~10天；在死鹅体内，可生存1~3月之久；高温下立即死亡。

【流行特点】鹅、鸭、鸡最为易感，而且多呈急性经过，鹅群发病多呈流行性，病鹅和带菌鹅及其他病禽是本病的传染源。病鹅的排泄物和分泌物中，带有大量病菌，污染饲料、饮水、用具和场地等，会导致健康鹅染病。饲养管理不良，长途运输，天气突变和阴雨潮湿等因素都能促进本病的发生和流行。

【临床症状】潜伏期2小时~5天。按病程长短一般可分为最急性、急性和慢性三型。最急性型常见于本病暴发的最初阶段，无明显症状，常在吃食时或吃食后突然倒地，迅速死亡。有时见母鹅死在产蛋窝内。有的晚间一切正常，吃得很饱，次日口鼻中流出白色黏液，并常有下痢，排出黄色、灰白色或淡绿色的稀粪，有时混有血丝或血块，味恶臭，发病1~3天死亡。慢性型，多发生在本病的流行后期，病鹅日趋消瘦、贫血，腿关节肿胀和化脓、跛行，最后消瘦衰竭而死。少数病鹅即使康复，也生

长迟缓。

【病理变化】最急性型病变不明显。急性型，皮肤（尤其是腹部）出现紫绀；心外膜和心冠脂肪有出血点；肝肿大、质脆，表面有灰白色针尖大小的坏死点等特征性病变。胆囊多数肿大。肠道十二指肠和大肠黏膜充血和出血最严重，并有卡他性炎症。肺充血和出血。慢性型常见鼻腔和鼻窦内有多量黏性分泌物，关节肿大变形，个别可见卵巢充血。

【防治】

（1）预防措施。

1）养鹅场应建立和健全严格的饲养管理和卫生防疫制度。由外地购入的雏鹅必须加强检疫，以防疫病传播。

2）免疫接种。在本病常发地区，应定期进行预防注射。目前使用的有禽霍乱氢氧化铝菌苗和禽霍乱弱毒活菌苗，但效果还都不够理想，一般免疫期为5~6个月，保护率为60%~70%。应用发病场的病料制成自家灭活菌苗进行免疫接种，常可获得较好的免疫效果。发生本病时，应及时采取隔离治疗、扑杀病鹅和消毒等有效措施，尽快扑灭疫情。

（2）发病后的措施。使用敏感药物进行治疗。

1）磺胺类药物。磺胺嘧啶、磺胺二甲嘧唑、磺胺异噁唑，按0.4%~0.5%混于饲料中喂服，或用其钠盐配成0.1%~0.2%水溶液饮服，连喂3~5天。磺胺二甲氧嘧啶、磺胺喹噁啉，按0.05%~0.1%混于饲料中喂服。复方新诺明按0.02%混于饲料中也有良好的防治效果。

2）抗生素。成年鹅每只肌内注射10万单位青霉素或链霉素，每天2次，连用3~4天。用青霉素、链霉素同时治疗，效果更佳。土霉素按每千克体重40毫克或氯霉素20毫克给病鹅内服或肌内注射，每天2~3次，连用1~2天。大群治疗时，用土霉素按0.05%~0.1%比例混于饲料或饮水中，连用3~4天。

（3）喹乙醇。按每千克体重 20~30 毫克拌料喂用 3~5 天，疗效良好。

（八）禽副伤寒

禽副伤寒是由除鸡白痢和鸡伤寒沙门菌以外的其他沙门菌引起鹅的一种急性或慢性传染病。主要发生在幼鹅、幼鸭、幼鸡、幼鸽等幼小家禽，可以引起幼禽大批死亡，成年家禽往往是慢性或隐性感染，成为带菌者。这一类细菌危害甚大，常引起人类食物中毒，在公共卫生上有重要意义。本病在世界分布广泛，几乎所有的国家都有本病存在。

【病原】沙门菌属的细菌种类很多，目前从禽体和蛋品中分离到的沙门菌已达 130 多种。沙门菌为革兰氏阴性小杆菌，菌体长为 1~3 微米，宽为 0.4~0.6 微米，具有鞭毛（鸡白痢和鸡伤寒沙门菌除外），无芽孢，能运动。为兼性厌氧菌，能在多种培养基上生长。引起禽副伤寒的沙门菌常见的有 6~7 种，最主要的是鼠伤寒沙门菌（约占 50%），其他如肠炎沙门菌、鸭沙门菌、汤卜逊沙门菌等，均有较多的报道。病原菌的种类常因地区和家禽种类的不同而有差别。

沙门菌的抵抗力不是很强，对热和多数常用消毒剂都很敏感，一般的消毒药能很快杀灭，在 60 ℃10 分钟即行死亡。而病原菌在土壤、粪便和水中生存时间较长，土壤中的鼠伤寒沙门菌至少可以生存 280 天，鸭粪中的沙门菌能够存活 28 周，池塘中的鼠伤寒沙门菌能存活 19 天，在饮用水中也能生存数周至 3 个月之久。

【流行特点】常为散发性或地方性流行，不同种类的家禽（鹅、鸡、鸭、鸽、鹌鹑）和野禽（野鸡、野鸭等）及哺乳动物均可发生感染，并能互相传染，也可以传染给人类，禽副伤寒是一种重要的人畜共患病。幼龄的鹅对副伤寒非常易感，尤以 3 周龄以下的鹅易发生败血症而死亡，成年鹅感染后多成为带菌者。

鼠类和苍蝇等也是携带本菌的传播者。临床发病的鹅和带菌鹅及污染本菌的畜禽副产品是本病的重要传染来源。禽副伤寒既可通过消化道等途径水平传播，也可通过卵垂直传播。

【临床症状】发病率和死亡率取决于雏鹅群感染的程度和饲养环境。雏鹅感染副伤寒大多由带菌种蛋引起。2 周龄以内雏鹅感染后，常呈败血症经过，往往不显任何症状突然死亡。多数病例表现嗜睡、呆钝、畏寒、垂头闭眼、两翅下垂、羽毛松乱、颤抖、厌食、饮水增加、眼和鼻腔流出清水样分泌物、泻痢、肛门常有稀粪黏糊、体质衰弱、动作迟钝不协调、步态不稳、共济失调、角弓反张，最后抽搐死亡。少数慢性病例可能出现呼吸道症状，表现呼吸困难、张口呼吸。亦有病例出现关节肿胀。

3 周龄以上的鹅很少出现急性病例，常成为慢性带菌者，如继发其他疾病，可使病情加重，加速死亡。成年鹅一般无临床体征或间有大便拉稀，往往成为带菌者。

【病理变化】初生幼雏的主要病变是卵黄吸收不良和脐炎，俗称“大肚脐”，卵黄黏稠，色深，肝脏轻度肿大。日龄稍大的雏禽常见肝脏肿大，呈古铜色，表面有散在的灰白色坏死点。有的病例气囊混浊，常附有淡黄色纤维素的团块，亦有表现心包炎、心肌有坏死结节的病例。脾脏肿大、色暗淡，呈斑驳状，肾脏色淡，肾小管内有尿酸盐沉着，输尿管稍扩展，管内亦有尿酸盐，最典型的病变是盲肠肿胀，呈斑驳状。盲肠内有干酪样物质形成的栓塞，肠道黏膜轻度出血，部分节段出现变性或坏死。少数病例腿部关节炎性肿胀。

【防治】

(1) 预防措施。加强鹅群的环境卫生和消毒工作，地面的粪便要经常清除，防止沾污饲料和饮水。雏禽和成年禽分开饲养，防止直接或间接地接触。种蛋外壳切勿沾污粪便，孵化前应进行必要的消毒。

（2）发病后的措施。常用的抗生素也可防治，如氟哌酸、多西环素按每千克饲料加 100 毫克拌料饲喂。严重的可结合注射庆大霉素，20 日龄的雏鹅每只肌内注射 3 000~5 000 单位，连续 3~5 天可使疾病得到控制。

（九）小鹅流行性感冒（小鹅流感）

小鹅流行性感冒是由鹅流行性感冒志贺氏杆菌引起的发生在大群饲养场中的一种急性、败血性的传染病。本病常发生在半月龄后的雏鹅。雏鹅的死亡率一般为 50%~60%，有时高达 90%~100%。

【病原】鹅流行性感冒志贺氏杆菌只对鹅尤其是对雏鹅的致病力最强，对鸡、鸭都不致病。

【流行特点】春秋两季常发，可能是由于病原菌污染了饲料和饮水而引起发病。

【临床症状】初期可见病鹅鼻腔不断流清涕，有时还流眼泪，呼吸急促，并时有鼾声，甚至张口呼吸。由于分泌物对鼻孔的刺激和机械性阻塞，为尽力排出鼻腔黏液，常强力摇头，头向后弯，把鼻腔黏液甩出去。因此，在病鹅身躯前部羽毛上有鼻黏液。整个鹅群都有鼻黏液，因而体毛潮湿。鹅发病后即缩颈闭目，体温升高，食欲逐渐减退，后期头脚发抖，两脚不能站立。死前出现下痢，病程 2~4 天。

【病理变化】鼻腔有黏液，气管、肺气囊都有纤维素性渗出物。脾肿大突出，表面有粟粒状灰白色斑点。有些病例出现浆液性纤维素性心包炎，心内膜及心外膜出血，肝有脂肪性病变。

【防治】

（1）预防措施。平时应加强对鹅群的饲养管理，饲养密度要适当，特别对 1 月龄以内的雏鹅，更要注意防寒保暖，经常保持鹅舍干燥和场地、垫草的清洁卫生。

（2）发病后措施。可选用药物治疗。青霉素，每只雏鹅胸部肌内注射2万~3万单位，每天两次，连用2~3天。或氯霉素，每只雏鹅肌内注射15~30毫克，每天两次，连用2天。或磺胺噻唑钠，每千克体重每次0.2克，8小时1次，连用3天，肌内注射、静脉注射均可，或按0.2%~0.5%的比例拌于饲料中喂给。或磺胺嘧啶，第一次口服1/2片（0.25克），每隔4小时服1/4片。

（十）曲霉菌病

鹅曲霉菌病是由曲霉菌引起鹅的一种常见真菌病。主要侵害雏鹅，多呈急性，发病率较高，造成大批死亡。成年鹅多为个别散发。曲霉菌能产生毒素，使动物痉挛、麻痹、组织坏死和致死。

【病原】病原主要是烟曲霉菌，其他如黄曲霉菌、黑曲霉菌等都有不同程度的致病力。曲霉菌的气生菌丝一端膨大形成顶囊，上有放射状排列小梗产生的分生孢子，形如葵花状。曲霉菌的孢子抵抗力很强，煮沸后5分钟才能杀死，常用的消毒剂有5%甲醛、苯酚、过氧乙酸和含氯消毒剂。

【流行特点】曲霉菌和它所产生的孢子，在鹅舍地面、空气、垫料及谷物中广泛存在。各种禽类易感，以幼禽的易感性最高，常为急性和群发性，成年禽为慢性和散发。环境条件不良，如鹅舍矮小潮湿，空气污浊，高温高湿，通气不良，鹅群拥挤及营养不良、卫生状况不好等，更易造成本病的发生和流行。

【临床症状】病鹅主要表现为食欲减退或停食，精神委顿，眼半闭，缩颈垂头，呼吸困难，喘气，呼气时抬头伸颈，有时甚至张口呼吸，并可听到“鼓鼓”沙哑的声音，但不咳嗽。少数病鹅鼻、口腔内有黏液性分泌物，鼻孔阻塞，故常见“甩鼻”。表现为口渴，后期下痢，最后倒地，头向上向后弯曲，昏睡不起，以致死亡。雏鹅发病多呈急性，在发病后2~3天内死亡，

很少延长到5天以上。慢性者多见于大鹅。

【病理变化】病死鹅的主要特征性病变在肺部和气囊。肉眼明显可见肺、气囊中有一种针头大小乃至米粒大小的浅黄色或灰白色颗粒状结节。肺组织质地变硬，失去弹性切面可见大小不等的黄白色病灶。气囊壁增厚混浊，可见到成团的霉菌斑，坚韧而有弹性，不易压碎。

【防治】

(1) 预防措施。改善饲养管理，搞好鹅舍卫生，注意防霉是预防本病的主要措施。雏鹅入舍前，育雏舍使用福尔马林熏蒸消毒，入舍后定期消毒。不使用发霉的垫草，严禁饲喂发霉饲料。垫草要经常更换、翻晒，尤其在梅雨季节，要特别注意防止垫草和饲料霉变。注意鹅舍的通风换气，保持舍内干燥卫生。

(2) 发病后的措施。对发病鹅群应立即更换垫料或停喂发霉饲料，清扫和消毒鹅舍；本病治疗无特效药物。可试用制霉菌素，剂量为每只雏鹅口服2万~5万单位，连用3~5天；或每升饮水加碘化钾5~10克，有一定的疗效。也可试用0.03%硫酸铜溶液饮水。饲料中加入0.05%土霉素或链霉素饮水（每只1万单位），可以防止继续感染，在短期内减少发病和死亡。

（十一）鹅口疮（禽念珠菌病或消化道真菌病）

鹅口疮主要是由白色念珠菌所致家禽上消化道的一种霉菌病。主要发生在鹅和火鹅。其特征为口腔、喉头、食道等上部消化道黏膜形成伪膜和溃疡。

【病原】白色念珠菌为类酵母菌，在自然条件下广泛存在，在健康的畜禽及人的口腔、上呼吸道等处寄生。在病变组织及普通培养基中皆产生芽孢及假菌丝。出芽细胞呈卵圆形，革兰氏染色阳性，兼性厌氧菌。

【流行特点】主要发生在幼龄的鸡、鸭、鹅、火鸡和鸽等禽类。幼龄的发病率和死亡率都比成龄的高。病禽粪便中含有大量

病菌，可污染饲料、垫料、用具等环境，通过消化道传染，黏膜损伤有利于病菌侵入。也可通过蛋壳传染。鹅舍内过分拥挤、闷热不通风、不清洁等，饲料配合不当，维生素缺乏及天气湿热等，都会导致鹅抵抗力降低，促使本病发生和流行。

【临床症状】病鹅生长缓慢，食欲减退，精神委顿，羽毛松乱，口腔内、舌面可见溃疡坏死，吞咽困难。

【病理变化】食道膨大部黏膜增厚，表面为灰白色圆形隆起的溃疡，黏膜表面常有伪膜性斑块和易剥离的坏死物。口腔黏膜上病变呈黄色豆渣样。

【防治】

(1) 预防措施。加强饲养管理，做好鹅舍内外的卫生工作，防止维生素缺乏症的发生。在此病的流行季节，可饮用 1∶2 000 硫酸铜溶液。

(2) 发病后的措施。及时隔离病鹅，进行全面消毒；使用制霉菌素，按病鹅每千克体重用药 20 万单位、30 万单位、60 万单位（最好用 30 万单位），加少量酸牛奶，每天两次，连服 10 天；或使用硫酸铜，饮水中加入 1∶2 000 硫酸铜，连喂 7 天。

二、寄生虫病

(一) 鹅球虫病

球虫病是一种常见的家禽原虫病。鹅、鸭、鸡都能感染本病。对幼禽的危害特别严重，暴发时可导致鹅大批死亡。

【病原】鹅球虫有 15 种，分别属于两个属，即艾美耳属和泰泽属。其中以艾美耳球虫致病力最强，它寄生在肾小管上皮，使肾组织遭到严重破坏。3 周龄至 3 月龄的幼鹅最易感，常呈急性经过，病程 2～3 天，死亡率较高，其余 14 种球虫均寄生于肠道，它们的致病力变化很大，有些球虫种类（如鹅球虫）会引起严重发病；而另一些种类单独感染时，无危害，但混合感染时

就会严重致病。

【临床症状】急性者在发病后 1~2 天死亡。多数病鹅开始甩头，并有食物从口中甩出，口吐白沫，头颈下垂，站立不稳。腹泻，粪便带血呈红褐色，泄殖腔松弛，周围羽毛被粪便污染。病程长者，食欲减退，继而废绝，精神委顿，缩颈翅下垂，落群，粪稀或有红色黏液，最后衰竭死亡。

【病理变化】患肾球虫病的病鹅，可见肾肿大，由正常的红褐色变为淡黄色或红色，有出血斑和针尖大小的灰白色病灶或条纹，于病灶中也可检出大量的球虫卵囊。胀满的肾小管中含有将要排出的卵囊、崩解的宿主细胞和尿酸盐，使其体积比正常的增大 5~10 倍。肠球虫病可见小肠肿胀，肠黏膜增厚，出血和糜烂。肠腔内充满红褐色的黏稠物，小肠的中段和下段可见到黏膜上有白色结节或糠麸样的伪膜覆盖。取伪膜压片镜检，可发现大量的球虫卵囊。

【防治】

（1）预防措施。

1）加强卫生管理，鹅舍应保持清洁干燥，定期清除粪便，定期消毒。在小鹅未产生免疫力之前，应避开含有大量卵囊的潮湿地区。

2）药物预防。氯苯胍按 30~60 毫克/千克混入饲料中连续服用，可以预防本病暴发。氨丙啉、球虫净或球痢灵，均按 0.012 5%浓度混入饲料，连续用药 30~45 天或交替用药可以预防球虫病的发生。

（2）发病后的处理措施。使用氯苯胍、氨丙啉、球虫净或球痢灵等药物治疗，药量为预防量加倍，连续使用 5~7 天。

（二）鹅矛形剑带绦虫病

矛形剑带绦虫主要寄生于鹅。对鹅的生长发育、增重育肥和产蛋危害很大。据调查统计，鹅的平均感染率为 35%~37.5%，

如果是专业场（户）的群鹅感染后寄生率更高。

【病原】矛形剑带绦虫虫体扁平、分节，呈带状，雌雄同体，缺乏口和特有的消化器官，完全从宿主消化道的内容物中吸收营养。绦虫的中间宿主是各种甲壳动物如剑水蚤。虫卵或孕卵节片随鹅粪便排出体外，被剑水蚤吞食，大约经过 6 周的发育变为似囊尾蚴。鹅由于吞食了带有似囊尾蚴的剑水蚤而受到感染。本病多发于夏季和晚春放牧季节，呈地方性流行。

【临床症状】鹅被该虫寄生后，虫体产生毒素和吸取营养，会使小肠壁受损，引起出血性炎症，严重影响消化功能。如有大量绦虫寄生，还可以堵塞肠道。因此，病鹅症状是食欲减退，生长发育迟缓，贫血，拉稀，消瘦，时常伸颈张口，离群呆立。最后极度贫血瘦弱而死亡。

【病理变化】可见有大量虫体堵塞肠道。由于绦虫吸附在肠壁上，肠黏膜发炎受损，水肿出血，并见有灰黄色结节。

【防治】

（1）预防措施。

1）在本病流行区，成年鹅每年春秋两季各驱虫 1 次。幼鹅应在放牧后 20 天内全群驱虫 1 次。驱虫投药后 24 小时内，应把鹅群圈养起来，把粪便收集堆积发酵，以杀死排出的虫体，防止再传播。消灭中间宿主。

2）饲喂富含蛋白质和维生素的饲料，以增强鹅体抗病能力；幼鹅容易感染绦虫病，应与成年鹅分开饲养。

（2）发病后的措施。应用硫双二氯酚（别丁），剂量为每千克体重 150~200 毫克，1 次口服效果最好。吡喹酮，用量为每千克体重 10 毫克，拌入饲料中 1 次喂服。抗蠕敏（丙硫苯咪唑），按每千克体重 20 毫克的剂量 1 次投服（如有中毒反应的，可用阿托品 0.1~0.3 毫升，肌内或皮下注射即可恢复，个别恢复慢的，可隔2~4 小时再重复用药 1 次）。

（三）鹅嗜眼吸虫病

鹅嗜眼吸虫是寄生在鹅眼结膜上的一种外寄生虫病。能引起鹅（鸭也能感染）的眼结膜、角膜水肿发炎。流行地区的鹅群致病率平均为35%左右。

【病原】病原常见的种类为涉禽嗜眼吸虫。虫卵随眼分泌物排出，遇水孵化出毛蚴，毛蚴进入适宜的螺蛳体内，发育成尾蚴，尾蚴可在螺蛳体外壳的体表或其他固体物质的表面形成尾蚴。鹅因吞食含囊蚴的螺蛳等而感染。囊蚴在口腔和食道内脱囊，逸出童虫，在5天内经鼻泪管移行到结膜囊内，约经1个月发育成熟。涉禽嗜眼吸虫可寄生在鹅、鸡、火鸡、孔雀等禽类的体内。散养的成年鹅和鸭多见。

【临床症状和病理变化】早期病鹅症状不明显，仅见畏光流泪，食欲减退，时有摇头弯颈、有用脚搔眼等动作。观察鹅眼睛，可见眼睑水肿，眼部见有黄豆大隆起的泡状物，结膜呈网状充血，有出血点。少数严重病鹅可见角膜混浊溃疡，并有黄色块状坏死物突出于眼睑之外。虫体多数吸附于近内眼角瞬膜处。病鹅左右眼内虫体寄生多的有30余条，平均有7~8条。日久可见病鹅精神沉郁，消瘦，种鹅产蛋减少，最后失明，或并发其他疾病死亡。

【防治】应用75%乙醇溶液滴眼。由助手将鹅体及头固定，自己左手固定鹅头，右手用钝头金属细棒或眼科玻璃棒插入眼膜，向内眼角方向拨开瞬膜，用药棉吸干泪液后，立即滴入75%乙醇溶液4~6滴。用此法滴眼驱虫，操作简便，可使病鹅症状很快消失，驱虫率可达100%。

（四）鹅虱

【病原】鹅虱是鹅的一种体表寄生虫，体形很小，分为头、胸、腹三部分。鹅虱的全部生活史离不开鹅的体表。鹅虱产的卵常集合成块，黏着在羽毛的基部，依靠鹅的体温孵化，经5~8

天变成幼虱，在2~3周内经过几次蜕皮而发育为成虫。传播方式主要是鹅的直接接触传染，一年四季均可发生，冬季较严重。鹅虱啮食鹅的羽毛和皮屑，有的也吸食血液。

【临床症状】寄生严重时，鹅奇痒不安，羽毛脱落，食欲减退，产蛋下降，影响母鹅抱窝孵化，直至使鹅消瘦死亡。

【防治】

（1）预防措施。

1）对新引进的种鹅必须检疫，如发现有鹅虱寄生，应先隔离治疗，愈后才能混群饲养。

2）在鹅虱流行的养鹅场，栏舍、饲具等应彻底消毒。可用0.5%杀螟松和0.2%敌敌畏合剂，或以0.03%除虫菊酯和0.3%敌敌畏合剂进行喷洒。

（2）发病后处理措施。对病鹅可选用下列治疗方法：一是用0.5%敌百虫粉剂，或0.5%蝇毒磷粉剂喷撒于羽毛中，并轻轻搓揉羽毛使药物均匀分布。二是配制0.7%~1%的氟化钠水溶液，将患鹅浸入溶液内几秒钟，把羽毛浸湿。在寒冷季节要选择温暖晴朗的天气进行。各种灭虱药物对虱卵的杀灭效果均不理想，因此10天后需再治疗1次，以杀死新孵化出来的幼虱。除虫菊酯、溴氰菊酯等药物灭虱效果良好。

三、营养代谢病

（一）脂肪肝综合征（脂肝病）

脂肪肝综合征是由于鹅体内脂肪代谢障碍，大量的脂肪沉积于肝脏而引起肝脏脂肪变性的一种内科疾病。本病多发生于寒冷的冬季和早春。主要见于产蛋鹅群。

【病因】

（1）鹅群长期饲喂碳水化合物过高的口粮，缺乏青绿饲料，饲料种类单一等，同时饲料中蛋氨酸、胆碱、生物素、维生素E、

肌醇等中性脂肪合成磷脂所必需的因子不足，造成大量的脂肪沉积于肝脏而产生脂肪变性。

(2) 缺乏运动或运动少，容易使脂肪在体内沉积，这往往也是诱发本病的重要因素。

(3) 某些传染病和黄曲霉毒素等也可能引起肝脏脂肪变性。

【临床症状】发病鹅群营养良好，产蛋率不高，病鹅无特征性临床症状而急性死亡。

【病理变化】可见皮肤、肌肉苍白，贫血，肝脏肿大，色泽变黄，质地较脆，有时表面有散在的出血斑点，常见肝包膜下(一侧肝叶多见) 或体腔中有大量的血凝块，腹腔和肠系膜有大量的脂肪组织沉着。若并发副伤寒病例，可见肝脏表面有散在的坏死灶。

【防治】

(1) 合理调配饲料口粮，适当控制鹅群稻谷的饲喂量，以及在饲料中添加多种维生素和微量元素，一般可预防本病的发生。

(2) 发病鹅群的饲料中可添加氯化胆碱、维生素 E 和肌醇。按每吨饲料加 1 000～1 500 克氯化胆碱，1 万国际单位维生素 E 和 5 克肌醇，连续饲喂数天，具有良好的治疗效果。

(二) 痛风

痛风是由于鹅体内蛋白质代谢发生障碍所引起的一种内科病。其主要病理特征为关节或内脏器官及其他间质组织蓄积大量的尿酸盐。本病多发生于缺乏青绿饲料的寒冬和早春季节。不同品种和日龄的鹅均可发生，临床上多见于幼龄鹅。鹅患病后引起食欲减退、消瘦，严重的常导致死亡，是危害鹅业生产的一种重要的营养代谢疾病。

【病因】本病发生的原因主要与饲料和肾脏功能障碍有关。

(1) 饲喂过量的蛋白质饲料，尤其是富含核蛋白和腺嘌呤碱的饲料。常见的包括大豆粉、鱼粉等，以及菠菜、甘蓝等植物。

（2）肾脏功能不全或功能障碍。幼鹅的肾脏功能不全，饲喂过量的蛋白质饲料，不仅不能被机体吸收，反而会加重肾脏负担，破坏肾脏功能，导致本病的发生，而临床所见的青年鹅、成年鹅病例，多与过量使用损害肾脏功能的抗菌药物（如磺胺类药物等）有关。

（3）缺乏充足的维生素。如饲料中缺少维生素 A 也会促进本病的发生。

此外，鹅舍潮湿、通风不良、缺乏光照及各种疾病引起的肠道炎症都是本病的诱发因素。

【临床症状】根据尿酸盐沉积的部位不同可分为内脏型痛风和关节型痛风。

（1）内脏型痛风。主要见于 1 周龄以内的幼鹅，患病鹅精神委顿，常食欲废绝，两肢无力，行走摇晃、衰弱，常在 1～2 天死亡。青年或成年鹅患病，常精神不振，食欲减退，病初口渴，继而食欲废绝，形体瘦弱，行走无力，排稀白色或半黏稠状含有大量尿酸盐的粪便，逐渐衰竭死亡，病程 3～7 天。有时成年鹅在捕捉中也会突然死亡，多因心包膜和心肌上有大量的尿酸盐沉着，影响心脏收缩而导致急性心力衰竭。

（2）关节型痛风。主要见于青年或成年鹅，患病鹅病肢关节肿大，触之较硬实，常跛行，有时见两肢的关节均出现肿胀，严重者瘫痪，其他临床表现与内脏型痛风病例相同，病程为 7～10 天。有时临床上也会出现混合型病例。

【病理变化】所有死亡病例均见皮肤、脚蹼干燥。内脏型病例剖检可见内脏器官表面沉积大量的尿酸盐，如一层重霜，尤其心包膜沉积最严重，心包膜增厚，附着在心肌上，与之粘连，心肌表面亦有尿酸盐沉着；肾脏肿大，呈花斑样，肾小管内充满尿酸盐，输尿管扩张、变粗，内有尿酸盐结晶，严重者可形成尿酸盐结石。少数病例皮下疏松结缔组织亦有少量尿酸盐沉着；关节

型病例，可见病变的关节肿大，关节腔内有大量黏稠的尿酸盐沉积物。

【防治】

（1）改善饲养管理，调整饲料配合比例，适当减少蛋白质饲料，同时供给充足的新鲜青绿饲料，添加充足的维生素。在平时疾病预防中也要注意防止用药过量。

（2）发病鹅群停用抗菌药物，特别是对肾脏有毒害作用的药物。饮水中添加肾肿灵等，大黄苏打片 1.5 片/千克体重拌料，连用 3~5 天。

（三）维生素 A 缺乏症

维生素 A 对于鹅的正常生长发育和保持黏膜的完整性，以及良好的视觉都具有重要的作用。生长发育不良，器官黏膜损害，上皮角化不全，视觉障碍，种鹅的产蛋率、孵化率下降，胚胎畸形等为维生素 A 缺乏症特征。不同品种和日龄的鹅均可发生，但临床上以 1 周龄左右雏鹅多见，主要发生于冬季和早春季节。1 周龄以内的雏鹅患本病，常与种鹅缺乏维生素 A 有一定的关系。

【病因】

（1）日粮中维生素 A 或胡萝卜素含量不足或缺乏。鹅可以从植物性饲料中获得胡萝卜素维生素 A 原，可在肝脏内转化为维生素 A。当长期使用谷物、糠麸、粕类等胡萝卜素含量少的饲料，极易引起维生素 A 的缺乏。

（2）消化道及肝脏的疾病，影响维生素 A 的消化吸收。由于维生素 A 是脂溶性的物质，它的消化吸收必须在胆汁酸的参与下进行，肝胆疾病、肠道炎症影响脂肪的消化，阻碍对维生素 A 的吸收。此外，肝脏疾病也会影响胡萝卜素的转化及维生素 A 的储存。

（3）饲料储存时间太长或加工不当，会降低饲料中维生素 A 的含量，如黄玉米储存期超过 6 个月，约损失 60%的维生素 A；颗粒饲料加工过程中可使胡萝卜素损失 32%以上，夏季添加

多维素拌料后，堆积时间过长，使饲料中的维生素A遇热氧化分解而遭破坏。

（4）选用的禽用多种维生素（包括维生素A）制剂质量差或失效。

【临床症状】幼鹅缺乏时，可表现出生长停滞、体质衰弱、羽毛蓬松、步态不稳、不能站立，腿和脚蹼颜色变淡，常流鼻液，流泪，眼睑羽毛粘连、干燥形成一干眼圈，有些雏鹅眼睑粘连或肿胀隆起，剥开可见有白色干酪样渗出物质，以致有的眼球下陷、失明，病情严重者可出现神经症状、运动失调。病鹅易患消化道、呼吸道疾病，引起食欲减退、呼吸困难等症状。

成年鹅缺乏维生素A，产蛋率、受精率、孵化率均降低，也可出现眼、鼻的分泌物增多，新膜脱落、坏死等症状。种蛋孵化初期死胚较多，出壳雏鹅体质虚弱，易患眼病及感染其他疾病。

【病理变化】剖检死胚可见畸形胚较多，胚皮下水肿，常出现尿酸盐在胚胎、肾脏及其他器官沉着，眼部常肿胀。病死雏鹅剖检，可见消化道黏膜尤以咽部和食道出现白色坏死病灶，不易剥落，有的呈白色假膜状覆盖；呼吸道黏膜及其腺体萎缩、变性，原有的上皮由一层角质化的复层鳞状上皮代替；眼睑粘连，内有干酪样渗出物；肾肿大，颜色变淡，呈花斑样，肾小管、输尿管充满尿酸盐，严重时心包、肝、脾等内脏器官表面也有尿酸盐沉积。

【防治】应注意合理搭配饲料口粮，防止饲料品种单一。发病后，多喂胡萝卜、青菜等富含维生素A的饲料，也可在饲料中添加鱼肝油，按每千克饲料2~4毫升添加，连用10~20天。成年重症患鹅可口服浓缩鱼肝油丸，每只1粒，连用数天，方可奏效。也可使用其他维生素A制剂，对于鹅，一般每千克饲料中具有4 000国际单位的维生素A即可预防本病的发生。治疗本病可用预防量的2~4倍，连用2周，同时饲料中还应添加其他种类

的维生素。

（四）维生素E及硒缺乏症

维生素E及硒缺乏症又名白肌病，是鹅的一种因缺乏维生素E或硒而引起的营养代谢病。主要病理特征为脑软化症，渗出性素质，肌营养不良，出血和坏死。不同品种和日龄的鹅均可发生，但临床上主要见于1~6周龄的幼鹅。患病鹅发育不良，生长停滞，日龄小的雏鹅发病后常引起死亡。

【病因】

（1）饲料加工调制不当，或因饲料长期储存，饲料发霉或酸败，或因饲料中不饱和脂肪酸过多等，均可使维生素E遭受破坏，活性降低，若用上述饲料喂鹅容易发生维生素E缺乏，同时也会诱发硒缺乏。如果饲料中硒严重不足，也同样能影响维生素E的吸收。

（2）饲料搭配不当，营养成分不全。饲料中的蛋白质及某些必需氨基酸缺乏或矿物质（钴、锰、碘等元素）缺乏，以及维生素C的缺乏和各种应激因素，均可诱发和加重维生素E-硒缺乏症。

（3）环境污染。环境中铜、汞等金属与硒之间有拮抗作用，可干扰硒的吸收和利用。

【临床症状】

（1）脑软化症。主要见于1~2周龄以内的雏鹅。病鹅减食或不食，运动失调，头向后方或下方弯曲，有的两肢瘫痪、麻痹，3~4日龄雏鹅患病，常在1~2天死亡。

（2）渗出性素质。临床上见于3~6周龄的幼鹅，主要表现为精神不振，食欲减退，大便拉稀，消瘦，喙尖和脚蹼常局部发紫，有时可见育肥仔鹅腹部皮下水肿，外观呈淡绿色或淡紫色。

（3）肌营养不良。主要见于青年鹅或成年鹅。青年鹅常生长发育不良，消瘦，减食，大便拉稀；成年母鹅的产蛋率下降，孵化率降低，胚胎发生早期死亡；种公鹅生殖器官发生退行性变化，睾丸萎缩，精子数减少或无精。

【病理变化】死于脑软化症的雏鹅，可见脑颅骨较软，小脑发生软化和肿胀，表面常见有出血点。渗出性素质病例剖检可见头颈部、胸前、腹下等皮下有淡黄色或淡绿色胶冻样渗出，胸、腿部肌肉常见有出血斑点，有时可见心包积液，心肌变性或呈条纹状坏死。可见全身的骨骼肌肌肉色泽苍白，胸肌和腿肌中出现条纹状灰白色坏死。心肌变性，色淡，呈条纹状坏死，有时可见肌胃也有坏死。

【防治】注意饲料搭配，保证饲料营养全面平衡，特别是氨基酸的平衡，禁止饲喂霉变、酸败的饲料；在鹅饲粮中添加足够量的亚硒酸钠-维生素 E 制剂，通常每千克饲料添加 0.5 毫克硒和 50 国际单位维生素 E 可以预防本病的发生。对于发病鹅群按每千克饲料中加入 2.5 毫克硒和 250 国际单位维生素 E 具有良好的治疗效果。

(五) 软骨症

维生素 D 缺乏或钙、磷缺乏及钙、磷比例失调都可以造成骨质疏松，引起幼鹅的佝偻病或成年鹅的软骨症。本病是一种营养性骨病，不同日龄的鹅均可发生，临床上常见于 5～6 周龄的幼鹅。主要表现为生长发育停滞、骨骼变形、肢体无力、软脚以致瘫痪。成年鹅患病时产蛋减少或产软壳蛋。此外，本病尚可诱发其他疾病，常给养鹅业造成一定的经济损失。

【病因】

(1) 钙、磷是机体重要的常量元素，参与鹅骨骼和蛋壳的构成，并具有维持体液酸碱平衡及神经肌肉的兴奋性、构成生物膜结构等多种功能。鹅对钙、磷需求量大，一旦饲料中钙、磷总量不足或比例失调则必然引起代谢的紊乱。

(2) 维生素 D 是一种脂溶性维生素，具有促进机体对钙、

磷吸收的作用。在舍饲条件下，尤其是育雏期间，雏鹅得不到阳光照射，必须从饲料中获得，当饲料中维生素 D 含量不足或缺乏，都可引起鹅体维生素 D 缺乏，从而影响对钙、磷的吸收，导致本病的发生。

(3) 口粮中矿物质比例不合理或有其他影响钙、磷吸收的成分存在。许多二价金属元素间存在抑制作用，例如饲料中锰、锌、铁等过高可抑制钙的吸收，含草酸盐过多的饲料也能抑制钙的吸收。

(4) 肝脏疾病及各种传染病、寄生虫病引起的肠道炎症均可影响机体对钙、磷及维生素 D 的吸收，从而促进本病的发生。

【临床症状】病雏鹅生长缓慢，羽毛生长不良，鹅喙变软，手易扭曲，腿虚弱无力，行走摇晃，步态僵硬，不愿走动，常蹲卧，病初食欲尚可，病鹅逐渐瘫痪，需拍动双翅才能移动身体，采食受限，若不及时治疗常衰竭死亡。

产蛋母鹅可表现产蛋减少，蛋壳变薄易碎，时而产生软壳蛋或无壳蛋。鹅腿虚弱无力，步态异常，重者发生瘫痪。在产蛋高峰期或在春季配种旺季，易被公鹅踩伤。

【病理变化】幼鹅剖检可见甲状旁腺增大，胸骨变软呈“S”状弯曲，长骨变形，骨质变软，易折，骨髓腔增大；飞节肿大，肋骨与肋软骨的结合部可出现明显球形肿大，排列成串珠状。鹅喙色淡、变软、易扭曲。成年产蛋母鹅可见骨质疏松，胸骨变软，胫骨易折。种蛋孵化率显著降低，早期胚胎死亡增多，胚胎四肢弯曲，腿短，多数死胚皮下水肿，肾脏肿大。

【防治】平时注意合理配制日粮中钙、磷的含量及比例，合理的钙磷比例一般为 2∶1，产蛋期为（5~6）∶1。由于钙、磷的吸收代谢依赖于维生素 D 的含量，故日粮中应有足够的维生素 D 供应。阳光照射可以使鹅体合成维生素 D_3。因此，要根据不同的饲养方式在日粮中补充相应含量的维生素 D 或保证每天一定

时间的舍外运动，多晒太阳促使鹅体内维生素 D 的合成。在阴雨季节应特别注意在饲料中补充维生素 D 或给予如苜蓿等富含维生素 D 的青绿饲料。

患病鹅可肌内注射维丁胶性钙或口服鱼肝油进行治疗；或鱼肝油每天两次，每只每次 2~4 滴。或用维生素 D_3，每只内服 1.5 万国际单位，肌内注射 4 万国际单位。若同时服用钙片，则疗效更好。

四、中毒病

（一）黄曲霉毒素中毒

黄曲霉毒素中毒是由黄曲霉毒素引起鹅的一种中毒性疾病。临床上以消化功能障碍，全身浆膜出血，肝脏器官受损及出现神经症状为主要特征，呈急性、亚急性或慢性经过，不同种类和日龄的家禽均可致病，但以幼禽易感。幼鹅中毒后，常引起死亡，对养鹅业生产危害较大。

【病因】致病因子是黄曲霉毒素。黄曲霉毒素主要是由黄曲霉、寄生曲霉等产生。鹅食用受黄曲霉污染的花生、玉米、黄豆、棉籽等作物及其副产品，很容易引起中毒。黄曲霉毒素对人和各种动物都有较强的毒性，其中黄曲霉毒素 B_1 的毒力最强，能诱发鸭、鹅等家禽发生肝癌。

【临床症状】病鹅最初采食减少，生长缓慢、羽毛脱落；腹泻、步态不稳，常见跛行、腿部和脚蹼可出现紫色出血斑点，1 周龄以内的雏鹅多呈急性中毒，死前常见有共济失调、抽搐、角弓反张等神经症状，死亡率可达 100%。成年鹅通常呈亚急性或慢性经过，精神委顿、食欲减退、大便拉稀、生长缓慢，有的可见腹围增大。

【病理变化】病死雏鹅剖检可见胸部皮下和肌肉有出血斑点，肝脏肿大，色淡，有出血斑点或坏死灶，胆囊扩张，肾脏苍

白、肿大或有点状出血，胰腺亦有出血点。病死成年鹅剖检可见心包积液，腹腔常有腹水，肝脏颜色变黄，肝硬化，肝实质有坏死结节或有黄豆大小的增生物，严重者肝脏癌变。

【防治】禁喂霉变饲料是预防本病的关键，同时应加强饲料储存保管，注意保持通风干燥、防止潮湿霉变。

（二）痢特灵中毒

痢特灵（呋喃唑酮）具有广谱的抗菌和抗球虫作用，而且廉价，生产中常用。但其安全指数低，尤其是对家禽特别敏感，鹅常因服用过量而引起中毒。临床上主要见于幼龄鹅，中毒后引起死亡。

【病因】用药剂量过大，鹅常用的痢特灵预防量为100~200毫克/千克饲料，治疗量为300~400毫克/千克饲料，如每千克饲料加入1克就能引起鹅痢特灵中毒；用药拌料不均匀，亦会导致部分鹅服用量过大而引起中毒；连续用药时间过长，如使用时间超过1周也能引起蓄积中毒。

【临床症状】鹅痢特灵中毒，多呈急性经过。中毒鹅步态不稳、运动失调、扭颈、出现角弓反张，有时不断鸣叫，严重的病例常在中毒后数分钟内抽搐死亡。能耐过的常生长发育缓慢。

【病理变化】本病亦无特征性病变。剖检可见口腔、食道、腺胃、肌胃及十二指肠内有淡黄色黏液（痢特灵的颜色），小肠黏膜充血、出血，肝脏肿大、瘀血。有时可见心外膜有出血点，病程较长的腹腔有积液。

【防治】中毒鹅群可饮服5%葡萄糖溶液和服用维生素C，或者试用0.01%高锰酸钾溶液饮服。

（三）磺胺类药物中毒

磺胺类药物具有广谱的抑菌效果和抗球虫作用。临床上常用于预防和治疗鹅球虫病和多种细菌性疾病。但由于用药不当或过量，常引起鹅磺胺类药物中毒，严重的甚至导致死亡，是目前较

为常见的一种鹅药物中毒性疾病。

【病因】使用磺胺类药物剂量过大，用药时间过长，拌料不均匀；患肝、肾病时，因磺胺类药物本身在体内代谢较缓慢，不易排泄，更易造成在体内的蓄积而导致中毒。1 月龄以内的雏鹅因体内肝、肾等器官功能不全，对磺胺类药物的敏感性较高，也极易引起中毒。

【临床症状】鹅中毒后，生长发育停滞、贫血、食欲减退或废绝，渴欲增强，大便拉稀，呈暗红色。引起肾脏病变的常排出带有大量尿酸盐的粪便。成年母鹅产蛋率下降。

【病理变化】剖检可见皮肤、肌肉有出血斑点，肝脏肿大，有时可见出血点，肠道黏膜弥漫性出血，肠壁较光滑；病程稍长的，肾脏肿大、色淡、呈花斑样，肾小管和输尿管充满尿酸盐。

【防治】严格按磺胺类药物的规定剂量使用，并搅拌均匀。连续用药不能超过 1 周。同类异名的磺胺药物不能同时使用。同时在用药期间必须供给充足的饮水。2 周龄以下的幼鹅和产蛋母鹅及有肝、肾疾患的鹅应尽量避免使用磺胺类药物。

（四）有机磷农药中毒

有机磷农药是一种毒性较强的杀虫剂，种类很多，常见的有甲胺磷、对硫磷、乐果、敌百虫、敌敌畏、马拉硫磷等。在农业生产和环境杀虫方面应用较为广泛。有机磷农药中毒是由于鹅接触、吸入有机磷农药或误食有机磷农药污染的饮水、蔬菜、青草及其他作物引起鹅的一种中毒性疾病。有机磷农药中毒，临床上主要见于放养鹅群，中毒后常是急性经过，抑制鹅体内胆碱酯酶的活性，导致神经、生理紊乱，表现为流涎、腹泻、瞳孔缩小、抽搐等胆碱能神经兴奋症状。

【病因】鹅采食或误食喷洒有机磷农药的农作物、牧草、蔬菜及饮用被有机磷农药污染的水源等引起中毒；用有机磷农药（如敌百虫等）驱杀鹅体外寄生虫时由于用药浓度过大或方法使

用不当引起中毒。

【临床症状】鹅中毒后常急性发作，口流涎沫、突然拍翅。抽搐死亡，病程稍长的可表现流涎、流泪，瞳孔缩小，下痢，呼吸困难，肌肉震颤，运动失调，两腿麻痹，抽搐等症状，常在发病后数分钟内死亡。

【病理变化】剖检无明显特征性病变，可见肝脏肿大、瘀血，肠道黏膜弥漫性出血、黏膜脱落，肌胃内有大蒜臭味。

【防治】

(1) 严禁用含有有机磷农药的饲料和饮水喂鹅。及时了解附近牧地的农药喷洒情况，在农药浓度未降到安全范围时，不到上述牧地放牧。使用驱杀鹅体外寄生虫时浓度和方法要得当。

(2) 发生中毒后治疗方法。静脉注射解磷定 45 毫克/(只·次)。或肌内注射硫酸阿托品，成鹅每只每次注射 1~2 毫升，20 分钟后再注射 1 次，以后每 0.5 小时口服阿托品 1 片，连服 2~3 次，并给以饮水。小鹅体重在 0.5~1 千克，口服阿托品 1 片，20 分钟后再服 1 片，以后每 0.5 小时服半片，连用 2~3 次。

(五) 有机氟农药中毒

有机氟化合物是一种高效杀虫剂和灭鼠药。主要有氟乙酰胺(敌蚜胺，1081) 和氟乙酰钠 (1080)，用于杀虫和灭鼠。氟乙酰胺毒性很强，鹅口服致死量为每千克体重 10~30 毫克。毒物可经消化道，也可经呼吸道进入体内而发生中毒，中毒后常发生死亡。

【病因】鹅常因误食被有机氟农药污染的青草、蔬菜或饮水，以及误食有机氟化合物的灭鼠毒饵谷物而发生中毒。有机氟化合物经鹅的消化道进入体内生成氟乙酸，再转变成毒性更强的氟柠檬酸。氟柠檬酸抑制乌头酸酶，而使三羧酸循环中断，糖代谢中止，三磷酸腺苷 (ATP) 生成受阻，导致细胞呼吸严重障碍，以大脑和心血管系统受害最重。

【临床症状】中毒鹅倒地抽搐、呼吸困难、流涎，呈现中枢神经系统和循环系统异常的症状。

【病理变化】病死鹅无特征性病变，可见心内、外膜有出血斑点，肝脏、肾脏肿大、充血；脑血管树枝状充血，脑实质轻度水肿。

【防治】禁止鹅群到喷洒有机氟农药的地域放牧或采食喷洒农药的农作物。

鹅中毒后应立即用特效解毒药解氟灵（乙酰胺），剂量为每千克体重 0.1~0.3 克，以 0.5%奴佛卡因稀释，分 2~4 次肌内注射，对于轻度中毒的鹅连续用药可使症状消失，或用乙酸（醋精）100 毫升溶于 500 毫升水中口服，具有明显的解毒效果。

五、其他疾病

（一）中暑（日射病或热衰竭病）

中暑是鹅在酷暑中易发的疾病。

【病因】由于鹅的羽毛致密而皮肤又缺乏汗腺，其散热途径主要靠张口呼气、翅膀张开下垂或在水中散热。故在暑天长时间野外放牧，会因烈日暴晒，加之缺乏水源而致中暑。

【临床症状和病理变化】病鹅呼吸急迫，张口喘气，翅膀张开下垂，体温升高。步态踉跄，不能站立，严重虚脱，很快发生惊厥而死亡。剖检可见大脑和胸膜充血、出血，血液凝固不良，尸冷慢。

【防治】

（1）防暑降温，加强禽舍内通风换气，有条件的可安装排气扇、吊扇，增加空气流通速度，保证室内空气新鲜；在禽舍周围栽阔叶树木遮阴或搭盖阴棚，窗户上也要安装遮阳棚，避免阳光直射；每天向禽舍房顶喷水或鹅体喷雾 1~2 次（下午 2 时左右，晚上 7 时左右），有防暑降温之效。

（2）充分供应饮水。高温季节家禽饮水量是平时的7~8倍，要保证饮水的供应。为有效控制热应激发生，可在饮水中加入0.15%~0.30%氯化钾、0.5%小苏打（碳酸氢钠）和按150~200毫克/千克的比例添加维生素C。

（3）调整营养结构。适当调整饲料营养水平，在饲料中添加2%~3%脂肪，可提高家禽的抗应激能力。在产蛋禽日粮中加喂1.5%动物脂肪（需同时加入乙氧喹类等抗氧化剂），能增强饲料适口性，提高产蛋率和饲料转化利用率；提高日粮中蛋氨酸和赖氨酸含量；加倍补充B族维生素和维生素E，可增强家禽的抗应激能力。同时，在饲料中添加0.004%~0.01%杆菌肽锌，可降低热应激，提高饲料转化率。

（4）药物保健。添加大蒜素，大蒜素具有抗菌杀虫、促进采食、帮助消化和激活动物免疫系统的作用，可在饲料中按说明添加使用。此外，将生石膏研成细末，按0.3%~1%混饲，有解热清火之效。添加中药：滑石60克、薄荷10克、藿香10克、佩兰10克、苍术10克、党参15克、金银花10克、连翘15克、栀子10克、生石膏60克、甘草10克，粉碎过100目（每平方英寸上的孔数）筛混匀，以1%比例混料，每天上午10时喂给，可清热解暑，缓解热应激。

（5）加强饲养管理。坚持每天清洗饮水设备，定期消毒。及时清理鹅粪，消灭蚊蝇。改进饲喂方式，以早晚进行饲喂为主。减少对鹅的惊扰，控制人员、车辆出入，防止病原菌传入。放牧应早出晚归，并选择凉爽的地方放牧。

（6）中暑后的措施。禽群一旦发生中暑，应立即进行急救，把鹅赶入水中降温，或赶到阴凉的地方，给予充足清洁饮水，并用冷水喷淋头部及全身；个别患禽还可放在冷水里短时间浸泡，然后喂服酸梅加冬瓜水或3%~5%红糖水解暑。少量鹅发病时，可口服2%~3%冷盐水，也可用冷水灌肠（如鹅体温很高，不宜降温太快)。中暑严重的鹅可放脚趾静脉血数滴。不定时让鹅饮用5%~10%绿豆糖水和维生素C溶液。

中药治疗：甘草、鱼腥草、银花、生地黄、香薷各等份煎水内服，按每只鹅0.5克干品的剂量，每天1剂，连服两剂；或藿香、金银花、板蓝根、苍术、龙胆草各等份混合研末（消暑散)，按1%的比例添加到饲料中。

（二）硬嗉病

硬嗉病的表现是食道膨大部肿大，触诊坚实，里面充满硬固实物，停留1~2天不消化。

【病因】由于小鹅消化功能不健全，或母鹅刚放出巢饥饿贪食，或者吃入粗硬多纤维的饲料、过大的块根饲料，或咽下鸭毛、鹅毛、麻绳等异物而引起。

【临床症状】病鹅神态不安，翅膀下垂，呆立不动，食欲废绝。

【防治】注意饲料的加工调制，粉碎粗硬多纤维和过大的块根类饲料；饲喂要定量，避免过食。对患鹅用注射器直接将植物油注入硬固的食道膨大部，用手轻轻揉压并向食管下方推动使其进入胃内。严重病例可在食道膨大部切一个2~3厘米的小口，将阻塞物取出，用0.1%高锰酸钾溶液冲洗干净再缝合。术后12小时不喂料。

（三）咽喉炎

【临床症状】咽喉炎的表现是咽喉周围组织充血、肿胀和疼痛，填饲时鹅挣扎不安，填饲管不易插入食道。触诊咽喉时，鹅摇头抗拒检查。其原因是生产肥肝时，填饲操作不慎，填饲管强行插入，造成机械损伤，引起咽喉及其深层组织发炎。

【防治】填饲管要光滑，管口要圆钝，无缺口。填前要在填饲管上抹油。填饲员的指甲要剪光磨平，拉鹅舌的动作要轻，插入铜管要慢且角度正确。轻度炎症可内服土霉素，每次半粒（每粒0.25克)，每天服2次，局部用磺胺软膏涂擦。如咽喉部破损

严重，则应及早淘汰。

（四）输卵管脱垂（输卵管外翻）

母鹅常发生本病，尤以新开产的高产母鹅多发。

【病因】由于产蛋过大而发生难产时，过分用力努责而引起输卵管外翻。另一种情况是母鹅输卵管及泄殖腔发炎时，由于局部不断受刺激，频频努责，企图把肛门内的刺激物排出去而引起输卵管和泄殖腔脱垂。

【临床症状】肛门外脱出一段充血发红的输卵管，时间稍长即变成暗紫红色。病鹅不安，精神沉郁，食欲减退。脱垂时间过长，输卵管发生坏死、溃烂，因细菌感染而引起败血症导致死亡。

【防治】及早发现，及时治疗，一般可以痊愈。治疗可采用如下方法：

（1）把脱出的部分用 0.1%高锰酸钾溶液或 0.05%呋喃西林溶液或 2%来苏儿冷水溶液冲洗干净，然后轻轻还纳复位。对肛门四周皮肤做临时性袋口缝合。并可往输卵管内注入些冷消毒液，以减轻充血和促进收缩，每天 2~3 次，2~3 天可恢复。

（2）用 1%的普鲁卡因溶液冲洗或浸渍脱出部分，并在肛门周围做局部麻醉，以减轻发炎和疼痛感觉。把脱出的输卵管整复还原之后，在肛门周围皮肤做袋包缝合，防止输卵管继续脱垂。在治疗期间如果母鹅继续产蛋，脱垂反复出现，治疗效果不佳，可予淘汰。

（五）脚趾脓肿（趾瘤病）

脚趾脓肿是由于鹅脚趾底部及周围组织受到机械性损伤、局部被细菌感染而形成的。体形大的鹅容易发生本病。

【病因】运动场地粗糙、坚硬，放牧时经过有大量沙砾的地方，都容易引起脚趾皮肤的损伤。因化脓菌感染而发生脚趾脓肿。

【临床症状】患鹅脚底化脓肿胀，有的有黄豆大小，有的有鸽蛋大小。有的炎症蔓延到脚趾间组织、关节和腱鞘。在脓肿部位的组织中，蓄积炎性渗出物及坏死组织，经过一定时间，脓肿逐渐干燥，变成干酪样。也有的脓肿溃烂后形成溃疡面，使患鹅行走困难，影响食欲，造成母鹅产蛋下降或停止。

【防治】鹅舍和运动场的地面应铺平，放牧时应选择平坦的道路。早期病例可采用手术治疗，即切开脓肿部位排脓，用1%~2%来苏儿液冲洗，撒入土霉素粉，停止放牧，关在干净鹅舍内，每天换药1次，7天左右可痊愈。

（六）异物性肺炎

【病因】这是因为饲料干湿拌和不匀，鹅群大，饲喂不定时，造成鹅抢食过急，饲料误入气管及支气管中而引起异物性肺炎。

【临床症状】鹅采食后，突然抬头伸颈，张口摇头，咳嗽，呼吸困难，随后体温升高，不食，精神极度沉郁，不久窒息死亡。剖检可见喉头及鼻孔有大量的干糠及黏液阻塞。气管及支气管内有糠皮饲料，气管及支气管壁充血。

【防治】喂料必须定时定量，避免鹅抢食过急。饲料拌和必须均匀，宁湿勿干。本病不易治疗。

（七）公鹅生殖器官疾病

【病因】公鹅在寒冷天气配种，阴茎伸出后被冻伤，不能内缩，因而失去配种能力；也有的因公母比例不当，公鹅长期滥配而过早地失去配种能力；再者，在水里配种时，阴茎露出后被蚂蟥咬伤，使阴茎受到感染发炎而失去配种能力。

【临床症状】公鹅阴茎露出后不能缩回，阴茎红肿，甚至感染化脓。如因交配频繁，则阴茎露出，呈苍白色，久之变成暗红色。公鹅阳痿者，则虽有爬跨，但阴茎伸不出来，无法交配。

【防治】当阴茎受冻垂出在外不能缩回时，应及时用温水温

敷，或用0.1%高锰酸钾温热溶液冲洗干净，涂以抗生素软膏或三磺软膏，并矫正其位置。对阳痿和阴茎已呈暗红色的鹅应予淘汰。

合理调整公母配种比例，一般应为1∶（4~6）。另外，在母鹅产蛋期到来之前，提早给公鹅补料。

主要参考文献

[1] 张鹤平．林地生态养鹅实用技术［M］．北京：化学工业出版社，2012.
[2] 王恬．鹅的饲料配制及饲料配方［M］．北京：中国农业出版社，2006.
[3] 何大乾．鹅高产生产技术手册［M］．上海：上海科学技术出版社，2007.
[4] 董瑞潘．鹅的快速育肥技术［M］．北京：中国农业科学技术出版社，2007.
[5] 黄炎坤．生态养鹅实用技术［M］．郑州：河南科学技术出版社，2010.
[6] 魏刚才．高效养鹅法［M］．北京：化学工业出版社，2016.
[7] 徐小琴．生态养鹅［M］．北京：中国农业出版社，2012.